影视后期技术与应用案例解析

李兴莹　编著

清華大学出版社
北　京

内容简介

本书以理论作铺垫，以实操为导向，全面、系统地讲解了After Effects的基本操作方法与核心应用功能。书中用通俗易懂的语言、图文并茂的形式对影视后期制作知识进行了全面细致的剖析。

本书共10章，遵循由浅入深、从基础知识到案例进阶的学习原则，对影视后期制作的学习准备、软件入门、图层的应用、文本动画、形状和蒙版、视频特效、视频调色、抠像与跟踪等内容逐一讲解，并结合Premiere软件来介绍影视编辑技术，以帮助刚入行的新手了解影视后期制作的全过程。

本书结构合理，内容丰富，易学易懂，既有鲜明的基础性，也有很强的实用性，既可以作为高等院校相关专业学生的教材，又可以作为培训机构以及影视制作爱好者的参考书。

图书在版编目（CIP）数据

影视后期技术与应用案例解析 / 李兴莹编著. —北京：清华大学出版社，2024.1(2024.11重印)
ISBN 978-7-302-65196-3

Ⅰ. ①影… Ⅱ. ①李… Ⅲ. ①图像处理软件 Ⅳ. ①TP391.413

中国国家版本馆CIP数据核字（2024）第013162号

责任编辑： 李玉茹
封面设计： 杨玉兰
责任校对： 翟维维
责任印制： 杨 艳

出版发行： 清华大学出版社
网　　址： https://www.tup.com.cn，https://www.wqxuetang.com
地　　址： 北京清华大学学研大厦A座　　**邮　　编：** 100084
社 总 机： 010-83470000　　**邮　　购：** 010-62786544
投稿与读者服务： 010-62776969，c-service@tup.tsinghua.edu.cn
质 量 反 馈： 010-62772015，zhiliang@tup.tsinghua.edu.cn
课 件 下 载： https://www.tup.com.cn，010-62791865
印 装 者： 北京嘉实印刷有限公司
经　　销： 全国新华书店
开　　本： 185mm×260mm　　**印　　张：** 17　　**字　　数：** 412千字
版　　次： 2024年3月第1版　　**印　　次：** 2024年11月第2次印刷
定　　价： 79.00元

产品编号：102724-01

前言

对于影视后期制作行业的人来说，After Effects软件是再熟悉不过了。After Effects是一款专业的非线性特效制作软件，利用它可以轻松制作出各种酷炫的效果，可以说After Effects现已成为影视后期制作领域的必备软件。

After Effects软件除了在影视后期制作方面展现出强大的功能性和优越性之外，在软件协作性方面也体现出了优势。根据制作者的需求，可以将制作好的特效调入Premiere等软件继续完善和加工。同时，也可以将PSD、PRPROJ等文件导入After Effects软件进行编辑，从而节省了用户处理视频的时间，提高了制作效率。

随着软件版本的不断升级，目前After Effects软件技术已逐步走向智能化、人性化、实用化，可以让制作者将更多的精力和时间都用在创作上，从而为大家创作出更完美的设计作品。

党的二十大精神贯穿“素养、知识、技能”三位一体的教学目标，从“爱国情怀、社会责任、法治思维、职业素养”等维度落实课程思政，提高学生的创新意识、合作意识和效率意识，培养学生精益求精的工匠精神，弘扬社会主义核心价值观。

内容概要

本书共分10章，各章节内容如下。

章　节	主要内容	计划学习课时
第1章	主要介绍影视后期制作相关知识、影视后期制作应用范围、影视后期制作应用软件及行业概述等	★☆☆
第2章	主要介绍After Effects工作界面、项目与合成及渲染和输出等	★☆☆
第3章	主要介绍图层基础知识、图层操作、混合模式及关键帧动画等	★★☆
第4章	主要介绍文本的创建、编辑和调整及文本动画的制作等	★★☆
第5章	主要介绍蒙版的概念、形状和蒙版的创建、蒙版属性的编辑等	★★★
第6章	主要介绍“扭曲”特效组、“模拟”特效组、“模糊和锐化”特效组、“生成”特效组、“过渡”特效组、“透视”特效组及“风格化”特效组中的常用特效等	★★★
第7章	主要介绍色彩基础知识、基本调色效果及常用调色效果等	★★★
第8章	主要介绍抠像的概念、“抠像”效果组中的常用特效、Keylight（1.2）及运动跟踪与稳定等	★★☆
第9章	主要介绍Premiere应用、项目与序列的创建、素材的创建与编辑、文本的创建与编辑及渲染与输出等	★★☆
第10章	主要介绍Premiere常用过渡效果、视频效果及音频效果等	★★★

选择本书的理由

本书采用案例解析＋理论讲解＋课堂实战＋课后练习的结构进行编写，其内容由浅入深，循序渐进。让读者带着疑问去学习知识，并在实战应用中激发学习兴趣。

（1）专业性强，知识覆盖面广

本书主要围绕影视后期制作行业的相关知识点展开讲解，并对不同类型的案例制作进行解析，让读者了解并掌握该行业的一些剪辑要点。

（2）带着疑问学习，提升学习效率

本书首先对案例进行解析，然后再针对案例中的重点工具进行深入讲解，让读者带着问题去学习相关的理论知识，从而有效提升学习效率。此外，本书所有的案例都经过精心的设计，读者可将这些案例应用到实际工作中。

（3）多软件协同，呈现完美作品

一部优秀的作品，通常是由多个软件共同协作完成的，影视后期制作行业也不例外，因此本书添加了Premiere软件协作章节，让读者能够结合Premiere软件处理影片，制作出更精美的影视效果。

本书的读者对象

- 从事平面设计的工作人员
- 高等院校相关专业的师生
- 培训机构学习平面设计的学员
- 对平面设计有着浓厚兴趣的爱好者
- 想通过知识改变命运的有志青年
- 想掌握更多技能的办公室人员

本书由李兴莹编写，在编写过程中力求严谨细致，但由于时间与精力有限，疏漏之处在所难免，望广大读者批评指正。

编　者

视频A

视频B

索取课件与教案

目录

第1章 影视后期制作之学习准备

第2章 影视后期制作之软件入门

第3章 影视后期制作之图层的应用

影视后期制作之文本动画

影视后期

影视后期制作之形状和蒙版

第6章 影视后期制作之视频特效

影视后期

第7章 影视后期制作之视频调色

第8章 影视后期制作之抠像与跟踪

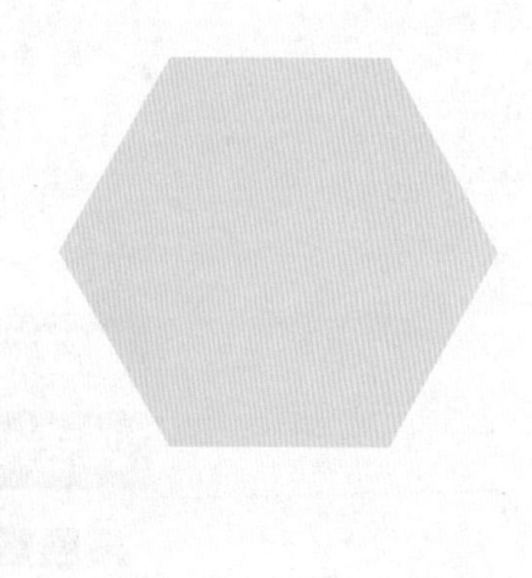

影视后期制作之Pr视频剪辑

影视后期

影视后期制作之视频剪辑效果

影视后期

影视后期制作之学习准备

内容导读

本章将对影视后期制作的基础内容进行介绍，包括影视后期制作常用术语、影视后期制作流程、常用的文件格式，影视后期制作应用范围，影视后期制作应用软件等。了解这些知识，可以帮助读者搭建影视后期知识体系，更便于学习。

思维导图

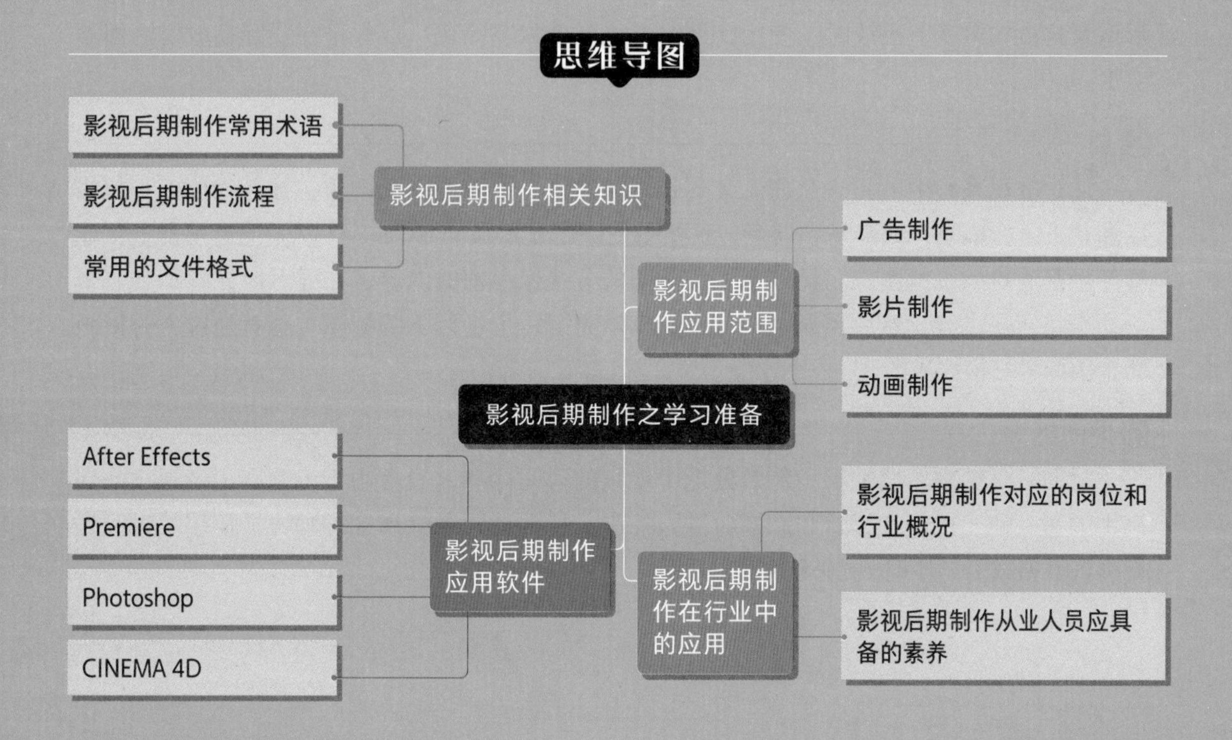

1.1 影视后期制作相关知识

影视后期制作一般包括特效制作、文字及音频的添加等，它是指后期处理拍摄或软件制作的影片及动画，使其形成完整影片的过程。本小节将对影视后期制作的相关知识进行讲解。

1.1.1 影视后期制作常用术语

了解影视后期制作中的常用术语有助于相关的学习与工作。下面将对部分常用术语进行介绍。

1. 帧

帧就是影像动画中最小单位的单幅影像画面，相当于电影胶片上的每一格镜头。人们在电视中看到的活动画面其实都是由一系列的单个图片构成的，这些图片高速连贯起来就成为活动的画面，其中的每一幅就是一帧。

2. 帧速率

帧速率是指视频播放时每秒渲染生成的帧数。电影的帧速率是24帧/秒，PAL制式的电视系统帧速率是25帧/秒，NTSC制式的电视系统帧速率是29.97帧/秒。

3. 帧尺寸

帧尺寸就是形象化的分辨率，是指图像的长度和宽度。PAL制式的电视系统帧尺寸一般为720像素 × 576像素，NTSC制式的电视系统帧尺寸一般为720像素 × 480像素，HDV制式的电视系统的帧尺寸则是1280像素 × 720像素或者1440像素 × 1280像素。

4. 像素宽高比

不同规格的屏幕像素的长宽比是不一样的。在电脑中播放时，使用1：1的像素比或方形像素比；在电视上播放时，使用D1/DV PAL的像素宽高比，以保证在实际播放时画面不变形。

5. 场

场是电视系统中的另一个概念。交错视频的每一帧由两个场构成，被称为“上”扫描场和“下”扫描场，或奇场和偶场，这些场依顺序显示在NTSC或PAL制式的监视器上，能够产生高质量的平滑图像。场以水平线分割的方式保存帧的内容，在显示时先显示第一个场的交错间隔内容，然后再显示第二个场来填充第一个场留下的缝隙。也就是说，一帧画面是由两场扫描完成的。

6. 时间码

时间码是影视后期编辑和特效处理中视频的时间标准，通常用于识别和记录视频数据流中的每一帧，以便在编辑和广播时进行控制。根据动画和电视工程师协会使用的时间码标准，其格式为“小时:分钟:秒:帧”。

7. 电视制式

电视制式是指传送电视信号所采用的技术标准，即电视台和电视机之间共同使用的一种处理视频和音频信号的标准，当标准统一时，即可实现信号的接收。世界上广泛应用的电视制式包括PAL、NTSC及SECAM三种。其中，中国大部分地区使用PAL制式；日本、韩国、东南亚地区及美国等使用NTSC制式；法国、东欧国家及中东部分国家使用SECAM制式。

8. 逐行扫描和隔行扫描

逐行扫描和隔行扫描都是电视扫描方式。逐行扫描是指每一帧图像由电子束顺序地以均匀速度一行一行地连续扫描，与隔行扫描相比，逐行扫描更加稳定，且画面平滑、自然，无闪烁；隔行扫描可以在每帧扫描行数不变的情况下，将每帧图像分割为奇偶两场图像交替显示，该方式可以增强观众的运动感知，节省电视广播频道的频谱资源。

9. 线性编辑和非线性编辑

线性编辑和非线性编辑是两种不同的视频编辑方式。线性编辑是一种传统的编辑方式，它是指按照时间顺序将素材连接成新的连续画面的技术，其所需硬件多，价格昂贵，且硬件设备之间不能很好地兼容，对硬件性能有很大的影响；非线性编辑与线性编辑相对，它是直接从计算机的硬盘中以帧或文件的方式迅速、准确地存取素材，与线性编辑相比，非线性编辑更加快捷简便且便于修改，可多次进行编辑而不影响信号质量，现在大部分电视电影制作机构都采用非线性编辑。

10. 合成图像

合成图像是After Effects中的一个重要术语。在一个新项目中制作视频特效，首先需要创建一个合成图像，在合成图像中才可以对各种素材进行编辑和处理。合成图像以图层为操作的基本单元，可以包含多个任意类型的图层。每一个合成图像既可以独立工作，又可以嵌套使用。

1.1.2 影视后期制作流程

影视后期制作是影视制作的重要组成部分，可以决定最后成片的质量。影视后期制作流程基本上包括镜头组接、特效制作和声音合成三个部分。

1. 镜头组接

镜头组接是指将单个镜头按照一定的逻辑规律连接在一起，形成连贯的影片。在组接时，要注意镜头、动作、情绪、节奏的连续性，使镜头的发展和变化符合一定的规律。

2. 特效制作

影视后期特效制作是指通过影视后期制作软件创建特殊效果，使画面呈现出更具震撼力与艺术性的视觉效果。根据影片特效的不同，用户可以选择不同的制作软件，常用的有After Effects、Combustion、DFusion等。

3. 声音合成

影视在一定程度上来说是视听艺术的结合体，声音是其中不可或缺的重要组成元素。在影视后期制作过程中，用户需要对人声、音乐、音效等声音进行处理，使其完美融合。

1.1.3 常用的文件格式

在影视后期制作过程中，需要用到多种不同格式的素材，常用的有以下三种类型。

1. 视频常用格式

- **MPEG格式：** 运动图像专家组格式，该格式采用有损压缩的方式减少运动图像中的冗余信息，MPEG的主要压缩标准有MPEG-1、MPEG-2、MPEG-4、MPEG-7与MPEG-21，常见的VCD、DVD就是采用这种格式。
- **AVI格式：** 音频视频交错格式，该格式支持音视频同步播放，且图像质量好，可以跨多个平台使用，但体积过大，压缩标准不统一，常用于多媒体光盘。
- **MOV格式：** 是苹果公司开发的一种音视频文件格式，可用于存储常用数字媒体类型，保存文件的后缀为.mov。该格式对存储空间要求小，且画面效果略优于AVI格式。

2. 图像常用格式

- **JPEG格式：** 最常用的图像文件格式，其后缀为.jpg或.jpeg。该格式通过有损压缩的方式去除冗余的图像数据，所占空间较小，但图像品质较高，在压缩时用户可以选择压缩级别进行压缩，灵活度很高。
- **TIFF格式：** 标签图像文件格式。该格式是一种灵活的位图格式，支持多个色彩系统且独立于操作系统，其应用较为广泛。
- **GIF格式：** 图形交换格式，该格式是一种公用的图像文件格式标准，可以以超文本标志语言方式显示索引彩色图像，支持在多个平台上使用。
- **PNG格式：** 便携式网络图形，其后缀为.png。该格式属于无损压缩，体积小，压缩比高，支持透明效果，支持真彩和灰度级图像的Alpha通道透明度，多用于网页、Java程序中。
- **PSD格式：** Photoshop的专用格式。该格式是一种非压缩的原始文件保存格式，支持全部图像色彩模式，可以保留图层、通道、蒙版、路径等信息，但占用磁盘空间较大，处理完图像后，可以输出为其他通用格式。
- **TGA格式：** 该格式兼具体积小和效果清晰的特点，是计算机上应用最广泛的图像格式，其后缀为.tga。该格式可以做出不规则形状的图形图像文件，是计算机生成图像向电视转换的一种首选格式。

3. 音频常用格式

- **WAV格式：** 微软为Windows开发的一种标准数字音频文件。该格式是最经典的Windows多媒体音频格式，音质和CD相似，支持音频位数、采样频率和声道，但所占用的存储空间较大。

- **AIF格式：**音频交换文件格式，该格式由苹果公司开发，属于QuickTime技术的一部分。AIF格式支持ACE2、ACE8、MAC3和MAC6压缩，支持16位44.1kHz立体声。
- **Real Audio：**流式音频文件格式，多用来在低速的广域网上实时传输音频信息。

操作提示

影视后期制作中还支持导入模型文件，如用CINEMA 4D创建的.c4d文件和用MAYA创建的.ma文件等。通过模型文件，可以制作出更加超现实的影视效果。

1.2 影视后期制作应用范围

影视后期制作作为影视制作中的重要一环，广泛应用于影片、广告、动画等多个领域，如图1-1所示。本小节将对其应用范围进行讲解。

图 1-1

1.2.1 广告制作

广告制作是指根据广告要求，制作可供宣传的广告作品，除平面广告外，还可以拍摄制作适用性更广的广告宣传片。影视后期制作可以在广告中添加适合的特效、字幕等内容，使广告效果更加精彩。图1-2、图1-3所示为央视《美丽中国》公益广告特效。

图 1-2

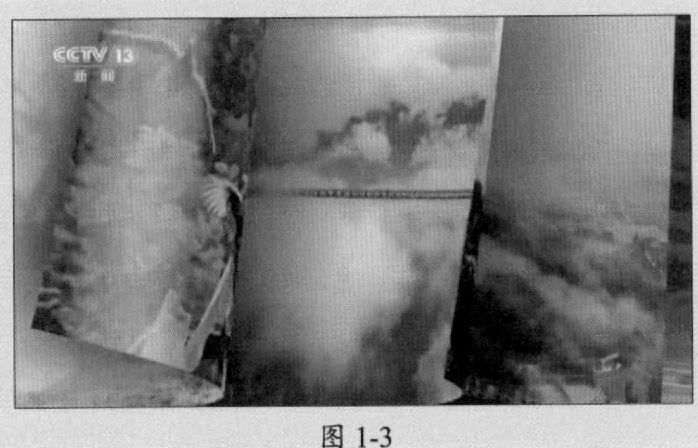

图 1-3

1.2.2 影片制作

影片包括影视媒体中的电影、电视等内容，融合了多种视听元素。影视后期制作可以在人物的骨骼上添砖加瓦，使人物形象更饱满，同时在视觉效果上也可以突破现实的限制，制作出更加酷炫的效果。图1-4、图1-5所示为《黑客帝国》子弹时间一幕特效制作前后的对比效果。

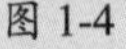

图 1-4

图 1-5

1.2.3 动画制作

动画制作分为定格动画制作、二维动画制作和三维动画制作，目前比较常见的为二维动画和三维动画。影视后期制作为动画制作提供了强有力的支撑，结合模型、材质、合成等方面技术知识，动画制作基本可以不受时间、空间、现实、对象的限制，具有更多的表现形式。图1-6、图1-7所示为《哪吒之魔童降世》环境特效制作前后的对比效果。

图 1-6

图 1-7

1.3 影视后期制作应用软件

随着数字技术的发展，用户可以通过计算机中的专业软件进行影视后期制作，从而获得更加快速便捷的操作体验。常用的影视后期制作软件包括After Effects、Premiere、CINEMA 4D等。

1.3.1 After Effects

After Effects出自Adobe公司，是一款非线性特效制作视频软件，多用于合成视频和制作视频特效。该软件可以帮助用户创建动态图形和精彩的视觉效果，结合三维软件和Photoshop软件，可以制作出更具视觉表现力的影视作品。图1-8所示为After Effects软件的启动界面。

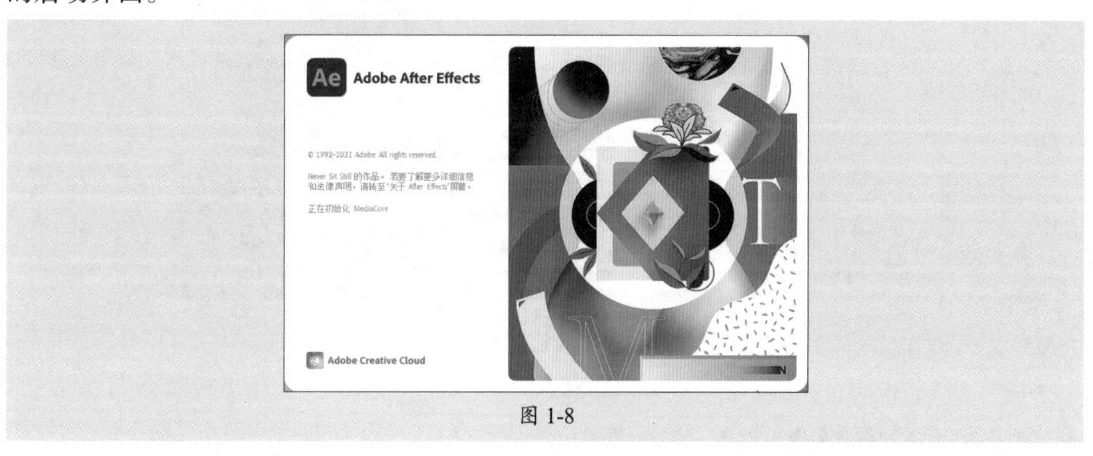

图 1-8

1.3.2 Premiere

Premiere软件是由Adobe公司出品的一款非线性音视频编辑软件，可用于剪辑视频、组合和拼接视频片段，同时Premiere具备简单的特效制作、添加字幕、调色、音频处理等功能，几乎可以满足影视编辑的各种需要。与其他视频编辑软件相比，Premiere的协同操作能力更强，支持与Adobe公司旗下的其他软件兼容，画面质量也较高，是影视编辑中常用的软件之一。图1-9所示为Premiere软件的启动界面。

图 1-9

1.3.3 Photoshop

Photoshop软件与After Effects、Premiere软件同属于Adobe公司，是一款专业的图像处理软件。该软件主要用于处理由像素构成的数字图像，用户可以直接将Photoshop软件制作的平面作品导入Premiere软件或After Effects软件中协同工作，满足日益复杂的视频制作需求。图1-10所示为Photoshop软件的启动界面。

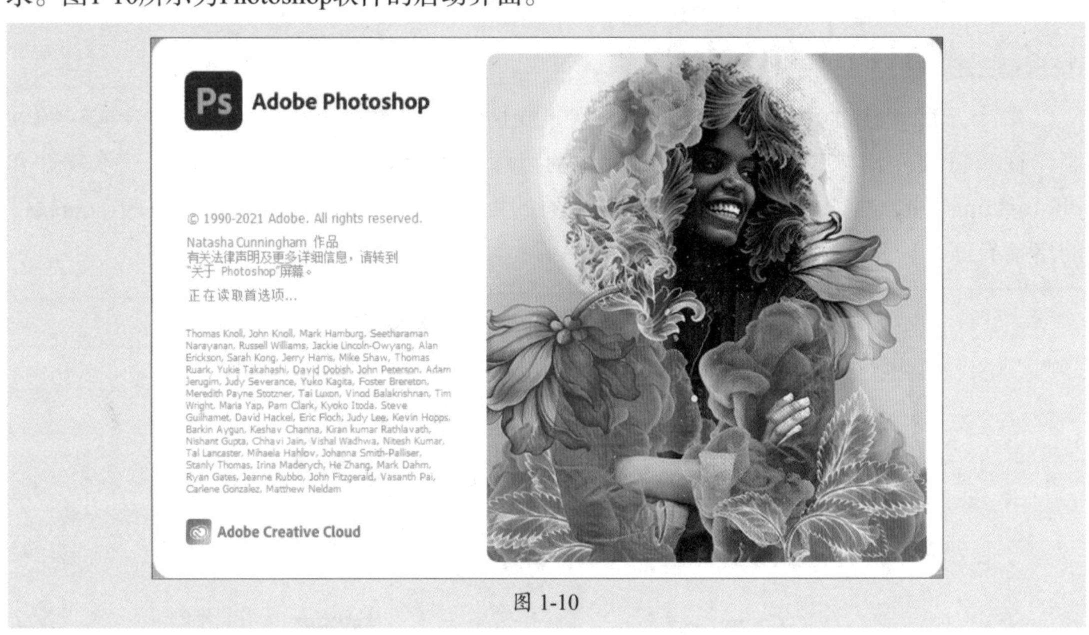

图 1-10

1.3.4 CINEMA 4D

CINEMA 4D简称为C4D，是一款三维动画渲染和制作软件。该软件具有极高的运算速度和强大的渲染插件，广泛应用于影视后期制作、工业设计等领域。在影视后期制作领域，C4D软件可以和After Effects等软件结合使用，弥补影视拍摄的不足，制作出更多现实世界较难实现的视觉效果。图1-11所示为CINEMA 4D默认启动界面。

图 1-11

1.4 影视后期制作在行业中的应用

影视媒体是当前最具影响力的媒体形式之一。影视后期制作是影响影视效果的重要环节，它是通过组接镜头、制作特效、添加音频等步骤处理影视内容，使其形成完整影片的技术。

1.4.1 影视后期制作对应的岗位和行业概况

1. 影视后期制作行业概况

随着影视制作、短视频制作等行业的发展，影视后期制作人员的缺口也在逐渐扩大，其中较为短缺的包括特效剪辑师、栏目包装师、动画制作师等。影视后期制作主要包括影视剪辑、特效制作、包装合成、音频编辑等内容，目前国内尚处于发展初期，前景广阔。

2. 影视后期制作求职方向

掌握影视后期制作理论和操作技能，可以进入影视公司、广告公司、传媒公司、电商公司、游戏公司、企事业单位等从事影视编辑、广告、栏目包装、影片特效、三维动画、产品展示等工作。

1.4.2 影视后期制作从业人员应具备的素养

影视后期制作影响着影片的好坏，从业人员应具备以下素养。

- 能够独立完成后期剪辑、包装、特效等工作。
- 全面把握内容、画面、音乐等节奏性衔接。
- 熟悉影片的后期制作流程及标准，具备一定的摄像操作能力。
- 熟练掌握Premiere、After Effects、FinalCut Pro等后期制作软件。
- 具有较强的色彩感、节奏感，影视构图能力强。
- 具有较强的沟通表达能力，抗压能力强。

课堂实战 了解视频压缩

视频压缩是视频制作传输中不可忽视的环节，它是在满足存储容量和传输带宽的要求下减少数据量，而不影响视频质量的一种技术手段。

视频具有直观性、高效性、广泛性等优点，但是由于视频信号的传输信息量大，传输网络带宽要求高，以现在的网络带宽很难直接对视频信号进行传输。因此在传输视频信号前可以先进行压缩编码，即进行视频源压缩编码，然后再传送以节省带宽和存储空间。视频压缩有两个基本要求。

- 必须是在一定的带宽内，即视频编码器应具有足够的压缩比。
- 视频信号压缩之后，经恢复应达到一定的视频质量。

拓展赏析

《桥》

《桥》是东北电影制片厂拍摄的剧情片，由王滨执导，于敏编剧，王家乙、吕班、江浩、陈强等出演，于1949年5月首映。该片讲述了东北某铁路工厂的工人们克服一系列困难完成抢修松花江铁桥的任务，为解放战争的胜利做出贡献的故事，如图1-12所示。

该片是东北电影制片厂摄制的第一部长篇故事片，也是新中国电影的奠基之作，它首创了工人阶级在银幕上的正面形象，描写了中国工人阶级为缔造新中国而进行的劳动和斗争，塑造了新中国主人公的崭新形象，如图-所示为该片剧照。

影片以近似白描式的手法刻画人物，表现生活，艺术风格平易质朴，在较为激烈的场景中，则熟练地采用了蒙太奇的手法，强化了电影的节奏，如图1-13所示。

图 1-12

图 1-13

第2章

影视后期制作之软件入门

内容导读

After Effects是一款专业的影视后期制作软件，本章将对After Effects的基本操作进行讲解，包括After Effects工作界面、工作区设置，项目的创建与管理、素材的导入与编辑、合成的创建与编辑，渲染预览效果等。

思维导图

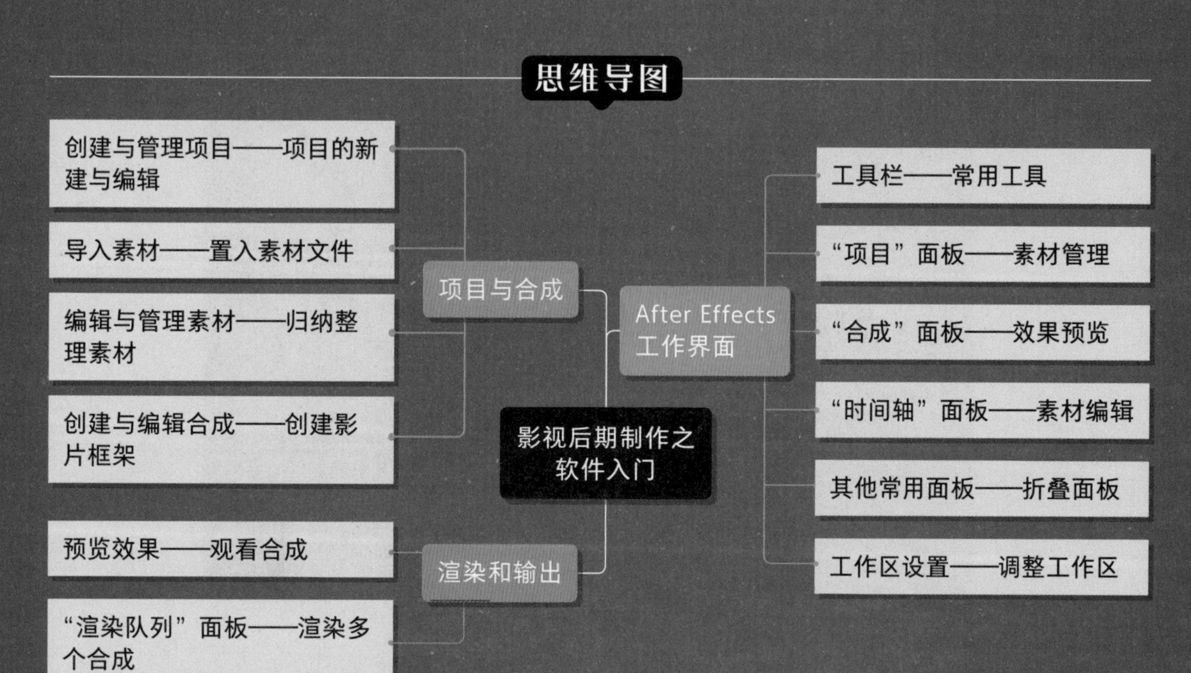

2.1 After Effects工作界面

After Effects工作界面由菜单栏、工具栏、“项目”面板、“合成”面板、“时间轴”面板及其他各类面板组成，如图2-1所示。

图 2-1

2.1.1 案例解析：自定义工作区

在学习After Effects工作界面之前，可以先看看以下案例，即根据自身使用习惯自定义工作区。

步骤 01 打开After Effects软件，如图2-2所示。

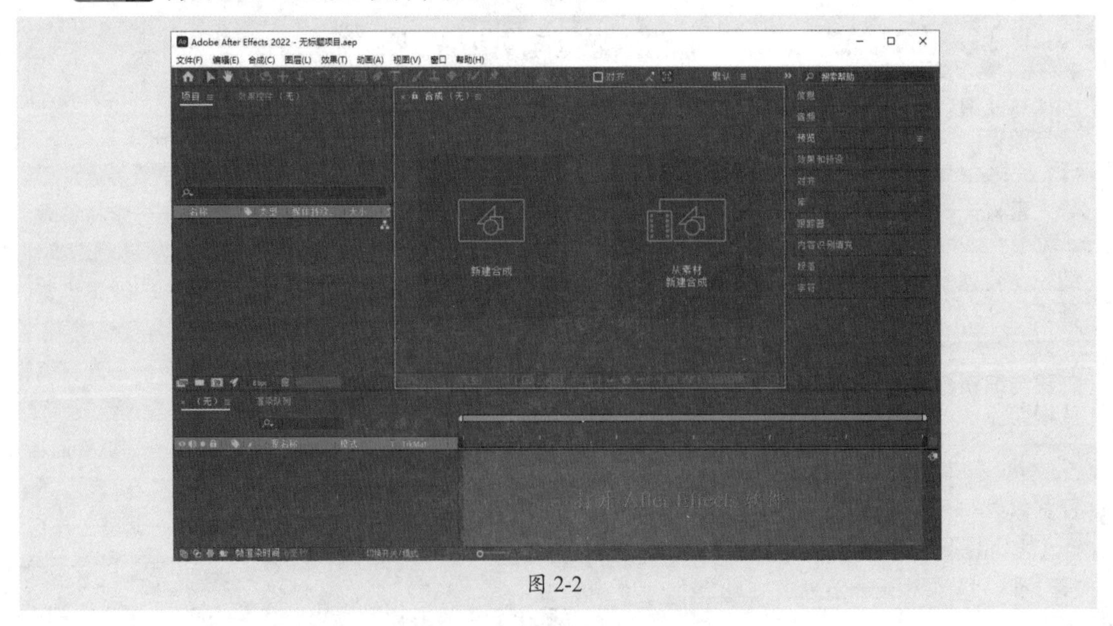

图 2-2

步骤 02 执行“窗口”命令，在其子菜单中设置打开与关闭面板，如图2-3所示。

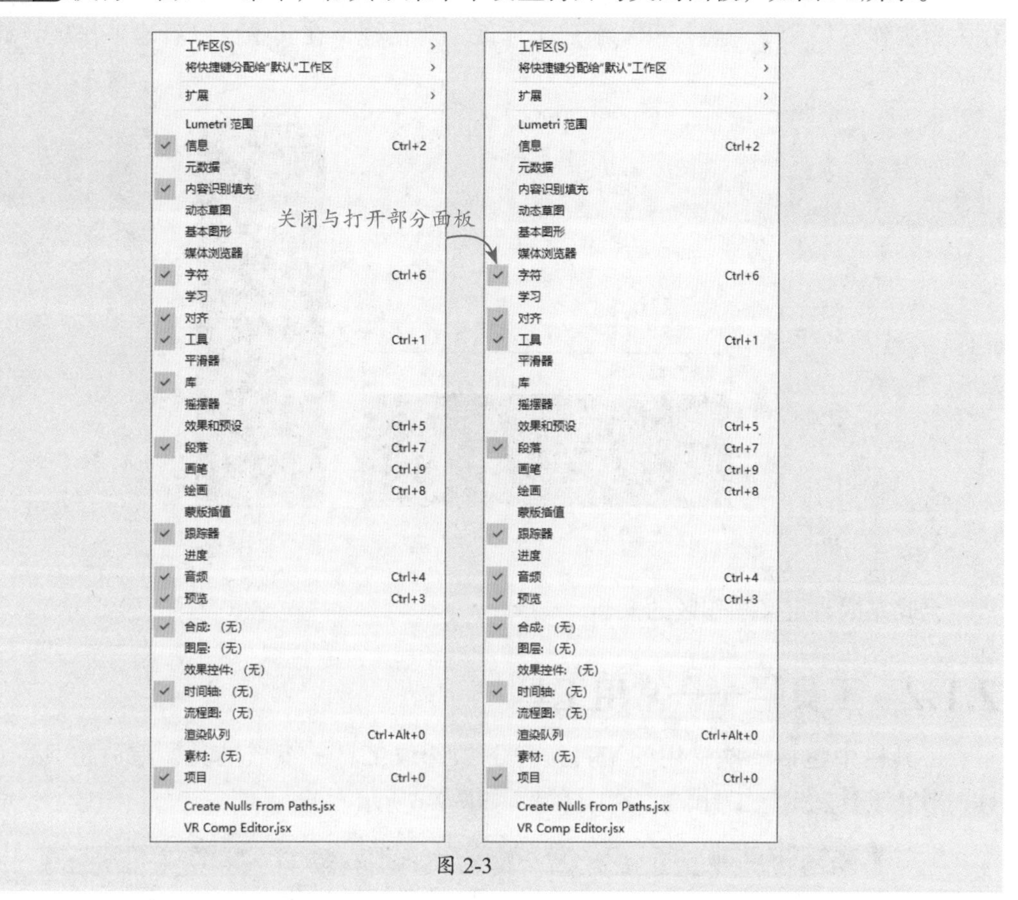

图 2-3

步骤 03 调整后的工作界面如图2-4所示。

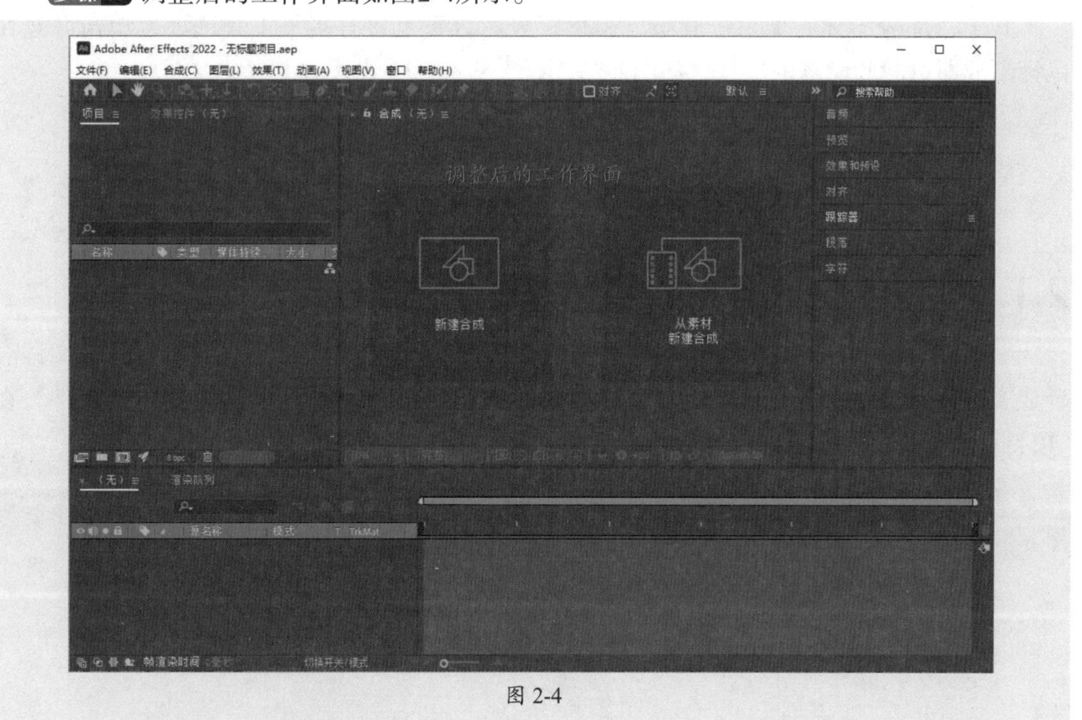

图 2-4

步骤 04 单击当前工作区名称右侧的“菜单”按钮☰，在弹出的下拉菜单中执行“另存为新工作区”命令，将打开“新建工作区”对话框，在其中可以新建工作区，如图2-5所示。

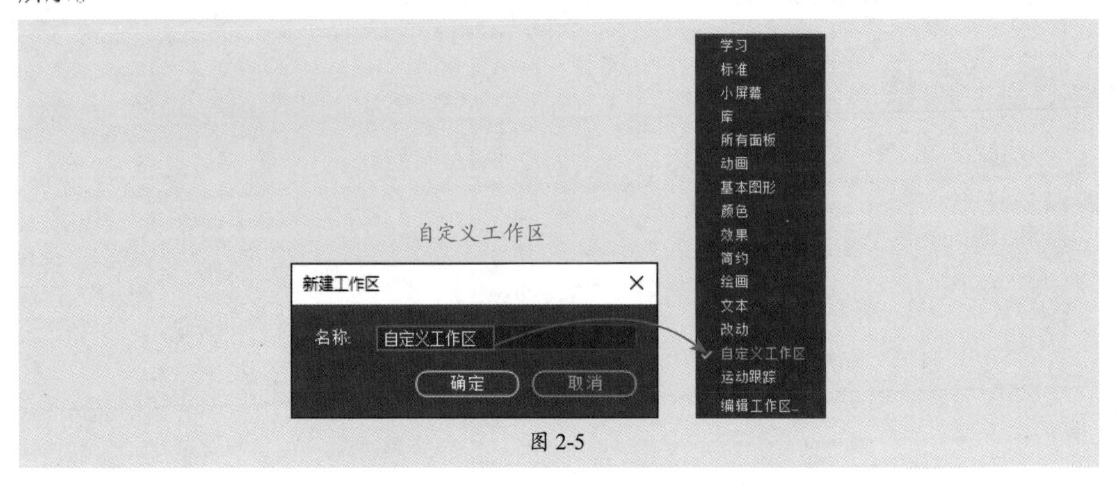

图 2-5

至此完成自定义工作区的操作。

2.1.2 工具栏——常用工具

工具栏中包括一些常用的工具按钮，如选取工具、手形工具、缩放工具、旋转工具、形状工具、钢笔工具、文字工具等，如图2-6所示。

图 2-6

其中，部分图标右下角带有小三角形，表示该工具含有多重工具选项，单击并按住鼠标不放即可看到隐藏的工具，如图2-7所示。

图 2-7

2.1.3 “项目”面板——素材管理

“项目”面板是After Effects的四大功能面板之一，After Effects中的所有素材文件、合成文件以及文件夹都可以在“项目”面板中找到，如图2-8所示。选中素材或文件，在“项目”面板的上半部分即可查看其缩览图及属性等信息。

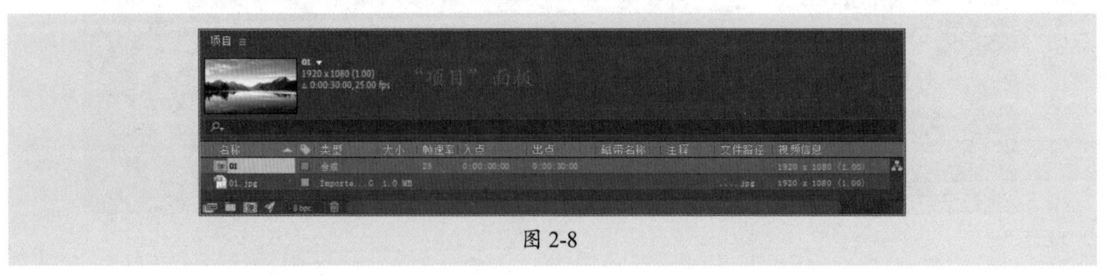

图 2-8

在“项目”面板的下半部分将显示素材的名称、类型、大小、媒体持续时间、文件路径等信息，用户还可以单击下方的按钮进行新建合成、新建文件夹等操作。

操作提示

在“项目”面板素材列表的空白区域右击鼠标，在弹出的快捷菜单中可以进行“新建”及“导入”操作。

2.1.4 “合成”面板——效果预览

“合成”面板是显示当前合成画面效果的主要面板，具有预览、控制、操作、管理素材、缩放窗口比例等功能，用户可以直接在该面板上对素材进行编辑。图2-9所示为“合成”面板。

图 2-9

2.1.5 “时间轴”面板——素材编辑

“时间轴”面板是控制图层效果及图层运动的平台，用户可以在该面板中精确设置各种素材的位置、时间、特效和属性等以合成影片，还可以调整图层的顺序和制作关键帧动画。图2-10所示为“时间轴”面板。

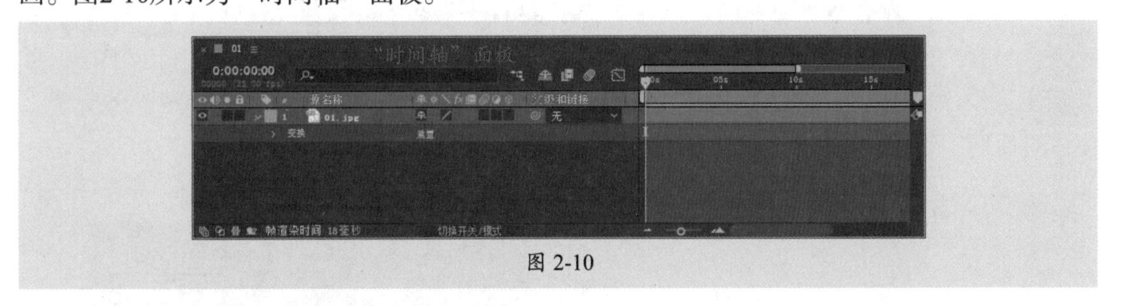

图 2-10

2.1.6 其他常用面板——折叠面板

默认工作区右侧包括一些折叠的常用面板，如“音频”面板、“效果和预设”面板、“对齐”面板、“字符”面板等，如图2-11所示。需要时单击面板标题即可展开相应的面板，如图2-12所示。

若没有找到需要的面板，还可以执行“窗口”命令，在其子菜单中执行命令打开相应的面板。

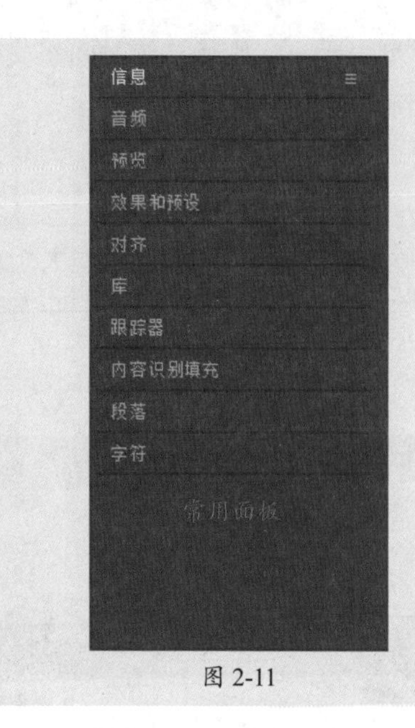

图 2-11

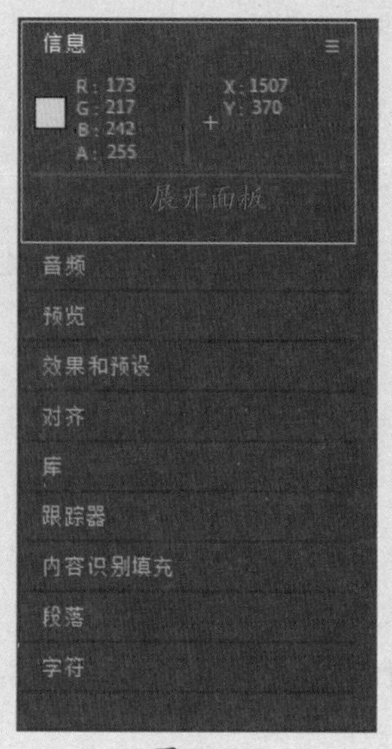

图 2-12

2.1.7 工作区设置——调整工作区

After Effects中提供了14种预设的工作区，包括默认、学习、标准、小屏幕、库等，如图2-13所示。用户可以根据用途选择合适的工作区。

图 2-13

预设工作区中的面板并不是固定的，用户可以根据需要在“窗口”菜单中执行命令打开或关闭面板。调整后单击当前工作区名称右侧的“菜单”按钮☰，在弹出的下拉菜单中执行“另存为新工作区”命令，将打开“新建工作区”对话框，如图2-14所示，在其中可以新建工作区。执行“编辑工作区”命令将打开“编辑工作区”对话框，如图2-15所示。在该对话框中可以调整工作区的顺序，还可以删除自定义的工作区。

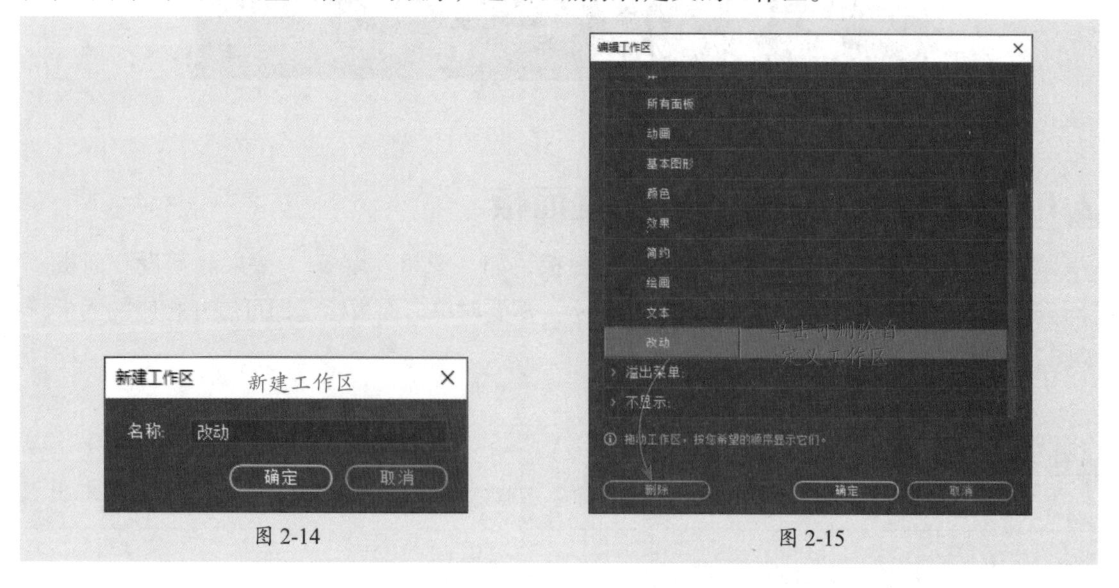

图 2-14　　图 2-15

2.2 项目与合成

After Effects项目中存储了合成、素材等所有信息，一个项目可以包含多个素材和多个合成，其中合成中的层主要是通过导入的素材及软件中的工具直接创建的。本节将对项目与合成的相关知识进行讲解。

2.2.1 案例解析：导入素材文件

在学习项目与合成之前，可以先看看以下案例，即使用项目与合成知识导入素材文件。

步骤 01 打开After Effects软件，单击主页中的“新建项目”按钮新建空白项目。执行“合成”|“新建合成”命令，打开“合成设置”对话框，设置参数，如图2-16所示。

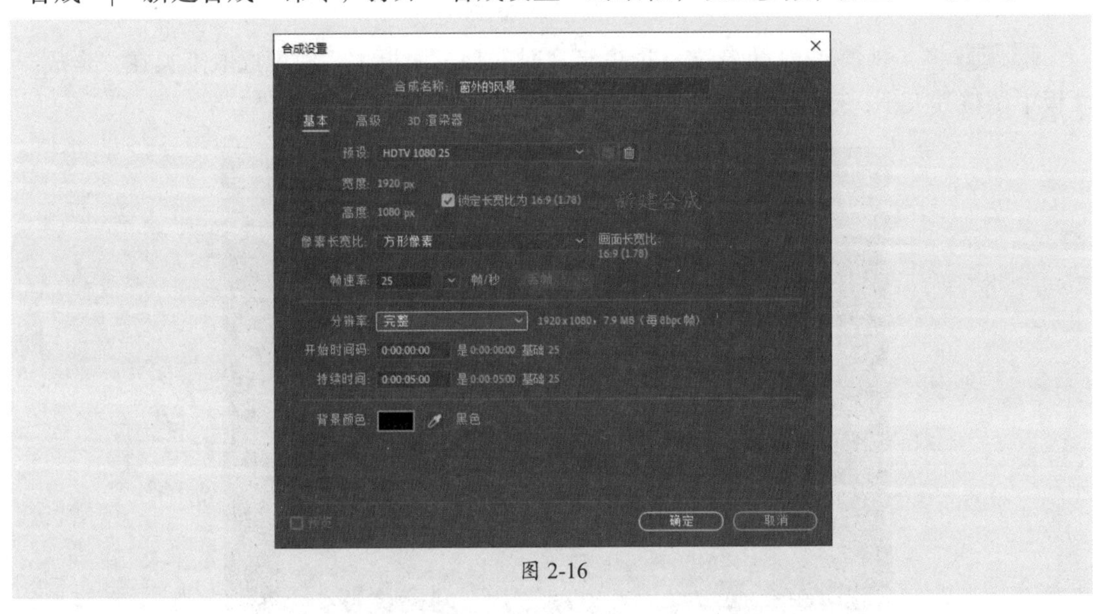

图 2-16

步骤 02 设置完成后单击“确定”按钮新建合成。执行“文件”|“导入”|“文件”命令，打开“导入文件”对话框，选择本章素材文件并设置相关选项，如图2-17所示。

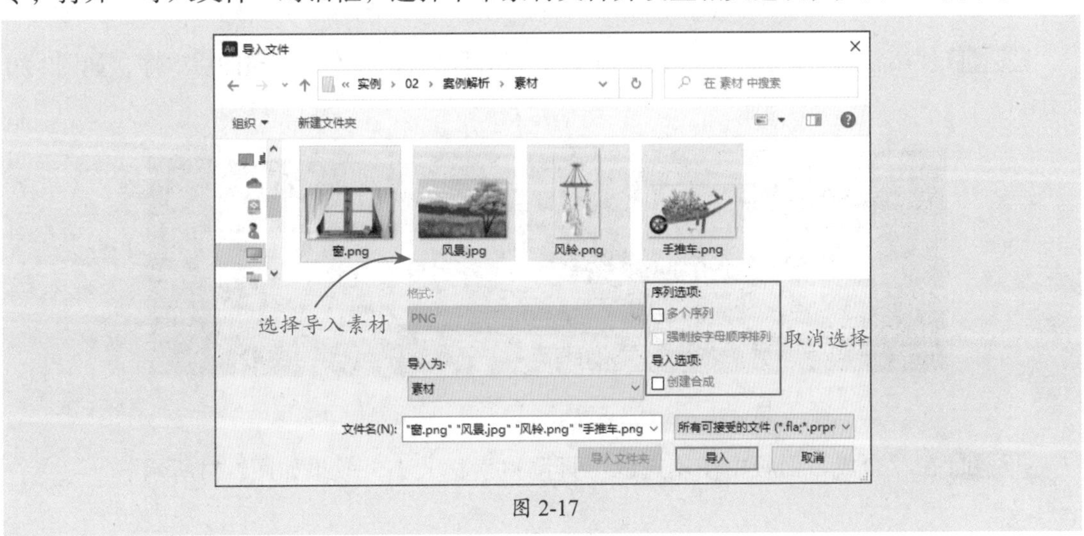

图 2-17

步骤 03 单击“导入”按钮导入素材文件，如图2-18所示。

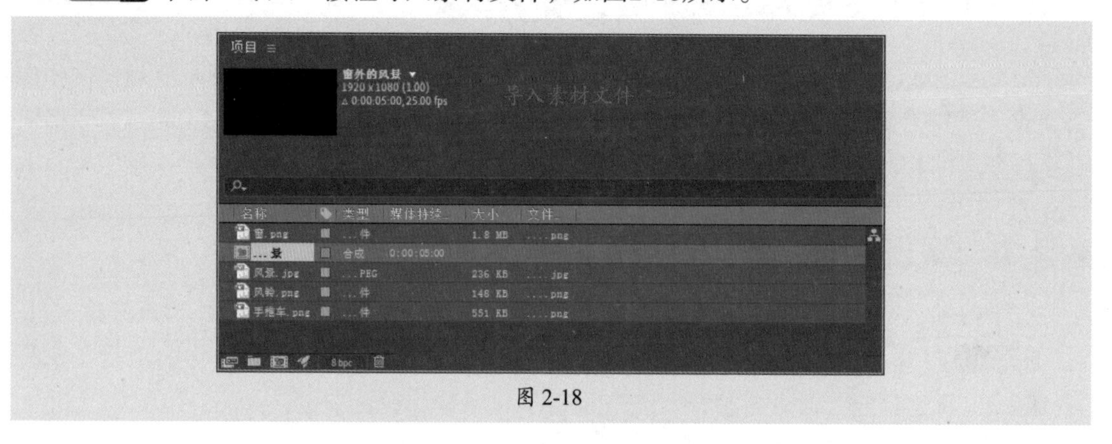

图 2-18

步骤 04 将“风景.jpg”素材文件拖曳至“时间轴”面板中，使用选取工具在“合成”面板中调整其大小，效果如图2-19所示。

图 2-19

步骤 05 使用相同的方法将其他素材拖曳至“时间轴”面板中，调整图层顺序，如图2-20所示。

图 2-20

步骤 06 在“合成”面板中使用选取工具调整素材大小，效果如图2-21所示。

图 2-21

至此完成素材文件的导入与调整。

2.2.2 创建与管理项目——项目的新建与编辑

项目是存储在硬盘中的单独文件，一般新建的项目均为默认设置的项目，用户可以新建项目后再对项目进行更细致的设置。

1. 新建项目

常用的新建项目的方式有以下两种。

- 单击主页中的“新建项目”按钮。
- 执行“文件”|“新建”|“新建项目”命令或按Ctrl+Alt+N组合键。

用上面两种方式均可新建默认的空白项目，如图2-22所示。

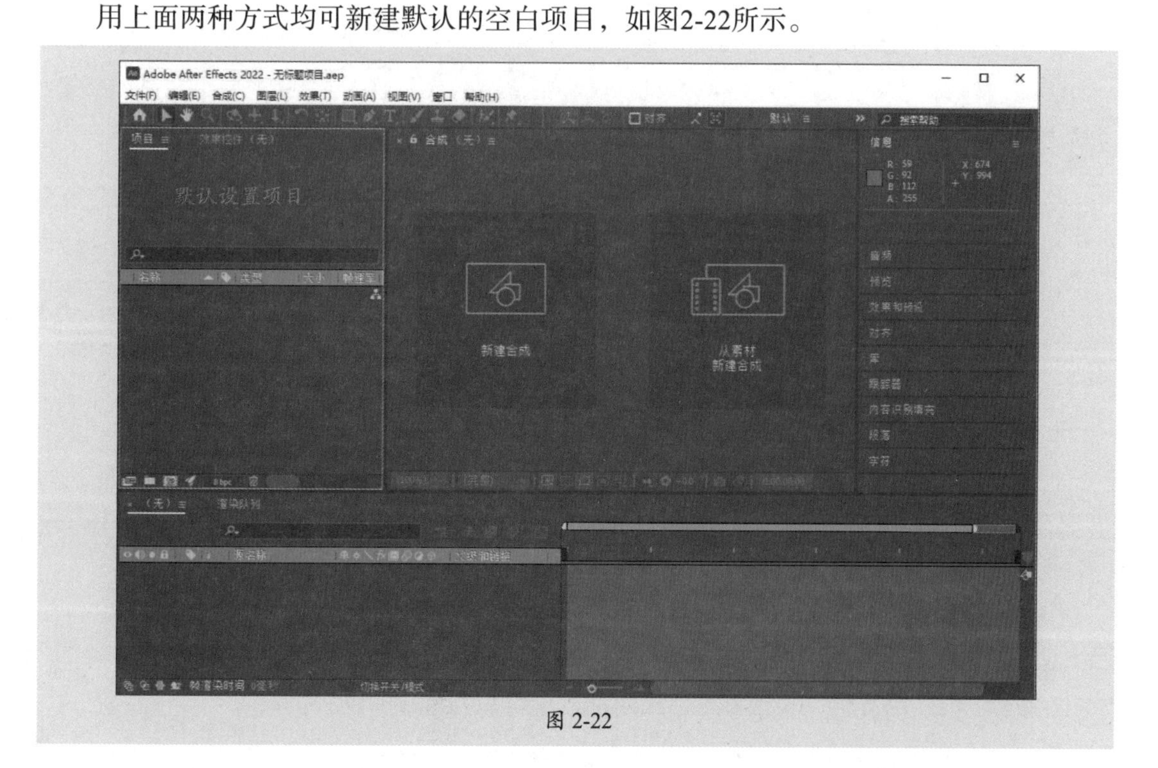

图 2-22

新建项目后，单击“项目”面板名称右侧的“菜单”按钮■，在弹出的下拉菜单中执行“项目设置”命令，将打开如图2-23所示的“项目设置”对话框，在该对话框中用户可以根据需要设置项目参数。

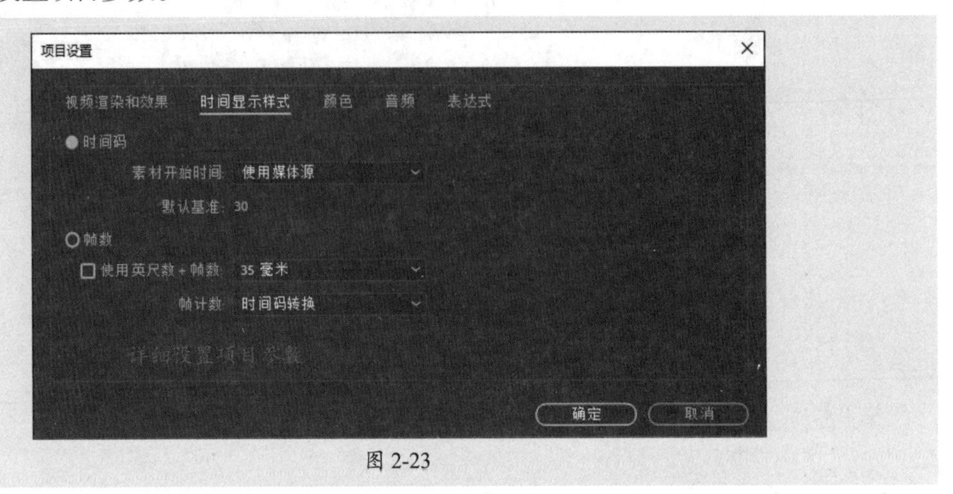

图 2-23

2. 打开项目

After Effects提供了多种打开项目文件的方式，常用的有以下三种。

- 执行“文件”|“打开项目”命令或按Ctrl+O组合键，打开如图2-24所示的“打开”对话框，选择要打开的项目文件，单击“打开”按钮即可。
- 执行“文件”|“打开最近的项目”命令，在其子菜单中将显示最近打开的文件，选择具体项目将其打开。
- 在文件夹中找到要打开的项目文件，将其拖曳至“项目”面板或“合成”面板中。

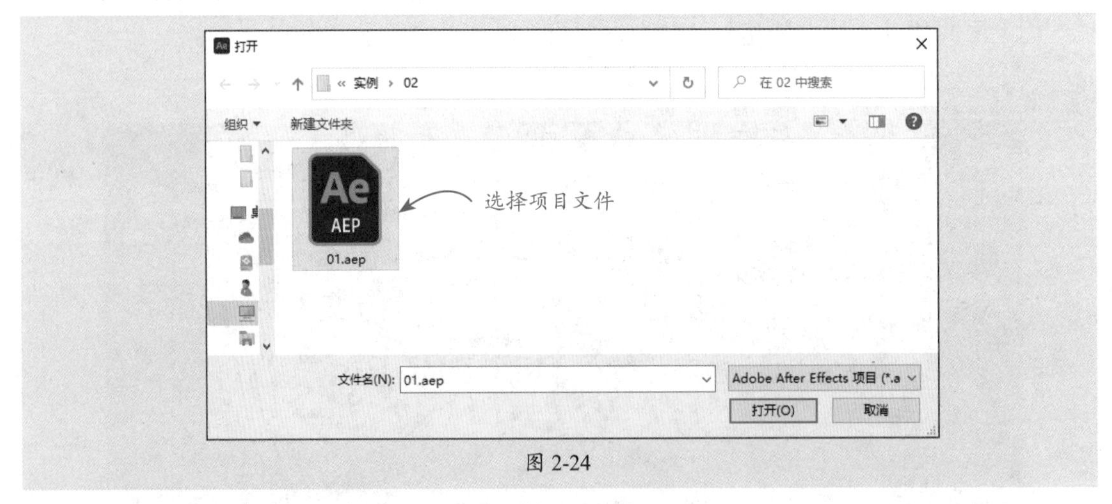

图 2-24

3. 保存和备份项目

及时地保存与备份项目文件可以有效避免误操作或意外关闭带来的损失。

（1）保存项目

对于从未保存过的项目文件，执行“文件”|“保存”命令或按Ctrl+S组合键，将打开如图2-25所示的“另存为”对话框，在该对话框中可以指定项目文件的名称及存储位置。

图 2-25

操作提示

保存过的项目文件再次编辑后执行“保存”命令会覆盖原有项目，且不会弹出对话框。

（2）另存为

使用“另存为”命令可以将当前项目文件以不同的名字保存到其他位置。执行“文件”|“另存为”|“另存为”命令或按Ctrl+Shift+S组合键，在打开的“另存为”对话框中指定新的存储位置和名称即可。

（3）保存为副本

副本是指备份文件，其内容和原文件一致。执行“文件”|“另存为”|“保存副本”命令，打开“保存副本”对话框，设置存储位置和名称后单击“保存”按钮即可，如图2-26所示。

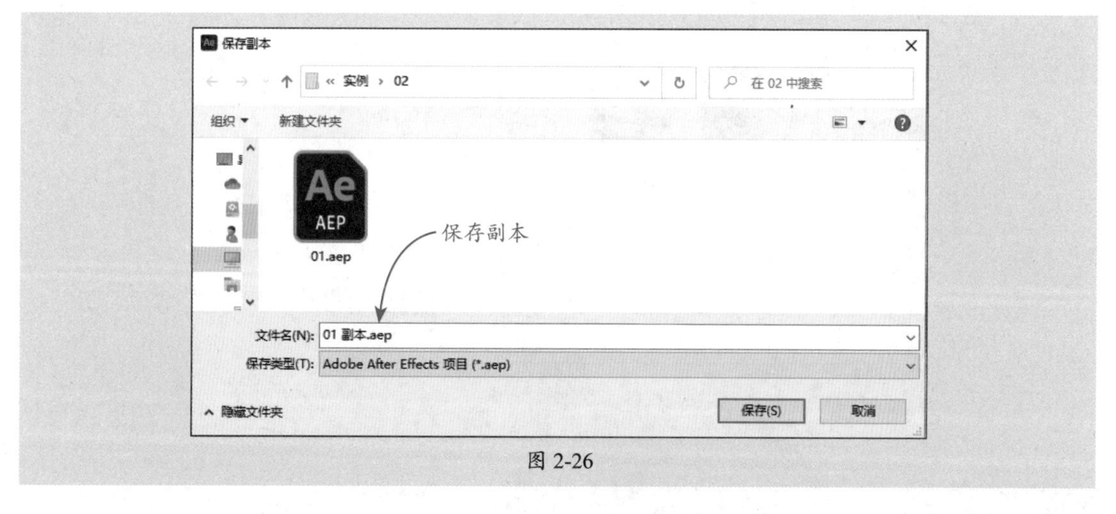

图 2-26

（4）保存为XML文件

若需要将当前项目文件保存为XML编码文件，可以执行“文件”|“另存为”|“将副本另存为XML”命令，打开“副本另存为XML”对话框，设置保存名称和位置后单击“保存”按钮即可，如图2-27所示。

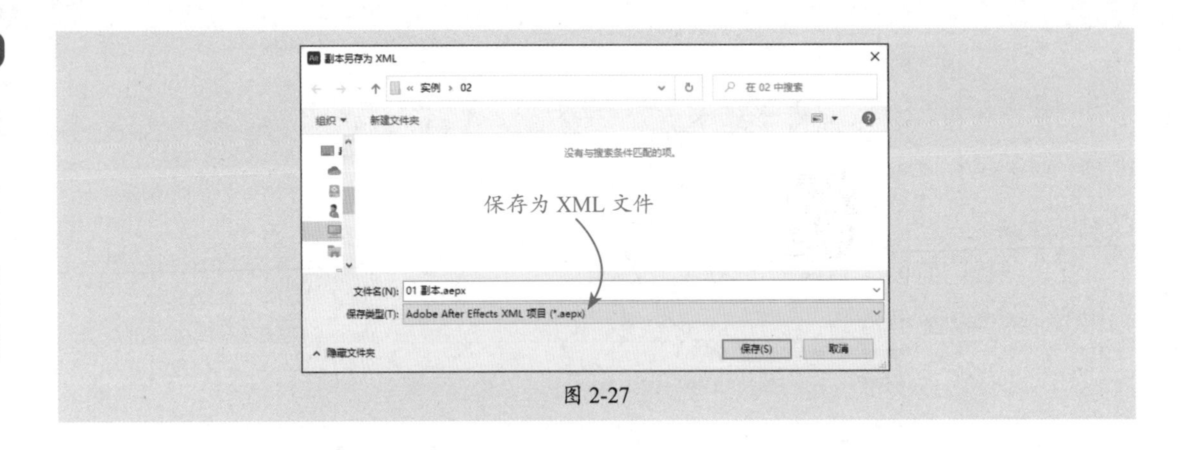

图 2-27

2.2.3 导入素材——置入素材文件

素材是项目文件最基础的内容，用户可以使用工具绘制矢量图形或导入外部素材。常用的导入素材的方式有以下五种。

- 执行“文件”|“导入”|“文件”命令或按Ctrl+I组合键，将打开“导入文件”对话框，如图2-28所示。
- 执行“文件”|“导入”|“导入文件”命令或按Ctrl+Alt+I组合键，将打开“导入多个文件”对话框。
- 在“项目”面板素材列表的空白区域右击鼠标，在弹出的快捷菜单中执行“导入”|“文件”命令。
- 在“项目”面板素材列表的空白区域双击鼠标。
- 将素材文件或文件夹直接拖曳至“项目”面板。

图 2-28

操作提示

Premiere项目文件可以以层的形式直接导入After Effects中。执行“文件”|“导入”|“导入Adobe Premiere Pro项目”命令，将打开“导入Adobe Premiere Pro项目”对话框，选择Premiere项目文件，单击“打开”按钮，在弹出的“Premiere Pro导入器”对话框中选择“所有序列”，再单击“确定”按钮即可将其导入After Effects。

2.2.4 编辑与管理素材——归纳整理素材

影视后期制作过程中一般会用到大量素材，用户可以根据素材类型和使用顺序组织管理素材，以便后续查找与团队协作。

1. 排序素材

在“项目”面板属性标签上单击即可按照该属性默认顺序排列素材，如图2-29所示为按照文件大小排序的效果。再次单击可反向排列顺序。

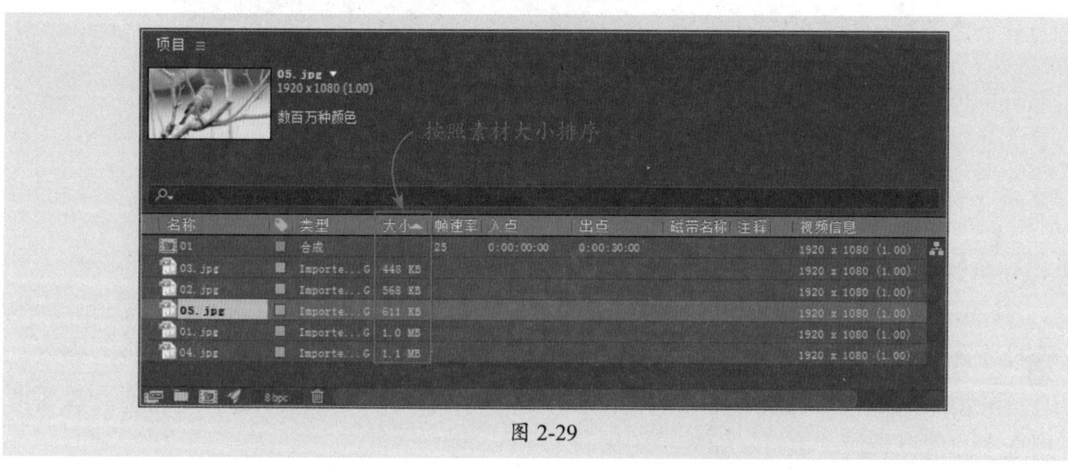

图 2-29

2. 归纳素材

用户可以通过创建文件夹来归纳划分不同类型的素材。常用的创建文件夹的方法有以下三种。

- 执行“文件”|“新建”|“新建文件夹”命令。
- 在“项目”面板素材列表的空白区域右击鼠标，在弹出的快捷菜单中执行“新建文件夹”命令。
- 单击“项目”面板下方的“新建文件夹”按钮。

这三种方法都可以在“项目”面板中新建一个文件夹，如图2-30所示。输入文件夹名称后将素材按照分类需要拖曳至文件夹中即可。

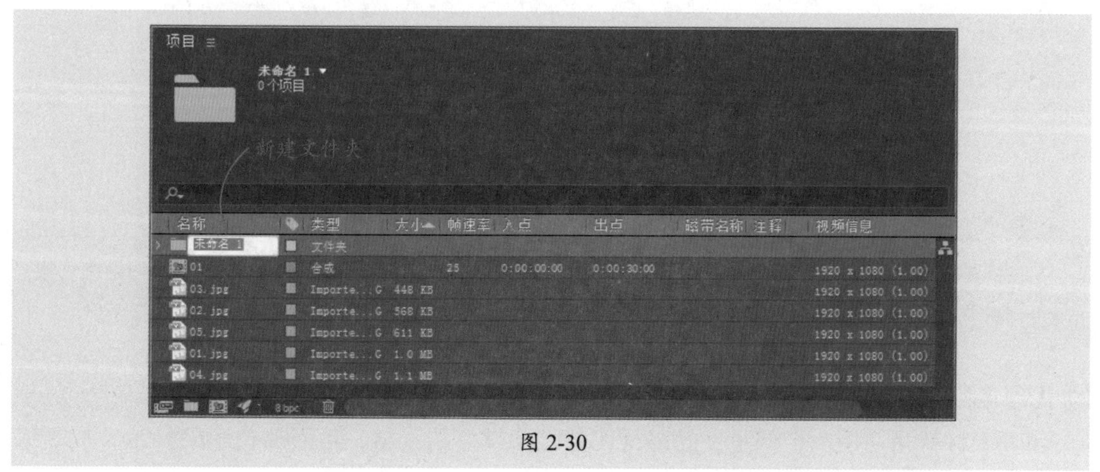

图 2-30

3. 搜索素材

在“项目”面板的搜索框中输入关键字，可以快速找到相应的素材，如图2-31所示。

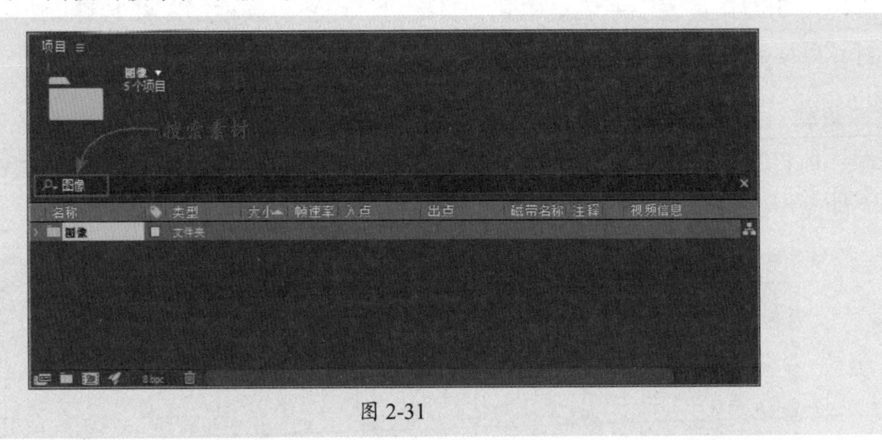

图 2-31

4. 替换素材

“替换素材”命令就是使用其他素材替换现有素材，以改变视频效果。在“项目”面板中选择要替换的素材并右击鼠标，在弹出的快捷菜单中执行“替换素材”|“文件”命令，打开“替换素材文件”对话框，选择要替换的素材，如图2-32所示。单击“导入”按钮即可用选中的素材替换“项目”面板中的素材。

图 2-32

操作提示

替换素材时，需要在“替换素材文件”对话框中取消选中“ImporterJPEG序列”复选框，以避免“项目”面板中同时存在两个素材，出现替换失败的情况。

5. 代理素材

代理素材就是使用一个低质量的素材代替已编辑好的素材，从而加快渲染显示，提高编辑速度。

在“项目”面板中选中编辑好的素材并右击鼠标，在弹出的快捷菜单中执行“创建代理”命令，在其子菜单中执行命令创建静止图像代理或影片代理，打开“将帧输出到”对话框，设置代理的名称和输出目标，在“渲染队列”面板中指定渲染设置后单击“渲染”按钮即可创建代理，如图2-33所示。

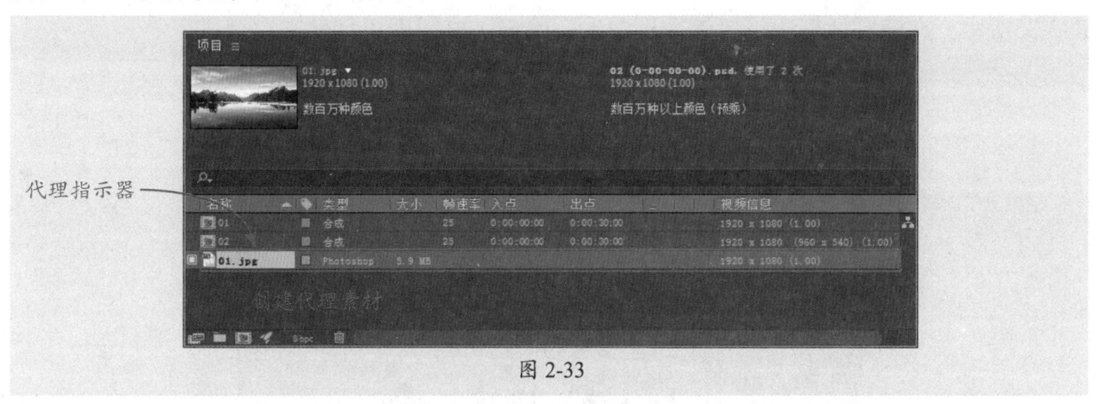

图 2-33

若已有代理文件，可选中原始素材项目后右击鼠标，在弹出的快捷菜单中执行“设置代理”|“文件”命令或按Ctrl+Alt+P组合键，打开“设置代理文件”对话框，选择代理文件，如图2-34所示。

图 2-34

操作提示

“替换素材”命令中的占位符同样可以临时使用某内容代替素材项目。占位符是一个静止的彩条图像，执行该命令后软件会自动生成占位符，而不需要提供相应的占位符素材。

2.2.5 创建与编辑合成——创建影片框架

合成是影片的基础，包括视频、音频、动画文本、矢量图形、静止图像等多个图层，同时合成还可以作为素材使用。下面将对合成的创建与编辑进行讲解。

1. 创建合成

创建合成有多种方式，常用的有以下三种方法。

（1）创建空白合成

执行“合成”|“新建合成”命令或按Ctrl+N组合键，打开“合成设置”对话框，如图2-35所示。在该对话框中设置参数后单击“确定”按钮即可创建空白合成。

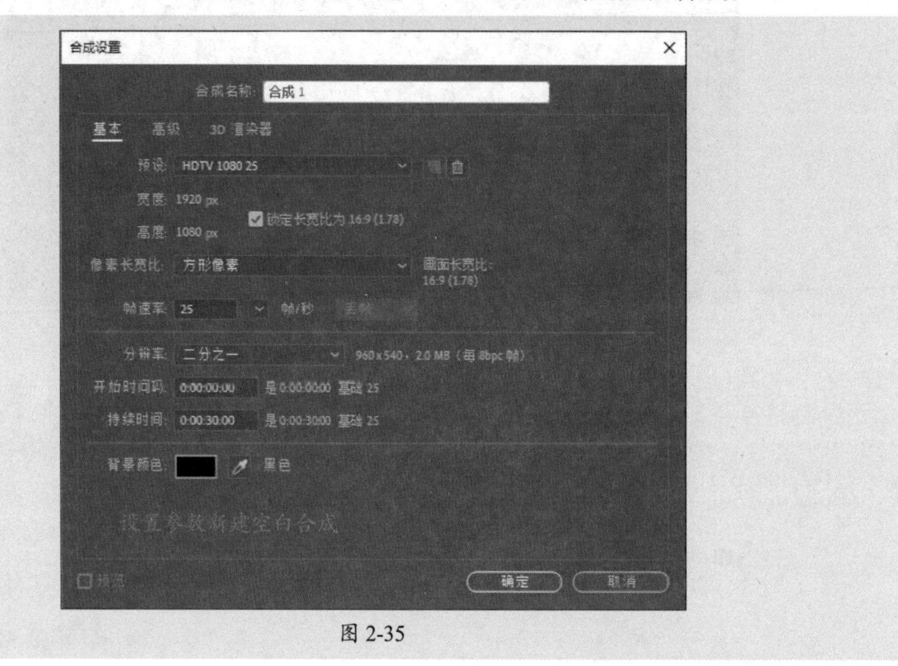

图 2-35

操作提示

单击“项目”面板底部的“新建合成”按钮，同样可以打开“合成设置”对话框创建空白合成。

（2）基于单个素材新建合成

在“项目”面板中导入外部素材文件后，还可以通过素材建立合成。在“项目”面板中选中某个素材并右击鼠标，在弹出的快捷菜单中执行“基于所选项新建合成”命令，或将素材拖曳至“项目”面板底部的“新建合成”按钮上，如图2-36所示。

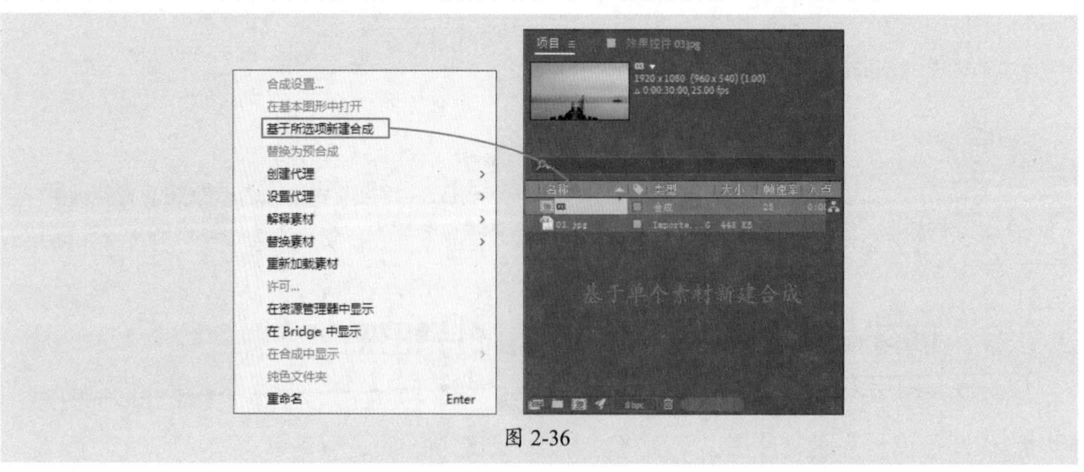

图 2-36

（3）基于多个素材新建合成

在“项目”面板中同时选择多个文件并右击鼠标，在弹出的快捷菜单中执行“基于所选项新建合成”命令，或将素材拖曳至“项目”面板底部的“新建合成”按钮上，将打开“基于所选项新建合成”对话框，如图2-37所示。在该对话框中设置参数后单击“确定”按钮即可按照设置创建合成。

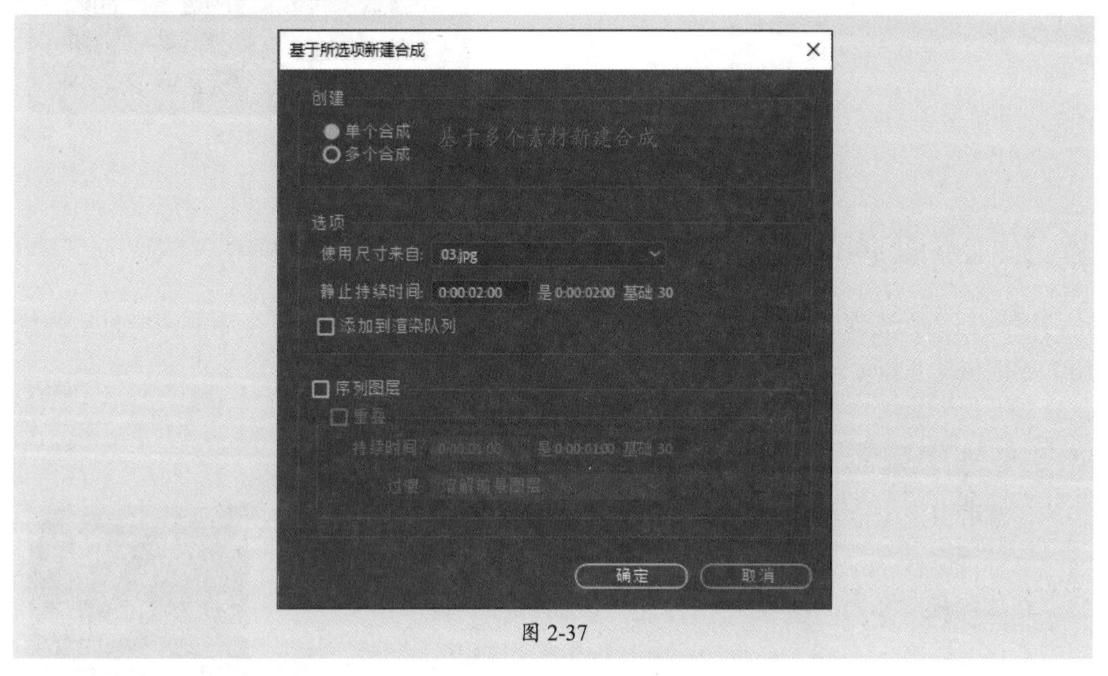

图 2-37

“基于所选项新建合成”对话框中部分常用选项的作用如下。

- **使用尺寸来自：** 用于选择新合成从中获取合成设置的素材项目。
- **静止持续时间：** 用于设置添加的静止图像的持续时间。
- **添加到渲染队列：** 选中该复选框可将新合成添加到渲染队列中。
- **序列图层：** 按顺序排列图层，可以设置使其在时间上重叠、设置过渡的持续时间以及选择过渡类型。

2. 设置合成参数

创建合成后，可以选中合成，执行“合成”|“合成设置”命令或按Ctrl+K组合键，打开“合成设置”对话框重新设置合成参数。

用户可以随时更改合成设置，但考虑到最终输出，最好是在创建合成时指定帧长宽比和帧大小等参数。

3. 嵌套合成

嵌套合成又称预合成，是指一个合成包含在另一个合成中，显示为包含的合成中的一个图层。嵌套图层多由各种素材以及合成组成，用户可通过将现有合成添加到其他合成中的方法来创建嵌套合成。

在“时间轴”面板中选择单个或多个图层并右击鼠标，在弹出的快捷菜单中执行“预合成”命令，打开“预合成”对话框，如图2-38所示。用户可以在该对话框中设置嵌套合成的名称等参数。

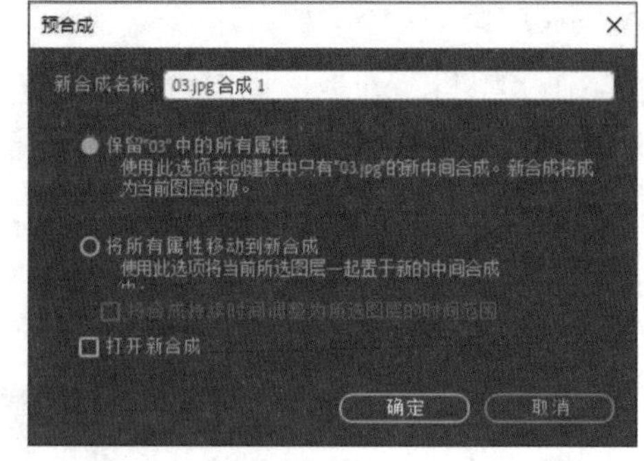

图 2-38

2.3 渲染和输出

渲染是将合成创建为影片帧的过程。通过渲染和输出，可以将软件中的项目文件输出为不同格式，以便与其他软件衔接。

2.3.1 预览效果——观看合成

预览可以及时地查看合成效果，辅助用户进行影视后期制作工作。执行“窗口”|“预览”命令，打开“预览”面板，如图2-39所示。在该面板中单击“播放”/“停止”按钮即可控制“合成”面板中素材的播放。“预览”面板中部分选项的作用如下。

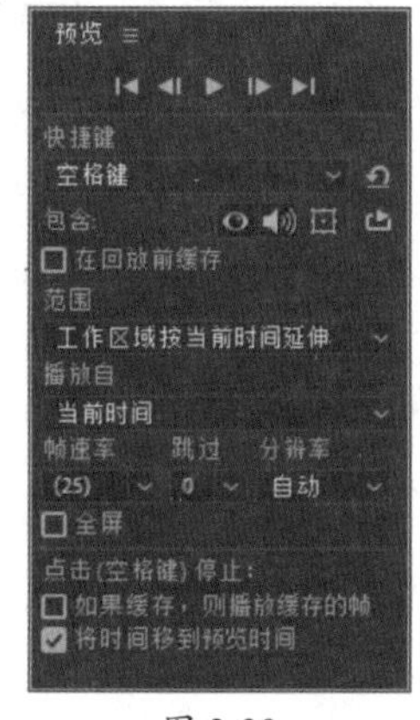

图 2-39

- **快捷键：**用于设置播放/停止预览的键盘快捷键。
- **在预览中播放视频：**启用后预览会播放视频。
- **在预览中播放音频：**启用后预览会播放音频。
- **范围：**用于设置要预览的帧的范围。
- **帧速率：**用于设置预览的帧速率。选择“自动”选项可与合成的帧速率相等。
- **跳过：**用于设置预览时要跳过的帧数，以提高回放性能。
- **分辨率：**用于设置预览分辨率。

用户也可以按空格键或数字小键盘上的0键快速播放预览效果。

2.3.2 “渲染队列”面板——渲染多个合成

“渲染队列”面板是渲染和导出影片的主要方式。将合成放入“渲染队列”面板后，合成将变为渲染项，用户可以将多个渲染项添加至渲染队列中成批渲染。

选中要渲染的合成，执行“合成”|“添加到渲染队列”命令或按Ctrl+M组合键即可将合成添加至渲染队列，如图2-40所示。用户也可以直接将合成拖曳至“渲染队列”面板。

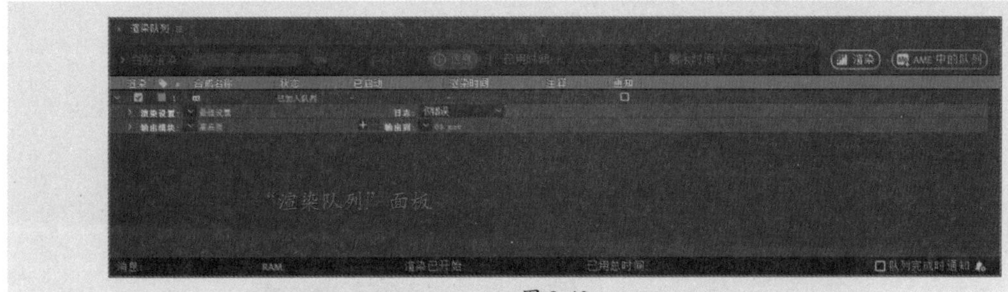

图 2-40

1. 渲染设置

渲染设置应用于每个渲染项，并确定如何渲染该特定渲染项的合成。单击“渲染队列”面板中“渲染设置”右侧的模块名称，将打开“渲染设置”对话框，如图2-41所示。

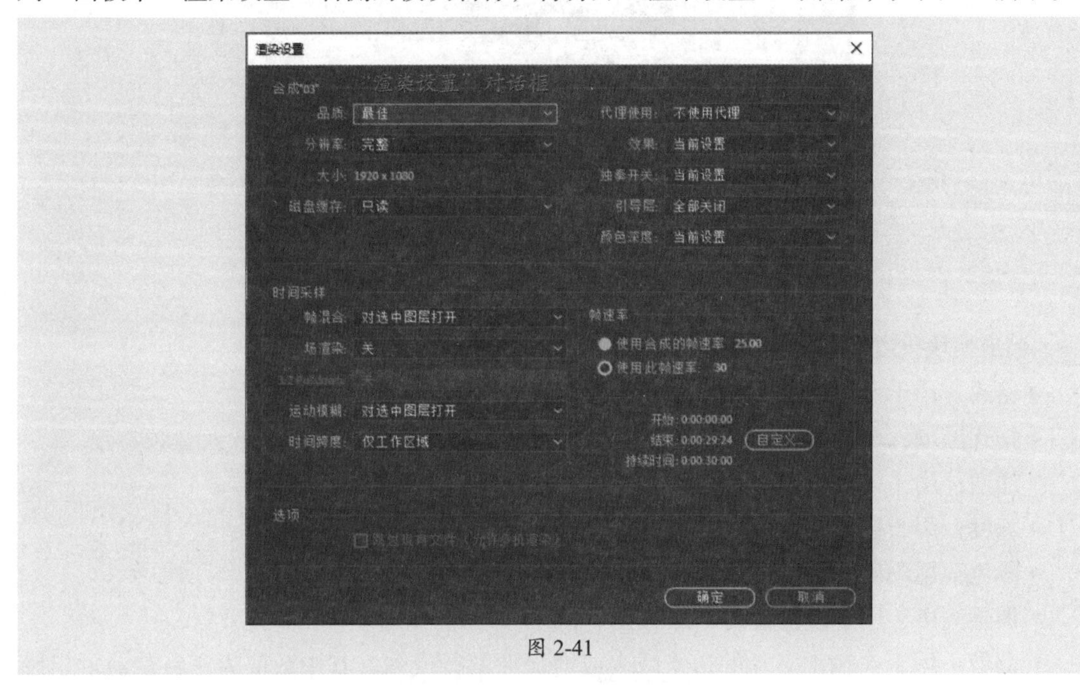

图 2-41

“渲染设置”对话框中部分选项的作用如下。

- **品质：**用于设置所有图层的品质。
- **分辨率：**用于设置合成的分辨率。
- **代理使用：**用于设置渲染时是否使用代理。
- **场渲染：**用于设置渲染合成的场渲染技术。
- **时间跨度：**用于设置要渲染合成中的多少内容。
- **帧速率：**用于设置渲染影片时使用的采样帧速率。

2. 输出模块

输出模块设置应用于每个渲染项，并确定如何针对最终输出处理渲染的影片。单击“渲染队列”面板中“输出模块”右侧的模块名称，将打开“输出模块设置”对话框，如图2-42所示。

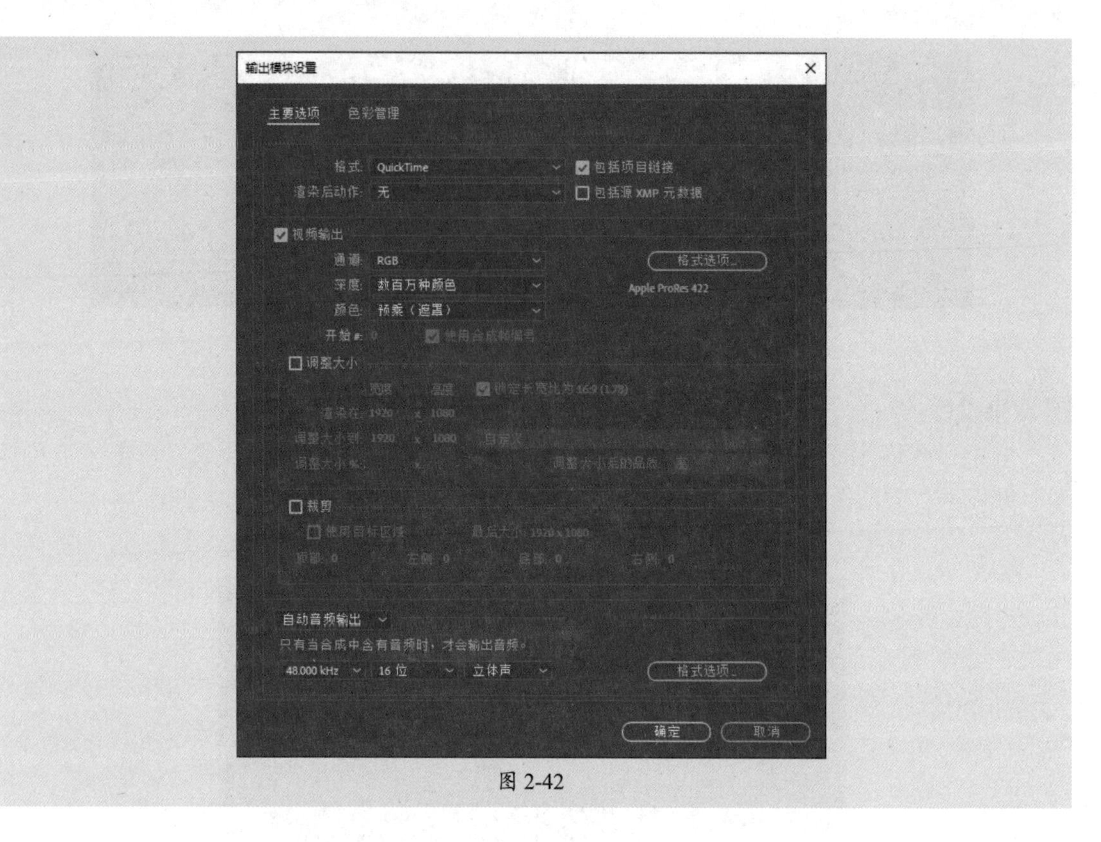

图 2-42

“输出模块设置”对话框中部分选项的作用如下。

- **格式：**用于设置输出文件或文件序列的格式。
- **格式选项：**单击该按钮将打开相应的格式选项对话框，以设置视频及音频参数。
- **通道：**用于设置输出通道。
- **深度：**用于设置输出影片的颜色深度。
- **颜色：**用于设置使用Alpha通道创建颜色的方式。
- **调整大小：**用于设置输出影片的大小。
- **裁剪：**用于在输出影片的边缘减去或增加像素行或列。其中数值为正将裁剪输出影片，数值为负将增加像素行或列。
- **音频输出：**用于设置输出音频参数。

课堂实战 创建并输出项目文件

本章课堂实战练习创建并输出项目文件。综合练习本章的知识点，以熟练掌握和巩固素材的操作。下面将介绍操作思路。

步骤 01 打开After Effects软件，单击主页中的“新建项目”按钮，新建空白项目。执行“合成”|“新建合成”命令，打开“合成设置”对话框，在其中设置参数，如图2-43所示。设置完成后单击“确定”按钮新建合成。

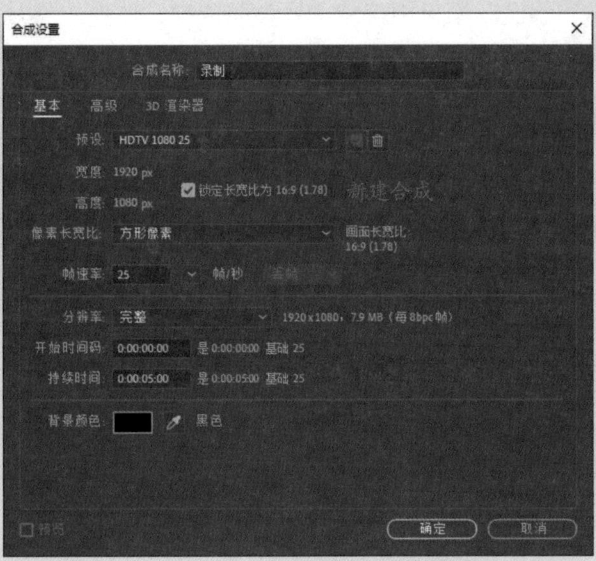

图 2-43

步骤 02 按Ctrl+I组合键，打开“导入文件”对话框，选择本章素材文件，如图2-44所示。

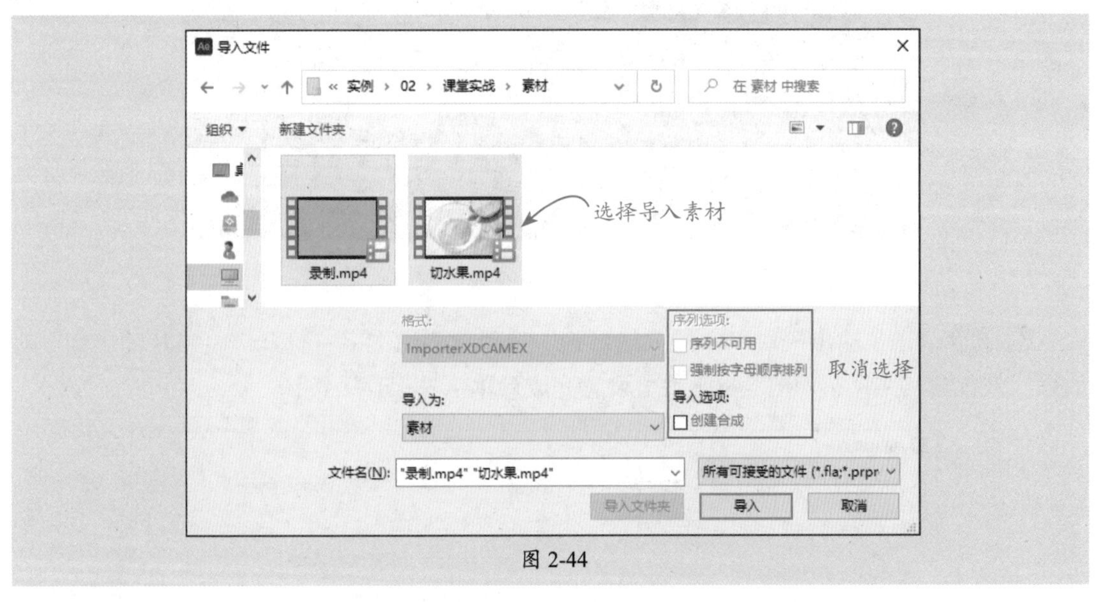

图 2-44

步骤 03 单击“导入”按钮，导入素材文件，并按照顺序拖曳至“时间轴”面板中，如图2-45所示。

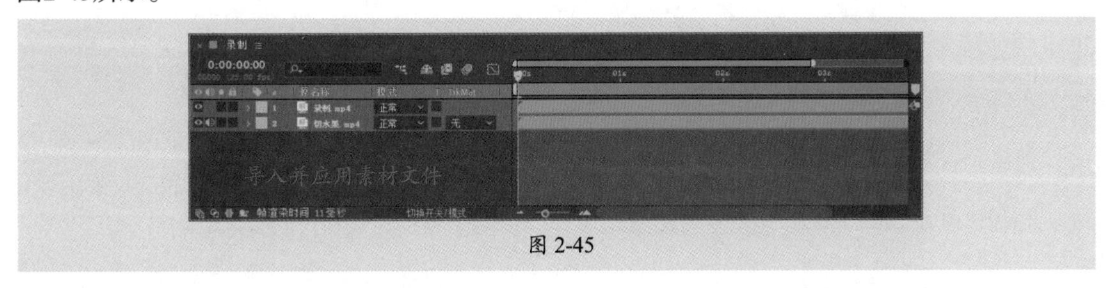

图 2-45

步骤 04 在“效果和预设”面板中搜索“线性颜色键”效果，将其拖曳至“时间轴”面板的“录制.mp4”素材上，在“效果控件”面板中设置参数，效果如图2-46所示。

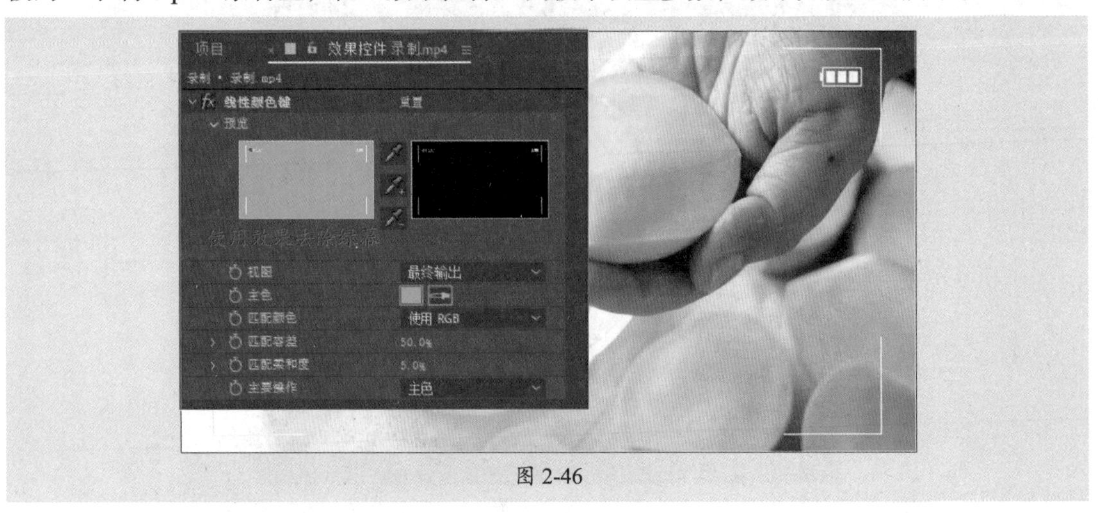

图 2-46

步骤 05 在“项目”面板中选中创建的合成，按Ctrl+M组合键即可将合成添加至渲染队列，如图2-47所示。

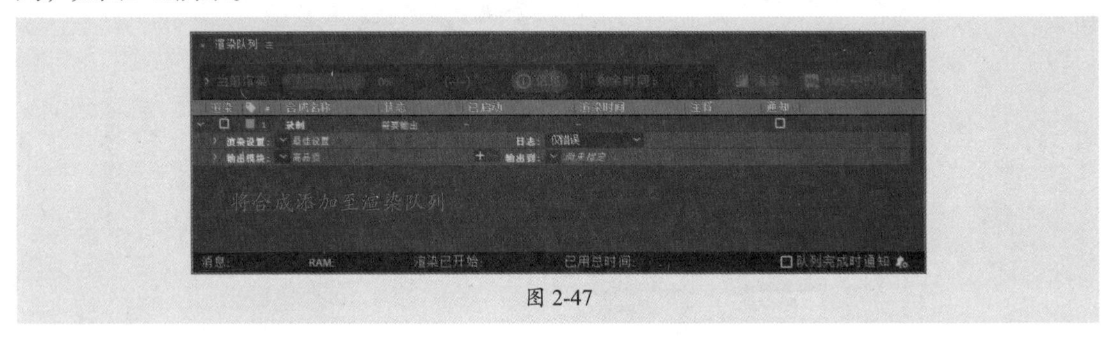

图 2-47

步骤 06 单击“输出模块”中的“输出到”选项右侧的文字，打开“将影片输出到”对话框，设置输出路径，如图2-48所示。设置完成后单击“保存”按钮。

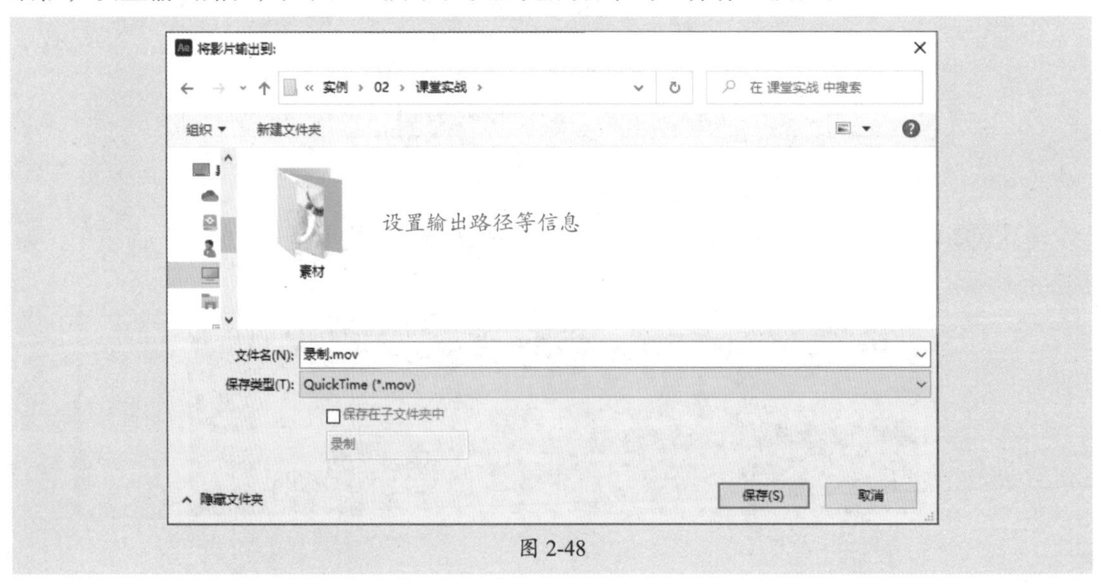

图 2-48

步骤 07 在“渲染队列”面板中单击“渲染”按钮，软件将自动渲染，如图2-49所示。

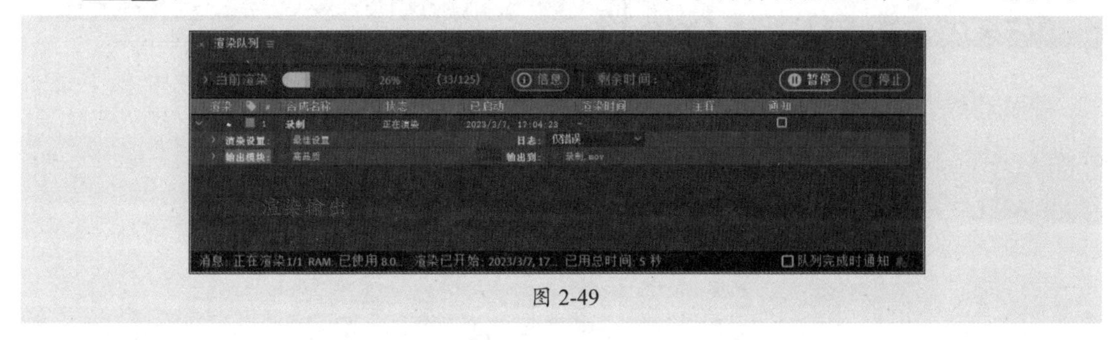

图 2-49

步骤 08 等待当前渲染进度完成后，即可在设置的位置找到输出的QuickTime影片，如图2-50所示。

图 2-50

至此完成项目文件的创建与输出。

课后练习 替换丢失素材

下面将综合运用本章学习的知识替换丢失素材，如图2-51所示。

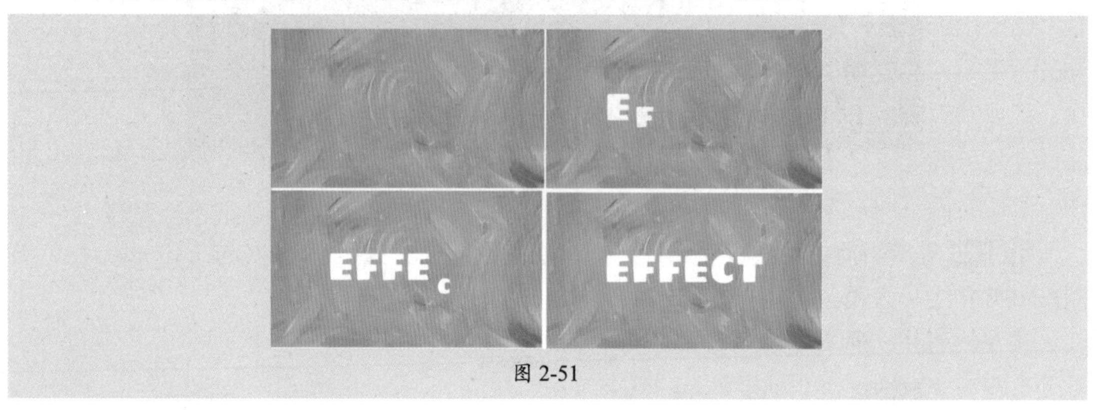

图 2-51

1. 技术要点

①打开本章素材文件，在“合成”面板中预览效果。

②在“项目”面板中右击丢失的素材文件，执行“替换素材”|“文件”命令。

③打开“替换素材文件”对话框，选择准备好的文件。

④单击“导入”按钮导入新素材。

2. 分步演示

本案例的分步演示效果如图2-52所示。

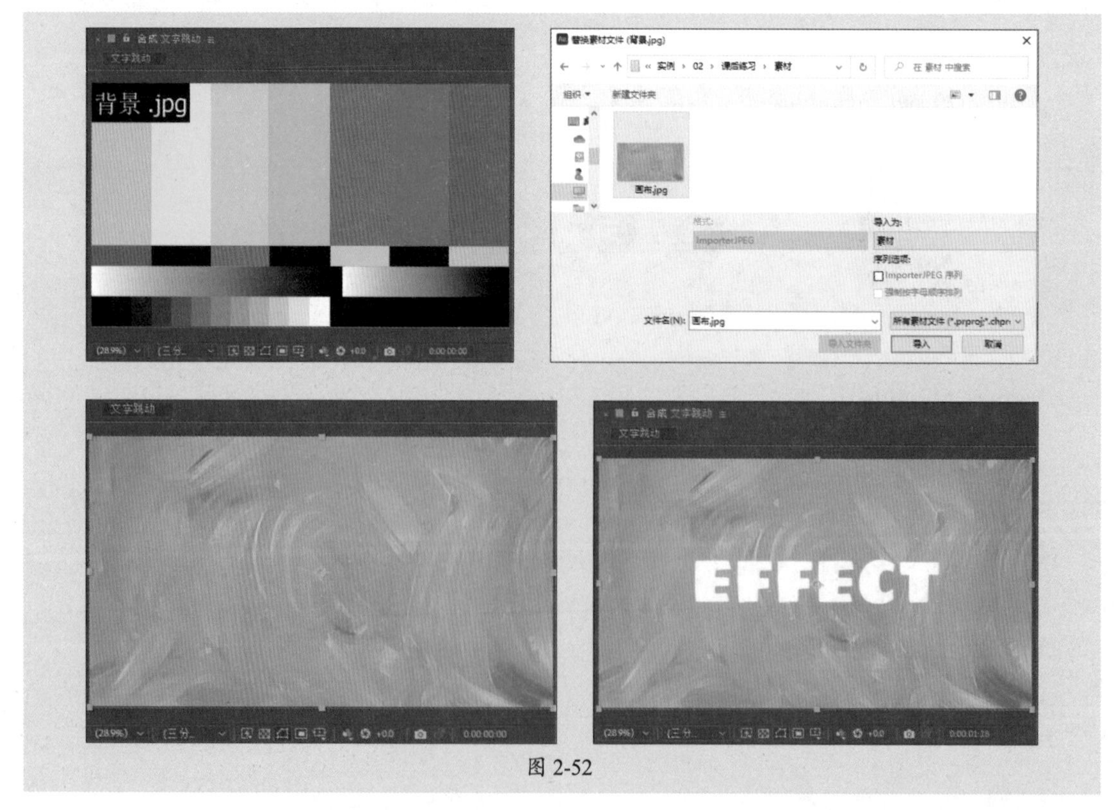

图 2-52

拓展赏析

《三毛流浪记》

《三毛流浪记》是上海昆仑影业公司摄制的喜剧片，由赵明、严恭执导，阳翰笙编剧，王龙基主演，于1949年10月在全国公映。该片改编自张乐平创作的同名漫画，讲述了孤儿三毛在旧上海的辛酸遭遇，展现了旧社会流浪儿童的不幸命运，如图2-53所示。

图 2-53

该片是中华人民共和国成立后第一部公映的国产故事片，通过在尖锐的社会矛盾中刻画一个流浪儿形象，直白地揭示了旧社会的冷酷残忍、欺诈和不平，歌颂了在困境中依然不屈不挠、充满希望、诚实善良的三毛精神，如图2-54所示为该片剧照。

影片兼具时代性与艺术性，在保留漫画风格造型的同时，创作了假定情境，增强了影片的观赏效果。

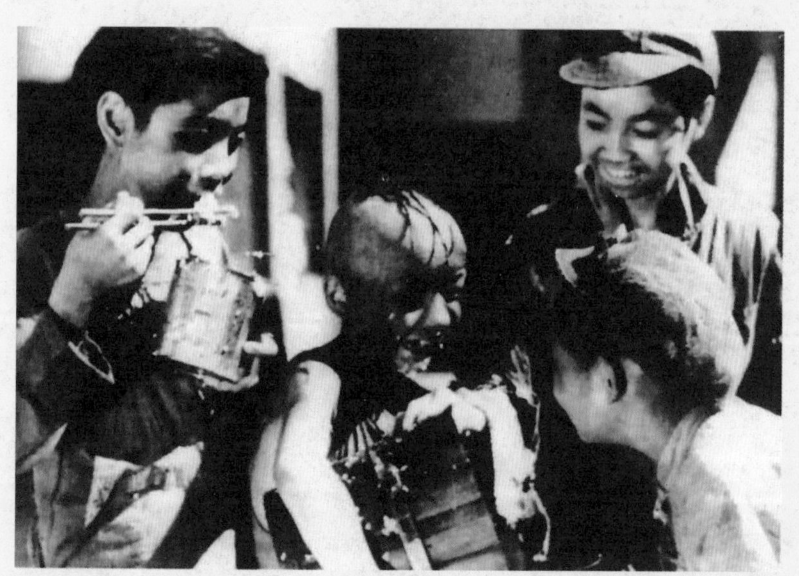

思政课堂

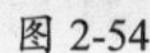
图 2-54

第3章

影视后期制作之图层的应用

内容导读

图层是After Effects中构成合成的基本元素。本章将对图层的相关内容进行讲解，包括图层的种类、属性等，图层的编辑操作、图层样式等，图层混合模式，关键帧动画的制作及调整等。

思维导图

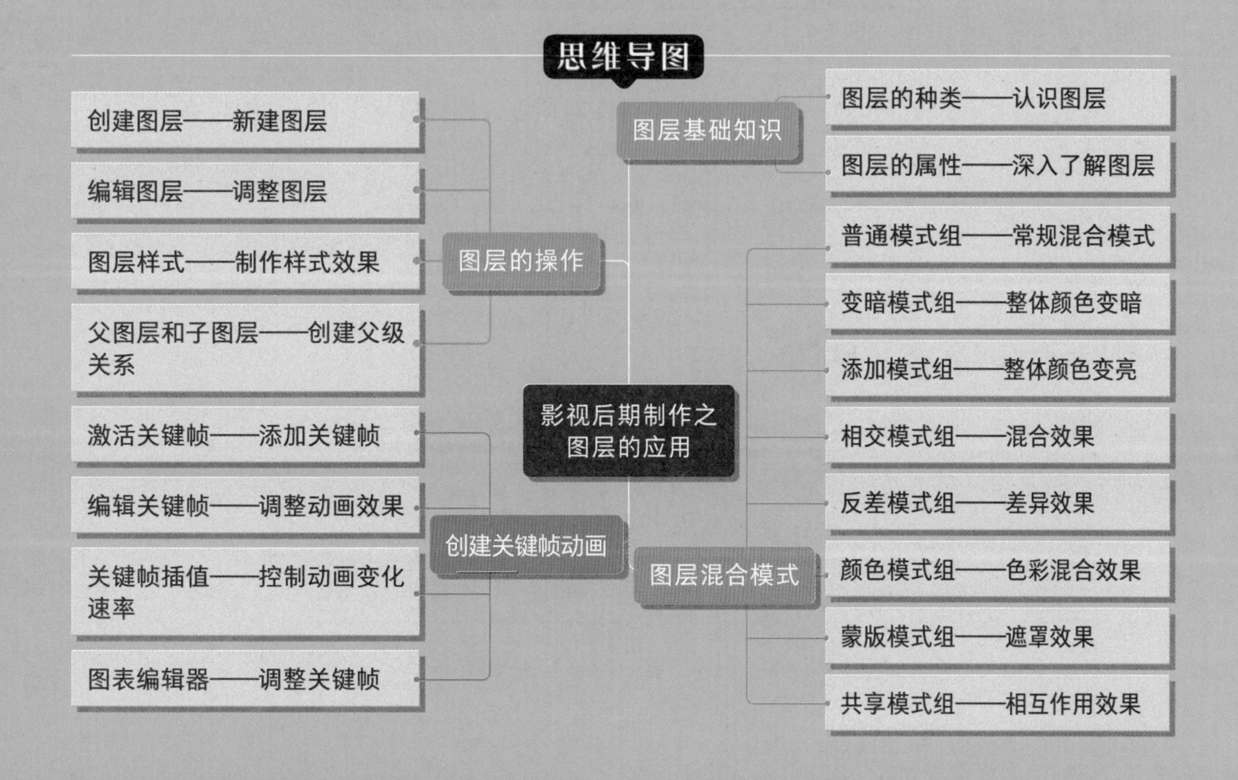

3.1 图层基础知识

After Effects是一个层级式的影视后期处理软件，层是其中非常重要的一个概念，贯穿整个项目的操作过程。本小节将对图层的基础知识进行讲解。

3.1.1 案例解析：制作素材图像淡入效果

在学习图层基础知识之前，可以先看看以下案例，即使用图层属性及关键帧制作素材图像淡入效果。

步骤 01 打开After Effects软件，单击主页中的“新建项目”按钮新建空白项目。执行“合成”|“新建合成”命令，打开“合成设置”对话框，设置参数，如图3-1所示。设置完成后单击“确定”按钮新建合成。

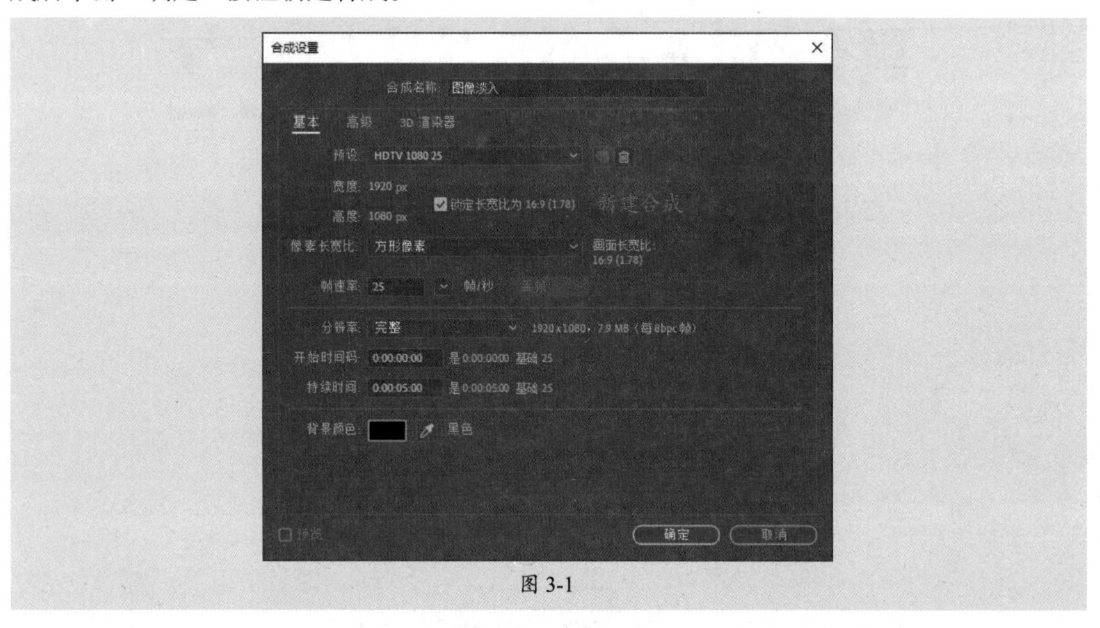

图 3-1

步骤 02 按Ctrl+I组合键，打开“导入文件”对话框，选择素材文件，如图3-2所示。

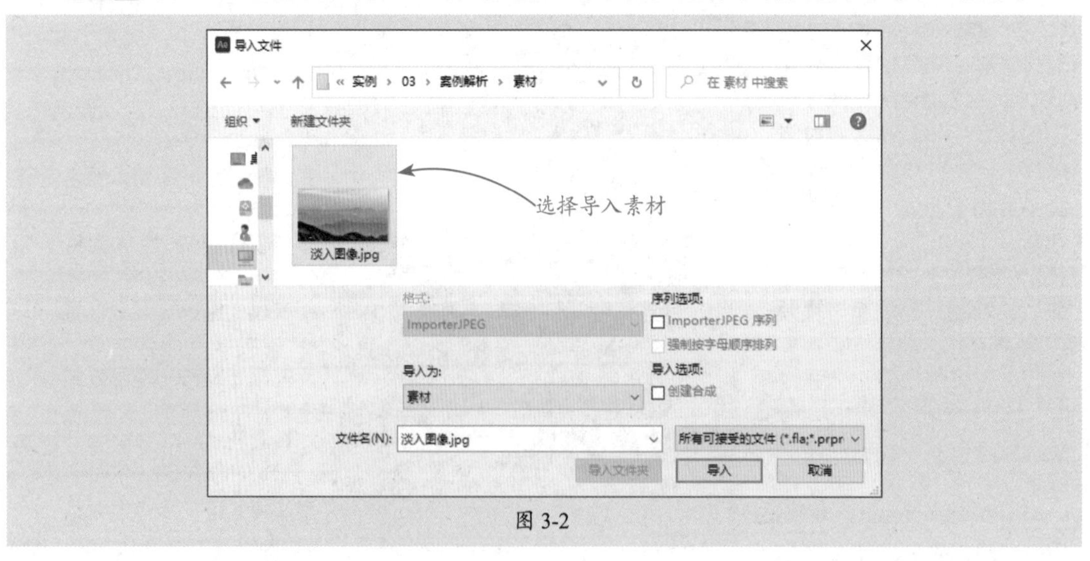

图 3-2

步骤 03 单击“导入”按钮导入素材文件，并拖曳至“时间轴”面板中，展开图层属性，如图3-3所示。

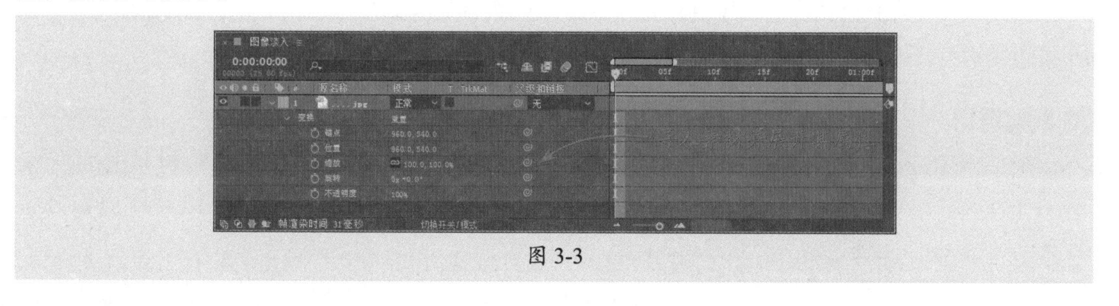

图 3-3

步骤 04 单击“不透明度”参数左侧的“时间变化秒表”按钮激活关键帧，并设置“不透明度”参数数值为0%，如图3-4所示。

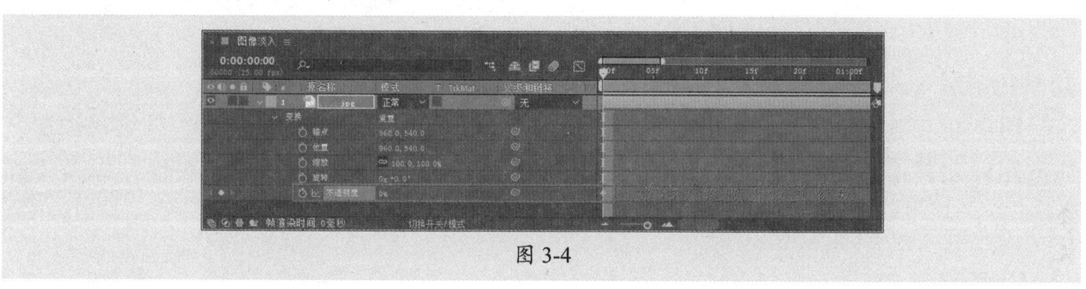

图 3-4

步骤 05 移动当前时间指示器至0:00:03:00处，设置“不透明度”参数数值为100%，软件将自动生成关键帧，如图3-5所示。

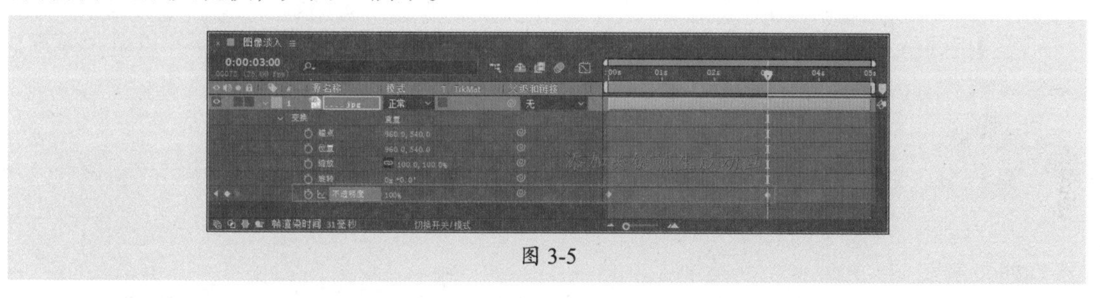

图 3-5

步骤 06 至此完成素材图像淡入效果的制作。按空格键在“合成”面板中预览效果，如图3-6所示。

图 3-6

3.1.2 图层的种类——认识图层

After Effects中包括多种不同类型的图层，如常见的素材图层、文本图层、纯色图层、形状图层等。不同类型图层的作用也不同，下面将对此进行介绍。

1. 素材图层

After Effects中最常见的图层就是素材图层。将图像、视频、音频等素材从外部导入After Effects软件中，然后应用至“时间轴”面板，会自动形成素材图层，用户可以对其进行移动、缩放、旋转等操作。

2. 文本图层

使用文本图层可以快速地创建文字，制作文字动画，还可以进行移动、缩放、旋转及透明度等操作。

3. 纯色图层

用户可以创建任何颜色和尺寸（最大尺寸可达30000像素×30000像素）的纯色图层，纯色图层和其他素材图层一样，可以创建遮罩，也可以修改图层的变换属性，以及添加特效。

4. 灯光图层

灯光图层主要用于模拟不同种类的真实光源，以及真实的阴影效果。

5. 摄像机图层

摄像机图层常用于固定视角。用户可以制作摄像机动画，模拟真实的摄像机游离效果。

摄像机和灯不影响2D图层，仅适用于3D图层。

6. 空对象图层

空对象图层是具有可见图层的所有属性的不可见图层。用户可以将“表达式控制”效果应用于空对象，然后使用空对象控制其他图层中的效果和动画。空对象图层多用于制作父子链接和配合表达式等。

7. 形状图层

使用形状图层可以制作多种矢量图形效果。在不选择任何图层的情况下，使用形状工具或钢笔工具可以直接在“合成”面板中绘制形状生成形状图层。

8. 调整图层

调整图层效果可以影响在图层堆叠顺序中位于该图层之下的所有图层。用户可以通过调整图层同时将效果应用于多个图层。

9. Photoshop 图层

执行“图层”|“新建”|“Adobe Photoshop文件”命令，可创建PSD图层及PSD文件，

在Photoshop中打开该文件并进行更改保存后，After Effects中引用这个PSD源文件的影片也会随之更新。

操作提示

创建的PSD图层的尺寸与合成一致，色位深度与After Effects项目相同。

3.1.3 图层的属性——深入了解图层

“时间轴”面板中的每个图层都有属性，通过这些属性可以制作动画特效。除了单独的音频图层以外，其余所有图层都有5个基本属性：锚点、位置、缩放、旋转和不透明度。在“时间轴”面板中单击展开按钮▶，即可编辑图层属性，如图3-7所示。

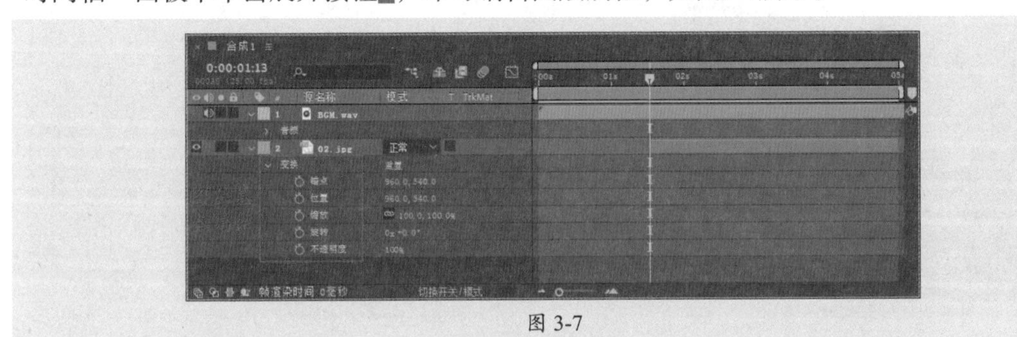

图 3-7

1. 锚点

锚点是图层的轴心点，控制图层的旋转或移动，默认情况下锚点在图层的中心，用户可以在“时间轴”面板精确地调整。调整锚点属性前后的效果如图3-8所示。

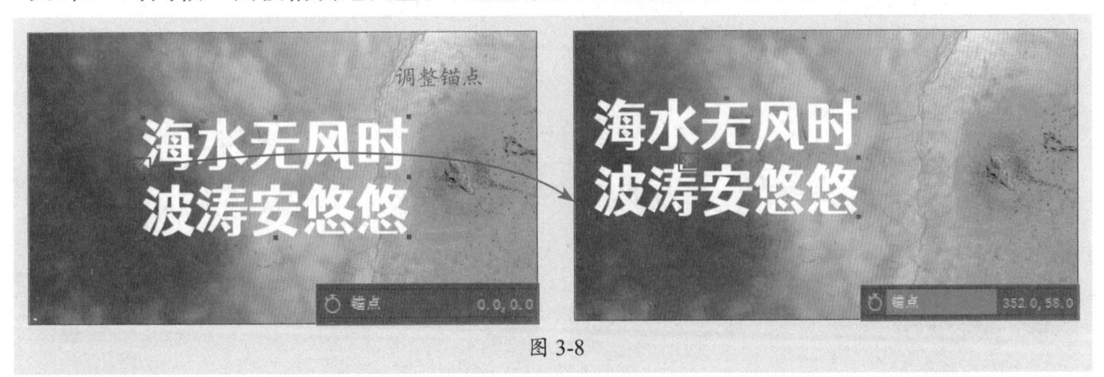

图 3-8

操作提示

调整锚点参数时，随着参数变化移动的是素材，锚点位置并不会发生任何变化。

2. 位置

位置属性可以控制图层对象的位置坐标，常用于制作图层位移动画。调整位置属性前后的效果如图3-9所示。

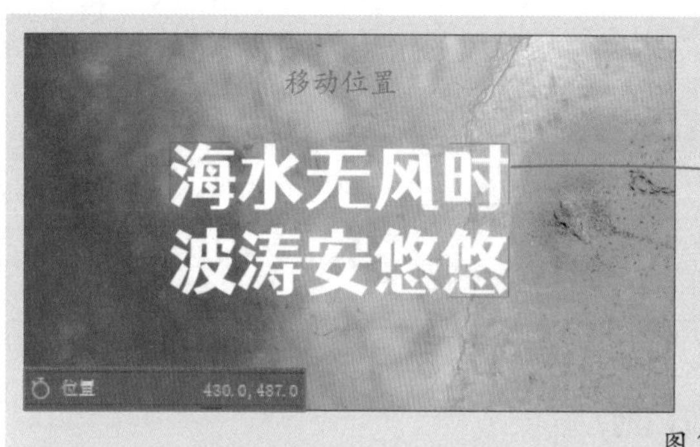

图 3-9

3. 缩放

缩放属性可以以锚点为基准改变图层的大小。调整缩放属性前后的效果如图3-10所示。

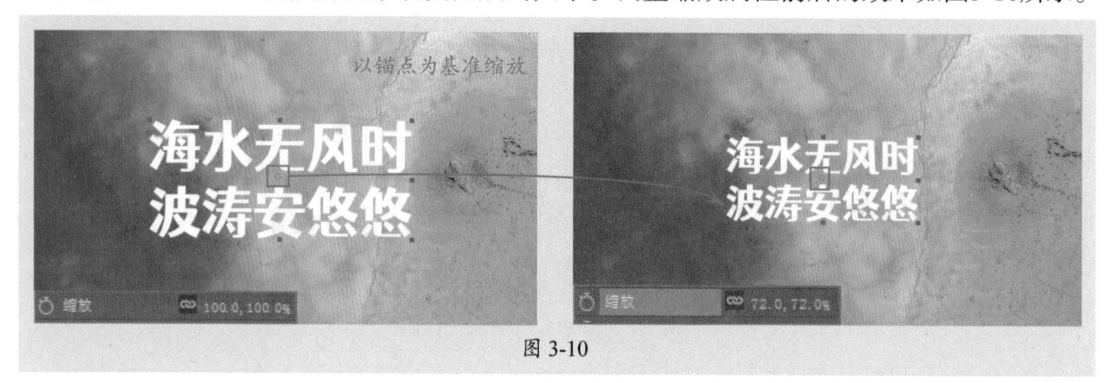

图 3-10

4. 旋转

旋转属性不仅提供了用于定义图层对象角度的旋转角度参数，还提供了用于制作旋转动画效果的旋转圈数参数。调整旋转属性前后的效果如图3-11所示。

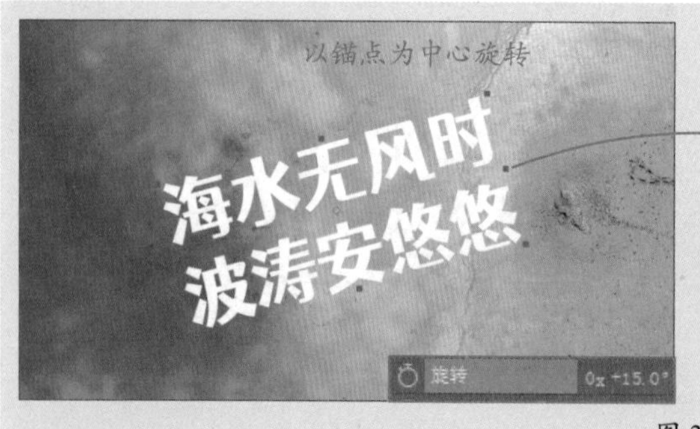

图 3-11

操作提示

在编辑图层属性时，可以利用快捷键快速打开属性。选择图层后，按A键可以打开“锚点”属性，按P键可以打开“位置”属性，按R键可以打开“旋转”属性，按T键可以打开“不透明度”属性。在显示一个图层属性的前提下，按住Shift键的同时按其他图层属性快捷键可以显示多个图层的属性。

5. 不透明度

通过设置不透明度可以设置图层的透明效果。调整不透明度属性前后的效果如图3-12所示。

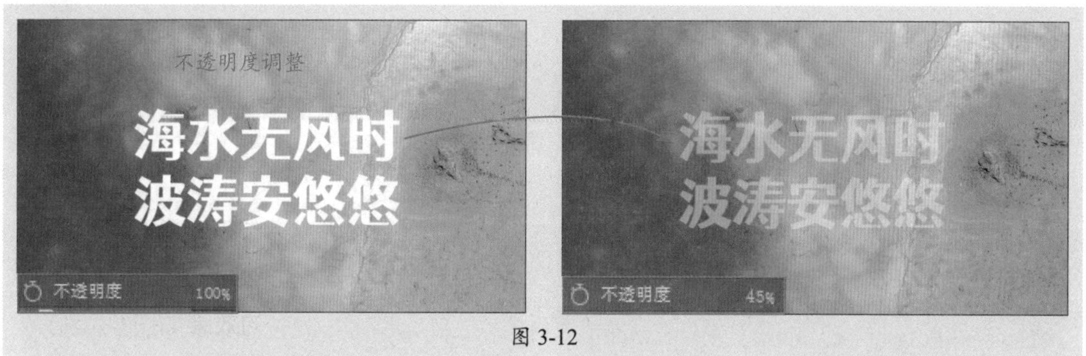

图 3-12

3.2 图层的操作

在“时间轴”面板中，不仅可以放置各种类型的图层，还可以对图层进行操作，如查看和确定素材的播放时间、播放顺序和编辑情况等。

3.2.1 案例解析：制作文字呼吸灯效果

在学习图层操作之前，可以先看看以下案例，即使用文字图层及图层样式制作文字呼吸灯效果。

步骤 01 打开After Effects软件，单击主页中的“新建项目”按钮新建空白项目。执行“合成”|“新建合成”命令，打开“合成设置”对话框，设置参数，如图3-13所示。设置完成后单击“确定”按钮新建合成。

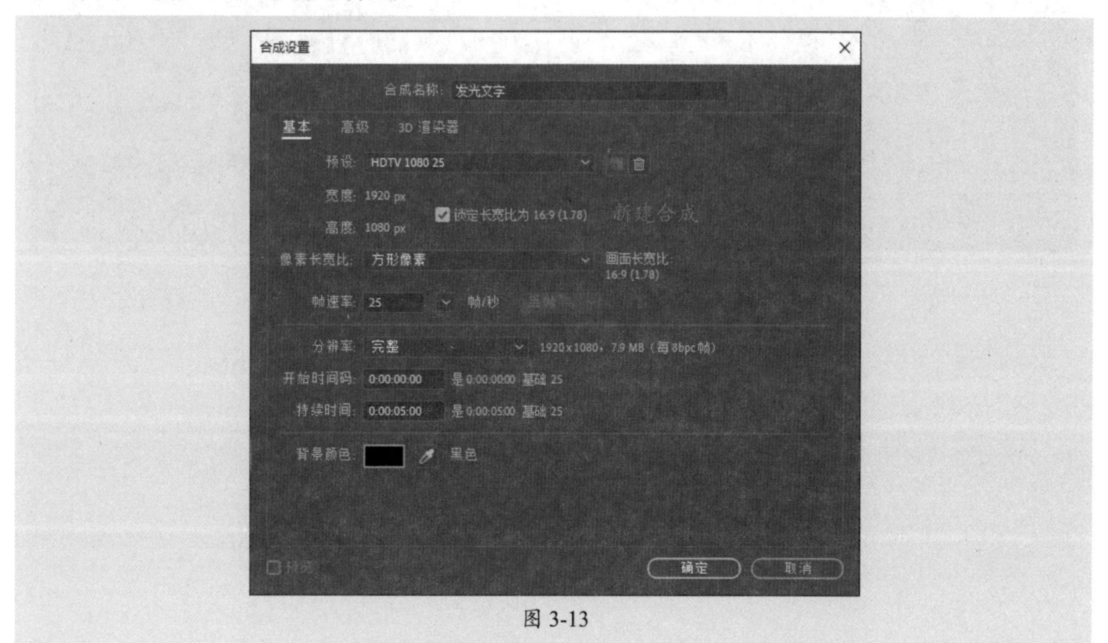

图 3-13

步骤02 执行“图层”|“新建”|“纯色”命令，打开“纯色设置”对话框，在该对话框中设置参数，完成后单击“确定”按钮新建纯色图层，如图3-14所示。此时“项目”面板中自动出现创建的纯色图层。

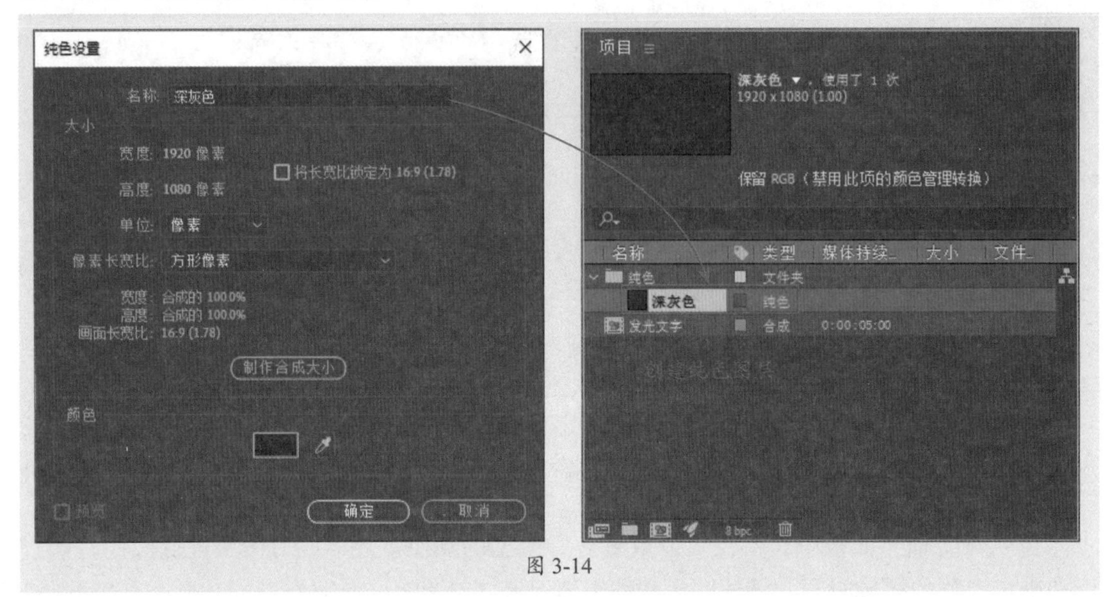

图 3-14

步骤03 单击工具栏中的“横排文字工具”按钮T，在“合成”面板中的合适位置单击并输入文字，在“字符”面板中设置文字参数，效果如图3-15所示。

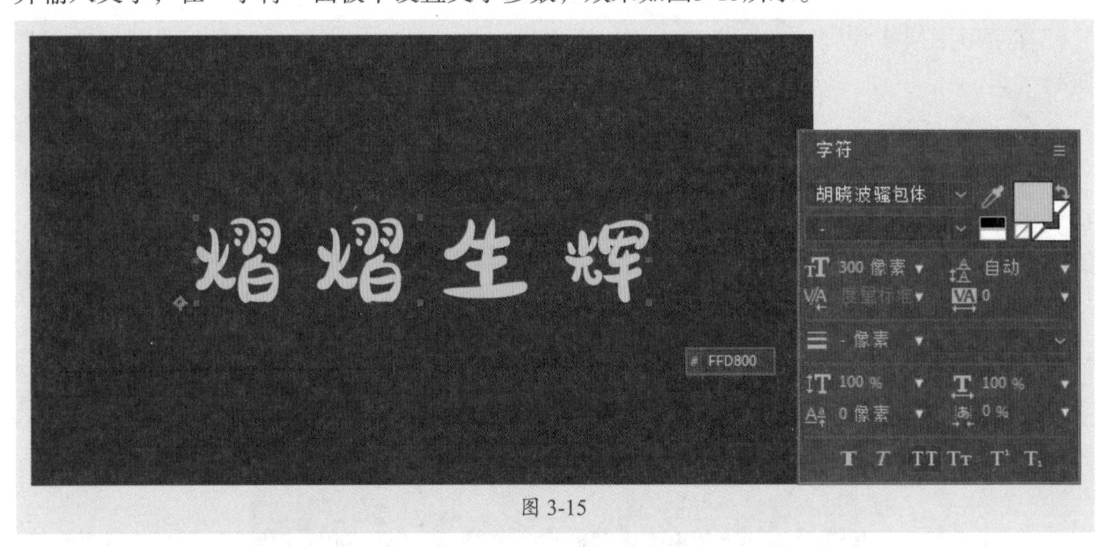

图 3-15

步骤04 选中文字图层，执行“图层”|“图层样式”|“内发光”命令，添加“内发光”效果，在“时间轴”面板中设置内发光参数，如图3-16所示。

步骤05 使用相同的方法，为文字添加“外发光”效果，如图3-17所示。

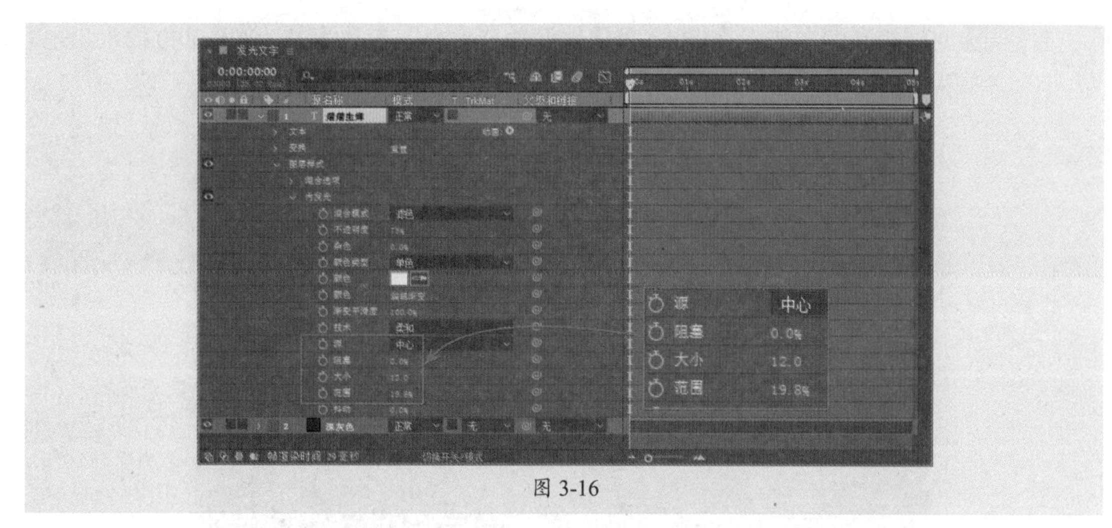

发光文字
0:00:00:00
源 中心
阻塞 0.0%
大小 12.0
范围 19.8%

图 3-16

发光文字
0:00:00:00
颜色 # FFC11A
颜色 编辑渐变...
渐变平滑度 100.0%
技术 柔和
扩展 0.0%
大小 25.0
范围 50.0%

图 3-17

步骤06 单击“大小”参数左侧的“时间变化秒表”按钮激活关键帧，移动当前时间指示器至0:00:01:06处，设置“大小”参数为0，软件将自动添加关键帧，如图3-18所示。

发光文字
0:00:01:06

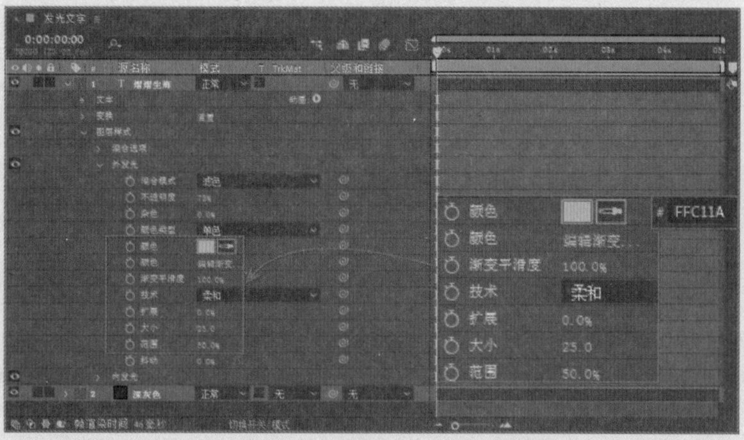

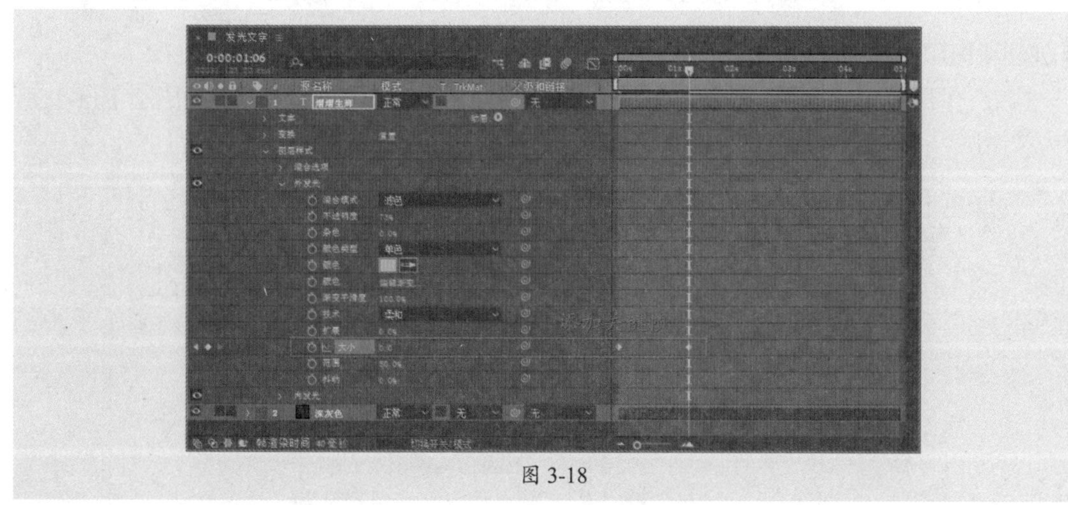

图 3-18

步骤 07 使用相同的方法，在0:00:02:12处设置“大小”参数为25，在0:00:03:18处设置“大小”参数为0，在0:00:05:00处设置“大小”参数为25，如图3-19所示。

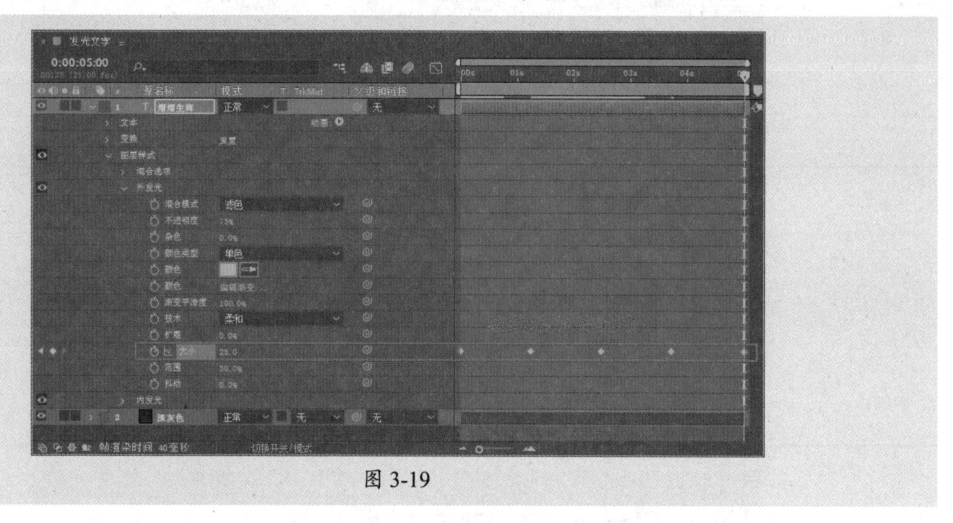

图 3-19

步骤 08 至此完成文字呼吸灯效果的制作。按空格键在“合成”面板中预览效果，如图3-20所示。

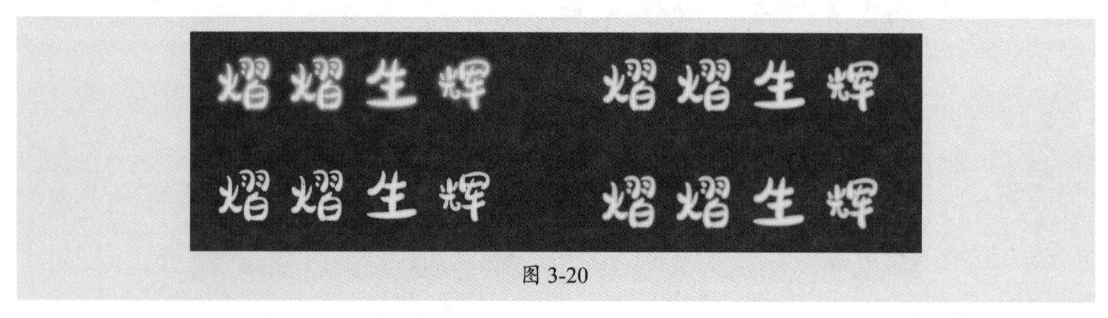

图 3-20

3.2.2　创建图层——新建图层

在制作复杂效果时，往往需要应用大量的层。下面将对常用的创建图层的方法进行介绍。

1. 创建新图层

执行“图层”|“新建”命令，在其子菜单中执行命令即可创建相应的图层。图3-21所示为“图层”|“新建”命令的子菜单。

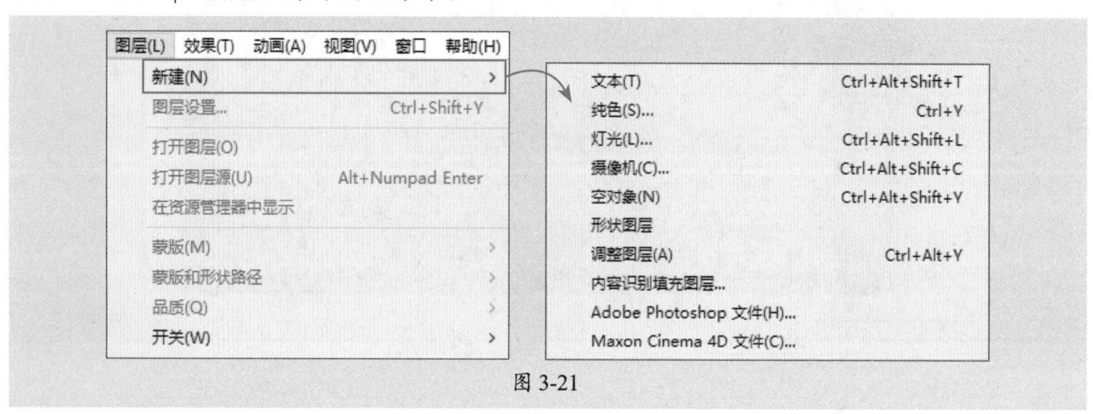

图 3-21

用户也可以在“时间轴”面板的空白处右击鼠标，在弹出的快捷菜单中执行“新建”命令，然后在其子菜单中执行命令创建图层，如图3-22所示。

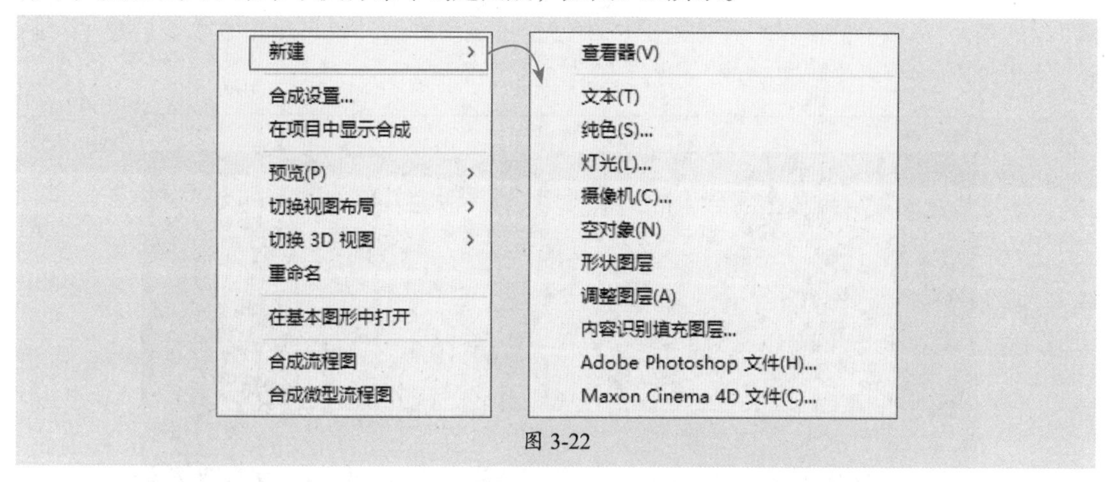

图 3-22

创建部分类型图层时，会弹出对话框设置图层参数。

（1）创建纯色图层

执行“图层”|“新建”|“纯色”命令或按Ctrl+Y组合键，打开“纯色设置”对话框，如图3-23所示。用户可以在该对话框中设置纯色图层的名称、大小、像素长宽比及颜色等参数，设置完成后单击“确定”按钮即可创建纯色图层。

（2）创建灯光图层

执行“图层”|“新建”|“灯光”命令或按Ctrl+Alt+Shift+L组合键，打开“灯光设置”对话框，如图3-24所示。在该对话框中设置灯光的名称、类型、颜色、强度、角度、羽化、投影等参数后单击“确定”按钮即可创建灯光图层。

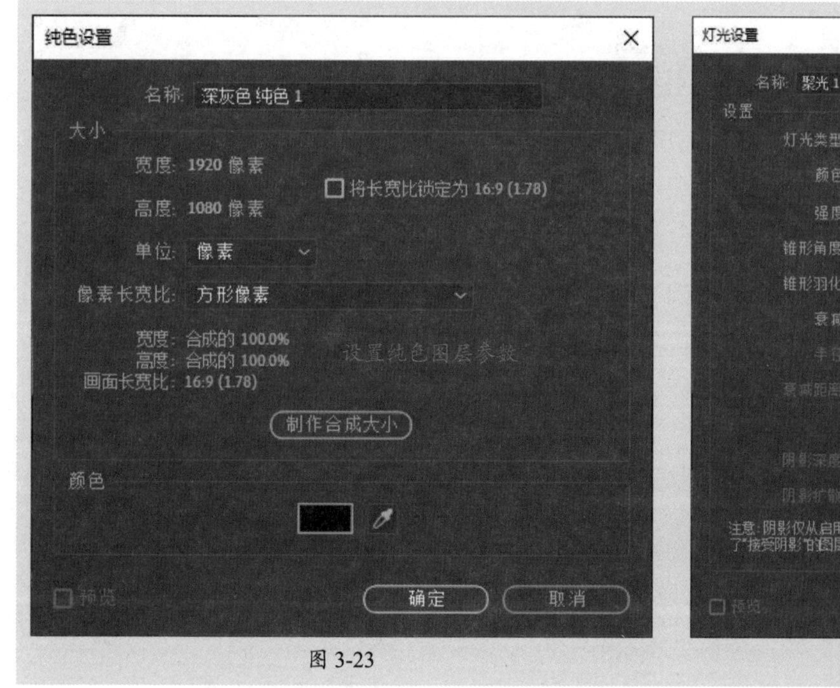

图 3-23

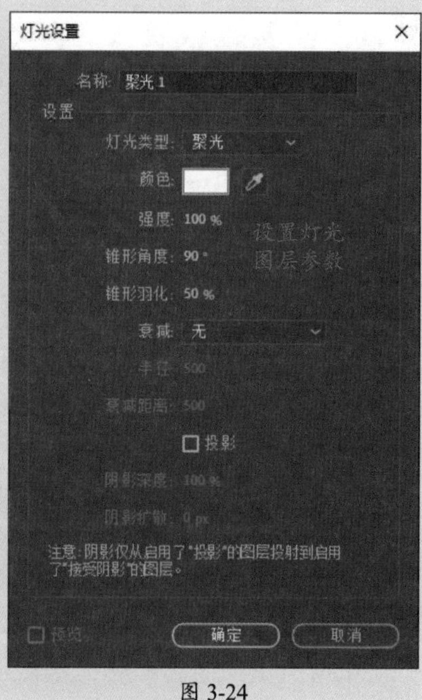

图 3-24

（3）创建摄像机图层

执行“图层”|“新建”|“摄像机”命令或按Ctrl+Alt+Shift+C组合键，打开“摄像机设置”对话框，如图3-25所示。在该对话框中设置摄像机类型、视角焦距等参数后单击“确定”按钮即可创建摄像机图层。

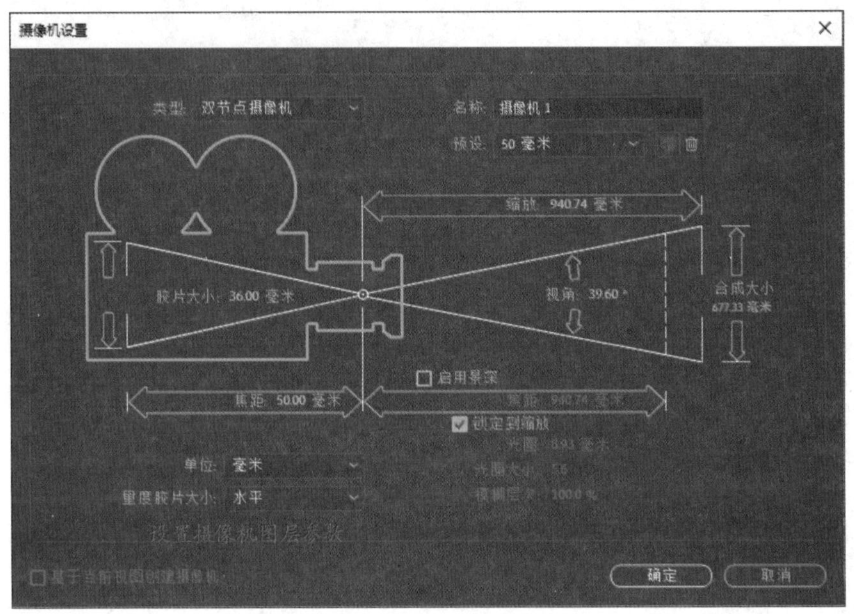

图 3-25

2. 根据导入的素材创建图层

将“项目”面板中的素材直接拖曳至“时间轴”面板或“合成”面板，即可在“时间轴”面板中生成新的图层。

3.2.3 编辑图层——调整图层

创建图层后，用户还可以对图层进行编辑，如剪辑图层、扩展图层、提取工作区域等，以便更好地表现素材效果。

1. 选择图层

选择图层是编辑的第一步，常用的选择图层的方法有以下三种。

- 在“时间轴”面板中单击选择图层。
- 在“合成”面板中单击想要选中的素材，即可在“时间轴”面板中选中其对应的图层。
- 在数字键盘中按图层对应的数字键，即可选中相应的图层。

操作提示

按住Ctrl键可加选不连续图层；按住Shift键单击选择两个图层，可选中这两个图层之间的所有图层。

2. 复制图层

复制图层可以快速生成相同的图层，用户可以通过以下三种方式复制图层。

- 在“时间轴”面板选择要复制的图层，执行“编辑”|“复制”和“编辑”|“粘贴”命令即可复制图层。
- 选择要复制的图层，分别按Ctrl+C和Ctrl+V组合键即可复制图层。
- 选择要复制的图层，按Ctrl+D组合键即可创建图层副本。

3. 删除图层

对于不需要的图层，可以将其删除。在“时间轴”面板中选择图层，执行“编辑”|“清除”命令即可将其删除。也可以选中要删除的图层后按Delete键或Backspace键快速将其删除。

4. 重命名图层

当项目文件中的素材过多时，可以通过重命名素材区分管理素材。选择图层后按Enter键进入编辑状态，输入新的图层名称即可。用户也可以选择图层后右击鼠标，在弹出的快捷菜单中执行“重命名”命令进入编辑状态进行重命名。

5. 调整图层顺序

对于“时间轴”面板中的图层对象，用户可以随意调整其顺序。选择要调整的图层，执行“图层”|“排列”命令，在其子菜单中执行命令即可将选中的图层前移或后移。用户也可以直接在“时间轴”面板中选中图层后上下拖动调整。

6. 剪辑 / 扩展图层

移动时间指示器至图层的入点或出点处，按住并拖动鼠标即可剪辑图层，剪辑后的图层长度会发生变化，如图3-26所示。

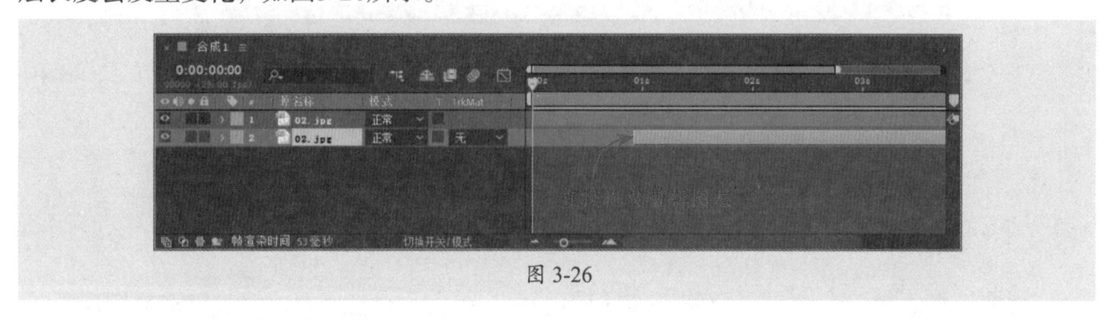

图 3-26

移动当前时间指示器至指定位置，选中图层后按Alt+[组合键和Alt+]组合键同样可以定义该图层出入点的时间位置，如图3-27所示。

操作提示

图像图层和纯色图层可以随意剪辑或扩展，视频图层和音频图层可以剪辑，但不能直接扩展。

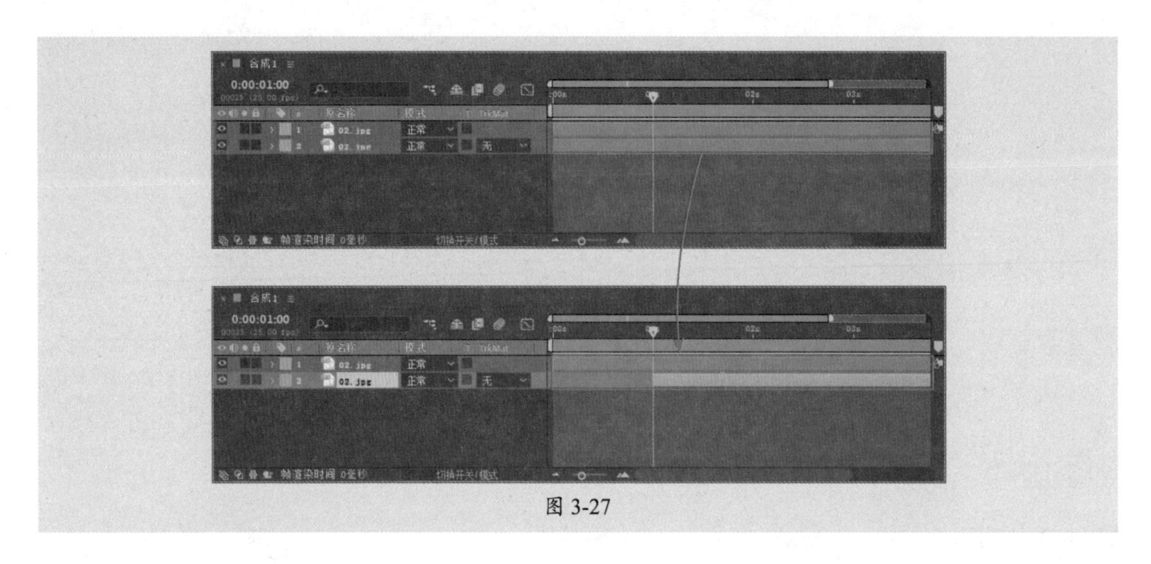

图 3-27

7. 提升 / 提取工作区域

“提升工作区域”命令和“提取工作区域”命令都可以移除部分镜头，但效果略有不同。下面将对此进行介绍。

“提升工作区域”命令可以移除工作区域内被选择图层的帧画面，但是被选择图层所构成的总时间长度不变，并且会保留移除后的空隙，如图3-28所示。

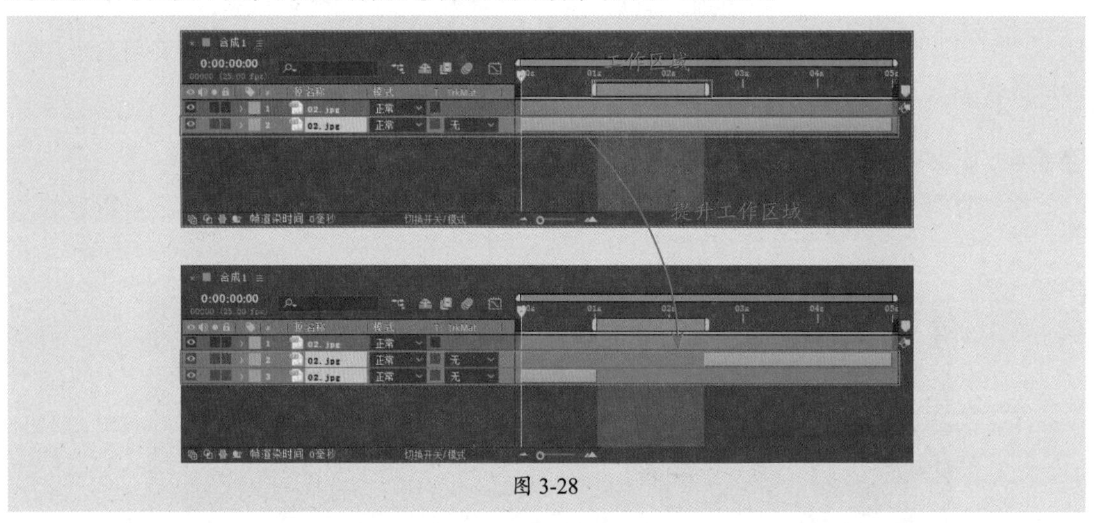

图 3-28

“提取工作区域”命令可以移除工作区域内被选择图层的帧画面，但是被选择图层所构成的总时间长度会缩短，同时图层会被剪切成两段，后段的入点将连接前段的出点，不会留下任何空隙，如图3-29所示。

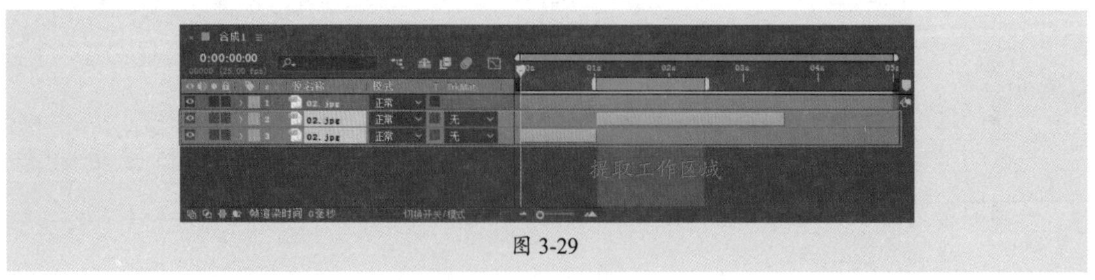

图 3-29

操作提示

用户可以直接在“时间轴”面板中调整工作区域的出入点。也可以移动当前时间指示器，按B键确定工作区域入点，按N键确定工作区域出点。

8. 拆分图层

“拆分图层”命令可以将一个图层在指定的时间点拆分为多段独立的图层，以方便用户进行不同的处理。在“时间轴”面板中选择需要拆分的图层，将当前时间指示器移动至要拆分的位置，执行“编辑”|“拆分图层”命令或按Ctrl+Shift+D组合键即可拆分所选图层，如图3-30所示。

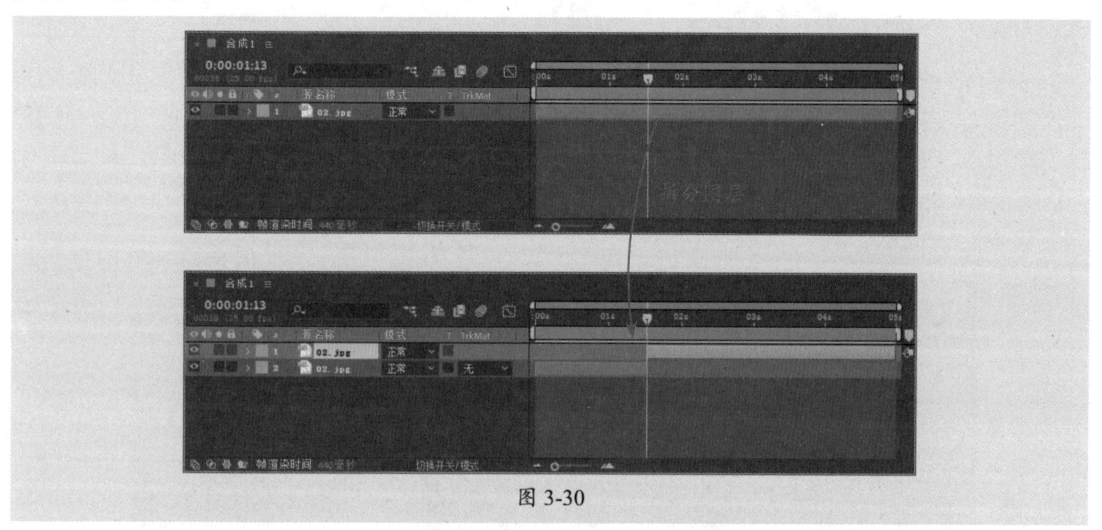

图 3-30

3.2.4 图层样式——制作样式效果

使用图层样式可以快速制作发光、投影、描边等效果，提升作品品质。执行“图层”|“图层样式”命令，在其子菜单中即可看到图层样式命令，如图3-31所示。这些图层样式的作用分别如下。

- **投影：**为图层添加阴影效果。
- **内阴影：**为图层内部添加阴影效果，从而呈现出立体感。
- **外发光：**产生图层外部的发光效果。
- **内发光：**产生图层内部的发光效果。
- **斜面和浮雕：**模拟冲压状态，为图层制作浮雕效果，增加图层的立体感。
- **光泽：**使图层表面产生光滑的磨光或金属质感效果。
- **颜色叠加：**在图层上方叠加新的颜色。
- **渐变叠加：**在图层上方叠加渐变颜色。
- **描边：**使用颜色为当前图层的轮廓添加边框，从而使图层轮廓更加清晰。

转换为可编辑样式
全部显示
全部移除
投影
内阴影
外发光
内发光
斜面和浮雕
光泽
颜色叠加
渐变叠加
描边

图 3-31

图3-32所示为图层样式效果。

图 3-32

3.2.5 父图层和子图层——创建父级关系

父级可以将某个图层的变换分配给其他图层来同步对图层进行更改，影响除不透明度以外的所有变换属性。在一个图层成为另一个图层的父级后，该图层为父图层，另一个图层为子图层，更改父图层的变换属性时，子图层也会随之变换。

在“时间轴”面板的“父级和链接”栏中选择要从中继承和变换的图层，即可创建父级关系，如图3-33所示。

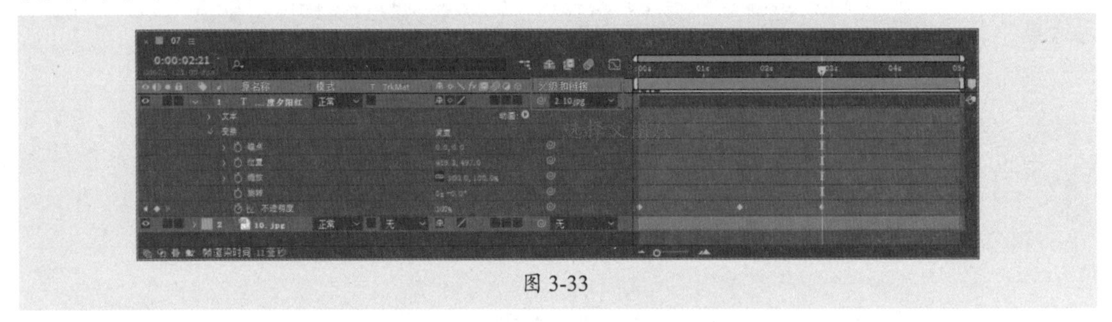

图 3-33

操作提示

用户也可以单击“父级关联器”按钮◎，将其拖曳至父级对象上创建父级关系。

3.3 图层混合模式

图层混合是指将一个图层与其下面的图层叠加在一起，通过不同的混合模式形成不同的效果。After Effects包括三十多种图层混合模式，用于定义当前图层与底图的作用模式。

3.3.1 普通模式组——常规混合模式

普通模式组包括“正常”“溶解”和“动态抖动溶解”三种混合模式。在没有透明度影响的前提下，该组混合模式产生的最终效果颜色不会受底层像素颜色的影响，除非底层像素的不透明度小于当前图层。图3-34所示为常规混合模式效果。

图 3-34

1. 正常

“正常”混合模式是日常工作中最常用的图层混合模式。当不透明度为100%时，此混合模式将根据Alpha通道正常显示当前层，并且此层的显示不受其他层的影响；当不透明度小于100%时，当前层的每一个像素点的颜色都将受到其他层的影响，会根据当前的不透明度值和其他层的色彩来确定显示的颜色。

2. 溶解

“溶解”混合模式用于控制层与层之间的融合显示，对有羽化边界的层会产生较大影响。如果当前层没有遮罩羽化边界，或者该层设定为完全不透明，则该模式几乎不起作用。所以该混合模式的最终效果将受到当前层Alpha通道的羽化程度和不透明度的影响。

3. 动态抖动溶解

“动态抖动溶解”混合模式与“溶解”混合模式的原理类似，区别在于“动态抖动溶解”模式可以随时更新值，而“溶解”模式的颗粒都是不变的。

3.3.2 变暗模式组——整体颜色变暗

变暗模式组包括“变暗”“相乘”“颜色加深”“经典颜色加深”“线性加深”和“较深的颜色”六种混合模式，该组混合模式可以使图像的整体颜色变暗，如图3-35所示。

图 3-35

1. 变暗

选择该混合模式后，软件将会查看每个通道中的颜色信息，并选择基色或混合色中较暗的颜色作为结果色，即替换比混合色亮的像素，而比混合色暗的像素保持不变。

2. 相乘

对于每个颜色通道，将源颜色通道值与基础颜色通道值相乘，再除以8bpc、16bpc或32bpc 像素的最大值，具体取决于项目的颜色深度。结果颜色决不会比原始颜色明亮。如果任一输入颜色是黑色，则结果颜色是黑色。如果任一输入颜色是白色，则结果颜色是其他输入颜色。此混合模式模拟在纸上用多个记号笔绘图或将多个彩色透明滤光板置于光源前面。在与除黑色或白色之外的颜色混合时，具有此混合模式的每个图层或画笔将生成深色。

3. 颜色加深

选择该混合模式时，软件将会查看每个通道中的颜色信息，并通过增加对比度使基色变暗以反映混合色，与白色混合不会发生变化。

4. 经典颜色加深

该混合模式为旧版本中的“颜色加深”模式，为了让旧版的文件在新版软件中打开时保持原始的状态，因此保留了这个旧版的“颜色加深”模式，并被命名为“经典颜色加深”模式。

5. 线性加深

选择该混合模式时，软件将会查看每个通道中的颜色信息，并通过减小亮度使基色变暗以反映混合色，与白色混合不会发生变化。

6. 较深的颜色

与其他变暗模式不同的是，它比较两个图层的复合通道的值并显示较小值的颜色，不会产生新的颜色。

3.3.3 添加模式组——整体颜色变亮

添加模式组包括“相加”“变亮”“屏幕”“颜色减淡”“经典颜色减淡”“线性减淡”和“较浅的颜色”七种混合模式，该组混合模式可以使当前图像中的黑色消失，从而使颜色变亮。图3-36所示为该组混合模式效果。

图 3-36

1. 相加

选择该混合模式时，将会比较混合色和基色的所有通道值的总和，并显示通道值较小的颜色。

2. 变亮

选择该混合模式后，软件将会查看每个通道中的颜色信息，并选择基色或混合色中较亮的颜色作为结果色，即替换比混合色暗的像素，而比混合色亮的像素保持不变。

3. 屏幕

该混合模式是一种加色混合模式，具有将颜色相加的效果。由于黑色意味着RGB通道值为0，所以该模式与黑色混合没有任何效果，而与白色混合则得到RGB颜色的最大值，表示为白色。

4. 颜色减淡

选择该混合模式时，软件将会查看每个通道中的颜色信息，并通过减小对比度使基色变亮以反映混合色，与黑色混合则不会发生变化。

5. 经典颜色减淡

该混合模式为旧版本中的“颜色减淡”模式，为了让旧版的文件在新版软件中打开时保持原始的状态，因此保留了这个旧版中的“颜色减淡”模式，并被命名为“经典颜色减淡”模式。

6. 线性减淡

选择该混合模式时，软件将会查看每个通道中的颜色信息，并通过增加亮度使基色变亮以反映混合色，与黑色混合不会发生变化。

7. 较浅的颜色

与其他变亮模式不同的是，它比较两个图层的复合通道的值并显示较大值的颜色，不会产生新的颜色。

3.3.4 相交模式组——混合效果

相交模式组包括“叠加”“柔光”“强光”“线性光”“亮光”“点光”和“纯色混合”七种混合模式，该组混合模式在进行混合时50%的灰色会完全消失，任何高于50%灰色的区域都可能加亮下方的图像，而低于50%灰色的区域都可能使下方图像变暗。图3-37所示为该组混合模式效果。

1. 叠加

该混合模式可以根据底层的颜色，将当前层的像素相乘或覆盖。该模式可以导致当前层变亮或变暗。该模式对于中间色调影响较明显，对于高亮度区域和暗调区域影响不大。

2. 柔光

该混合模式可以创建一种光线照射的效果，使亮度区域变得更亮，暗调区域变得更暗。如果混合色比50%灰色亮，则图像会变亮；如果混合色比50%灰色暗，则图像会变暗。

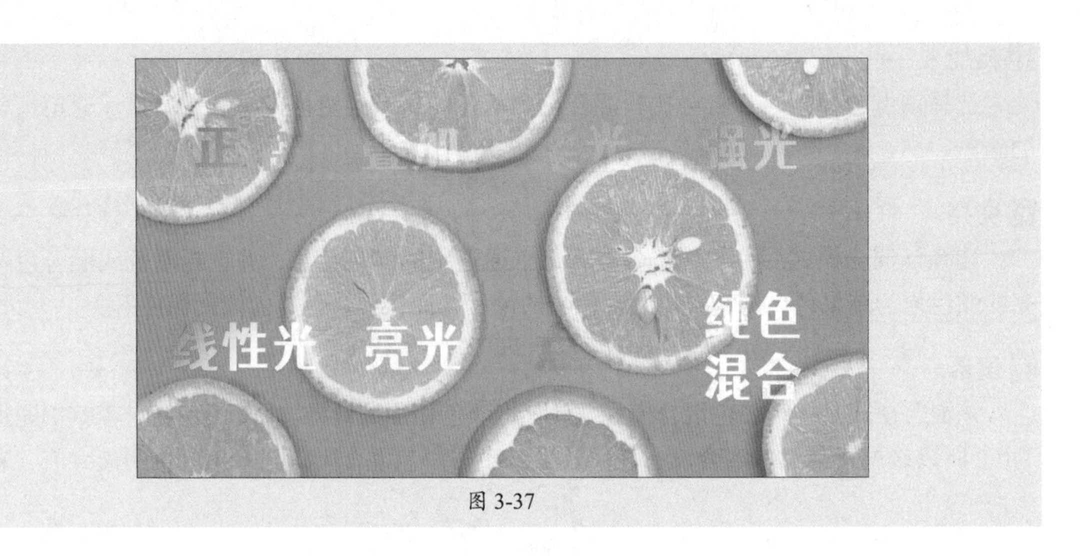

图 3-37

柔光的效果取决于层的颜色，用纯黑色或纯白色作为层颜色时，会产生明显较暗或较亮的区域，但不会产生纯黑色或纯白色。

3. 强光

该混合模式可以对颜色进行正片叠底或屏幕处理，具体效果取决于混合色。如果混合色比50%灰色亮，就是屏幕效果，此时图像会变亮；如果混合色比50%灰色暗，就是正片叠底效果，此时图像会变暗。使用纯黑色和纯白色绘画时会出现纯黑色和纯白色。

4. 线性光

该混合模式可以通过减小或增加亮度来加深或减淡颜色，具体效果取决于混合色。如果混合色比50%灰色亮，则会通过增加亮度使图像变亮；如果混合色比50%灰色暗，则会通过减小亮度使图像变暗。

5. 亮光

该混合模式可以通过减小或增加对比度来加深或减淡颜色，具体效果取决于混合色。如果混合色比50%灰色亮，则会通过增加对比度使图像变亮；如果混合色比50%灰色暗，则会通过减小对比度使图像变暗。

6. 点光

该混合模式可以根据混合色替换颜色。如果混合色比50%灰色亮，则会替换比混合色暗的像素，而不改变比混合色亮的像素；如果混合色比50%灰色暗，则会替换比混合色亮的像素，而比混合色暗的像素保持不变。

7. 纯色混合

选择该混合模式后，将把混合颜色的红色、绿色和蓝色的通道值添加到基色的RGB值中。如果通道值的总和大于或等于255，则值为255；如果小于255，则值为0。因此，所有混合像素的红色、绿色和蓝色通道值不是0，就是255，这会使所有像素都更改为原色，即红色、绿色、蓝色、青色、黄色、洋红色、白色或黑色。

3.3.5 反差模式组——差异效果

反差模式组包括“差值”“经典差值”“排除”“相减”和“相除”五种混合模式，该组混合模式可以基于源颜色和基础颜色之间的差异创建颜色。图3-38所示为该组混合模式效果。

图 3-38

1. 差值

选择该混合模式后，软件将会查看每个通道中的颜色信息，并从基色中减去混合色，或从混合色中减去基色，具体操作取决于哪个颜色的亮度值更大。与白色混合将反转基色值，与黑色混合则不产生变化。

2. 经典差值

低版本中的“差值”模式已重命名为“经典差值”。使用它可保持与早期项目的兼容性，也可直接使用“差值”模式。

3. 排除

选择该混合模式后，将创建一种与“差值”模式相似但对比度更低的效果，与白色混合将反转基色值，与黑色混合则不会发生变化。

4. 相减

该模式用于从基础颜色中减去源颜色。如果源颜色是黑色，则结果颜色是基础颜色。在32bpc项目中，结果颜色值可以小于0。

5. 相除

该模式用于基础颜色除以源颜色。如果源颜色是白色，则结果颜色是基础颜色。在32bpc项目中，结果颜色值可以大于1.0。

3.3.6 颜色模式组——色彩混合效果

颜色模式组包括“色相”“饱和度”“颜色”和“发光度”四种混合模式，该组混合模式可以将色相、饱和度和发光度三要素中的一种或两种应用在图像上。图3-39所示为该组混合模式效果。

图 3-39

1. 色相

“色相”模式可以将当前图层的色相应用到底层图像的亮度和饱和度中，可以改变底层图像的色相，但不会影响其亮度和饱和度。对于黑色、白色和灰色区域，该模式不起作用。

2. 饱和度

选择该模式后，将用基色的明亮度和色相以及混合色的饱和度创建结果色。在灰色的区域不会发生变化。

3. 颜色

选择该混合模式后，将用基色的明亮度以及混合色的色相和饱和度创建结果色，这样可以保留图像中的灰阶，并且对于给单色图像上色或给彩色图像着色都非常有用。

4. 发光度

选择该混合模式后，将用基色的色相和饱和度以及混合色的明亮度创建结果色，此混合色可以创建与“颜色”模式相反的效果。

3.3.7 蒙版模式组——遮罩效果

蒙版模式组包括“模板Alpha”“模板亮度”“轮廓Alpha”和“轮廓亮度”四种混合模式，该组混合模式可以将当前图层转换为底层的一个遮罩。

1. 模板 Alpha

选择该混合模式时，将依据上层的Alpha通道显示以下所有层的图像，相当于依据上面层的Alpha通道进行剪切处理，如图3-40所示。

图 3-40

2. 模板亮度

选择该混合模式时，将依据上层图像的明度信息来决定以下所有层的图像的不透明度信息，亮的区域会完全显示下面的所有图层；黑暗的区域和没有像素的区域则完全不显示以下所有图层；灰色区域将依据其灰度值决定以下图层的不透明程度。

3. 轮廓 Alpha

该模式可以通过当前图层的Alpha通道来影响底层图像，使受影响的区域被剪切掉，得到的效果与“模板Alpha”混合模式的效果正好相反。

4. 轮廓亮度

选择该混合模式时，得到的效果与“模板亮度”混合模式的效果正好相反。

3.3.8 共享模式组——相互作用效果

共享模式组包括“Alpha添加”和“冷光预乘”两种混合模式。这种类型的混合模式都可以使底层与当前图层的Alpha通道或透明区域像素产生相互作用。

1. Alpha 添加

“Alpha添加”模式可以使当前图层的Alpha通道建立一个无痕迹的透明区域。

2. 冷光预乘

“冷光预乘”模式可以使当前图层的透明区域像素与底层相互产生作用，使边缘产生透镜和光亮的效果。

3.4 创建关键帧动画

关键帧是指具有关键状态的帧，两个不同状态的关键帧之间就形成了动画效果。用户可以通过为图层属性添加关键帧制作动画效果。

3.4.1 案例解析：制作镜头变化效果

在学习关键帧动画之前，可以先看看以下案例，即使用关键帧制作镜头变化效果。

步骤 01 打开After Effects软件，单击主页中的“新建项目”按钮新建空白项目。执行“合成”|“新建合成”命令，打开“合成设置”对话框，设置参数，如图3-41所示。设置完成后单击“确定”按钮新建合成。

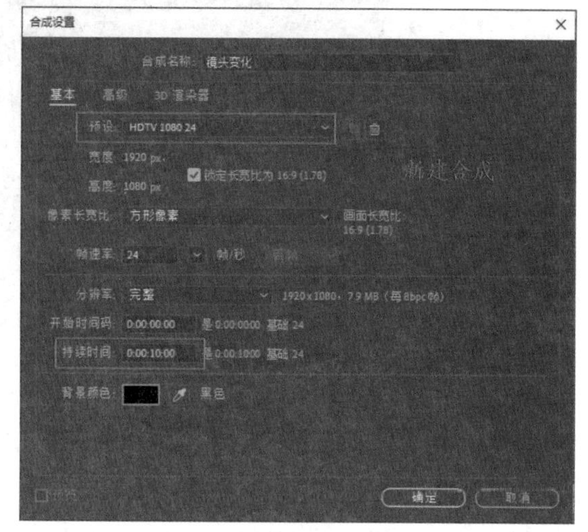

图 3-41

步骤 02 按Ctrl+I组合键打开“导入文件”对话框，选择本章素材文件导入，并将其拖曳至“时间轴”面板中，设置“位置”参数，如图3-42所示。

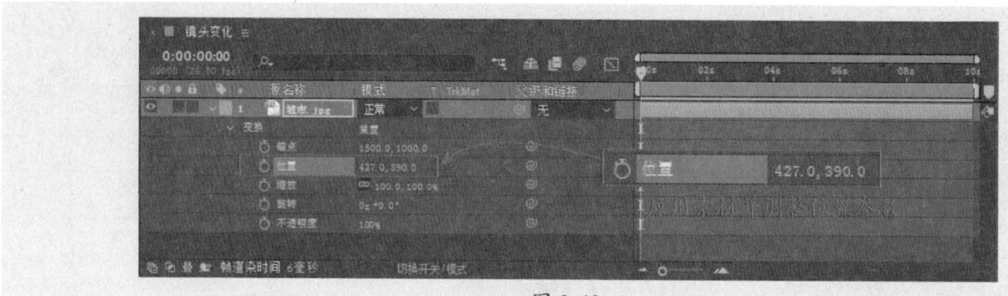

图 3-42

步骤 03 此时“合成”面板中的效果如图3-43所示。

图 3-43

步骤 04 单击“位置”参数和“缩放”参数左侧的“时间变化秒表”按钮，激活关键帧。移动当前时间指示器至0:00:06:00处，设置“位置”参数，软件将自动添加关键帧；单击“缩放”参数左侧的“在当前时间添加或移除关键帧”按钮，添加缩放关键帧，如图3-44所示。

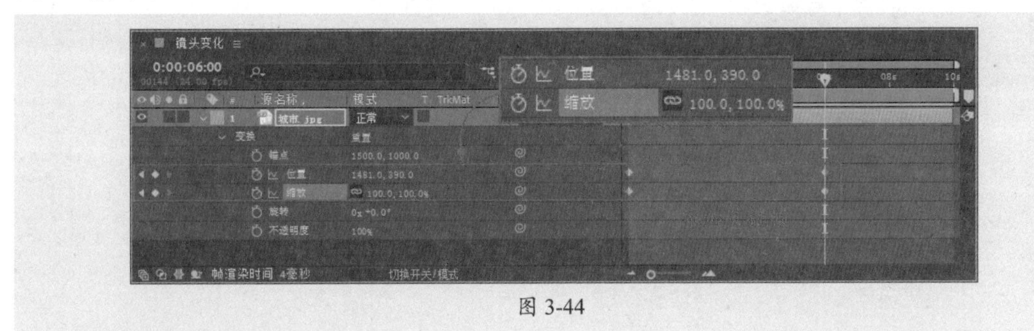

图 3-44

步骤 05 此时“合成”面板中的效果如图3-45所示。

图 3-45

步骤 06 移动当前时间指示器至0:00:09:10处，设置“位置”参数和“缩放”参数，软件将自动添加关键帧，如图3-46所示。

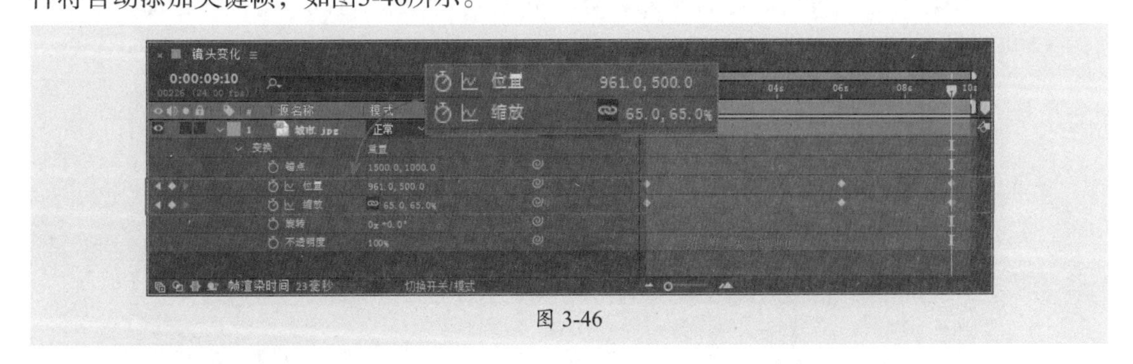

图 3-46

步骤 07 此时“合成”面板中的效果如图3-47所示。

图 3-47

步骤 08 至此完成镜头效果的制作。按空格键在“合成”面板中预览效果，如图3-48所示。

图 3-48

3.4.2 激活关键帧——添加关键帧

在“时间轴”面板中展开属性列表，可以看到每个属性的左侧都有一个“时间变化秒表”按钮，单击该按钮即可激活关键帧，激活后无论是修改属性参数，还是在“合成”窗口中修改图像对象，都会被记录成关键帧，如图3-49所示。再次单击该按钮即可清除所有关键帧。

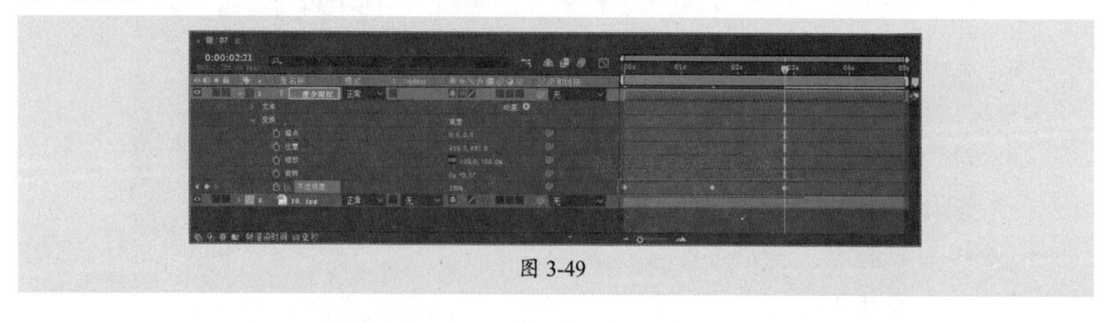

图 3-49

激活关键帧后移动当前时间指示器，单击属性左侧的“在当前时间添加或移除关键帧”按钮，即可在当前位置添加关键帧或移除当前位置的关键帧。

3.4.3 编辑关键帧——调整动画效果

创建关键帧后，用户可以根据需要对其进行选择、移动、复制、删除等操作。

1. 选择关键帧

如果要选择关键帧，直接在“时间轴”面板单击◆图标即可。如果要选择多个关键帧，按住Shift键的同时框选或者单击多个关键帧即可。

2. 复制关键帧

如果要复制关键帧，可以选择要复制的关键帧，执行“编辑”|“复制”命令，然后将当前时间指示器移动至目标位置，执行“编辑”|“粘贴”命令即可。也可利用Ctrl+C和Ctrl+V组合键来进行复制粘贴操作。

3. 移动关键帧

选中关键帧后按住鼠标左键拖动即可移动关键帧。

4. 删除关键帧

选择关键帧，执行“编辑”|“清除”命令即可将其删除。也可直接按Delete键删除。

3.4.4 关键帧插值——控制动画变化速率

关键帧插值可以调整关键帧之间的变化速率，使变化效果更加平滑自然。选中要设置关键帧插值的关键帧并右击鼠标，在弹出的快捷菜单中执行“关键帧插值”命令，打开“关键帧插值”对话框，如图3-50所示。

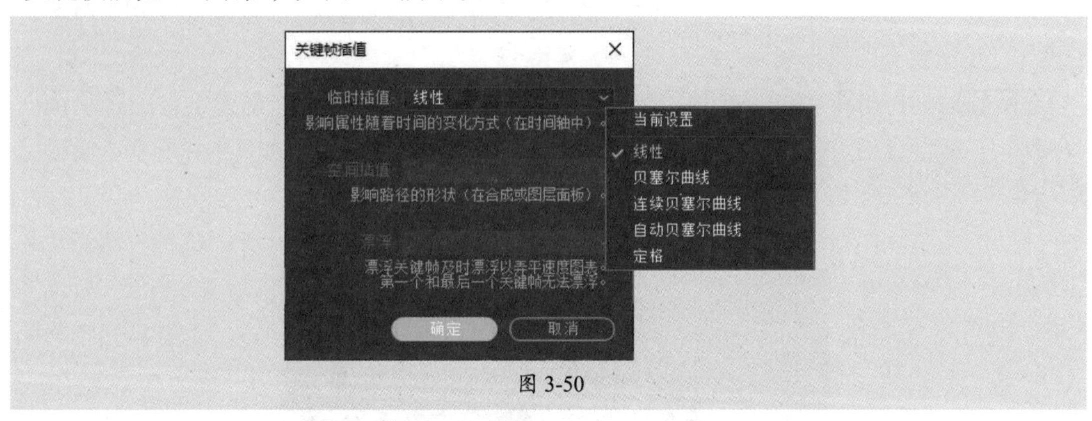

图 3-50

“临时插值”下拉列表中部分关键帧插值的作用如下。

- **线性：** 创建关键帧之间的匀速变化。
- **贝塞尔曲线：** 创建自由变换的插值，用户可以手动调整方向手柄。
- **连续贝塞尔曲线：** 创建通过关键帧的平滑变化速率，且用户可手动调整方向手柄。
- **自动贝塞尔曲线：** 创建通过关键帧的平滑变化速率。关键帧的值更改后，“自动贝塞尔曲线”的方向手柄也会发生变化，以保持关键帧之间的平滑过渡。
- **定格：** 创建突然的变化效果，应用了定格插值的关键帧之后的图表将显示为水平直线。

3.4.5 图表编辑器——调整关键帧

图表编辑器使用二维图表示属性值，并水平表示合成时间。单击“时间轴”面板中的“图表编辑器”按钮即可打开图表编辑器，如图3-51所示。用户可以直接在图表编辑器中更改属性值制作动画效果。

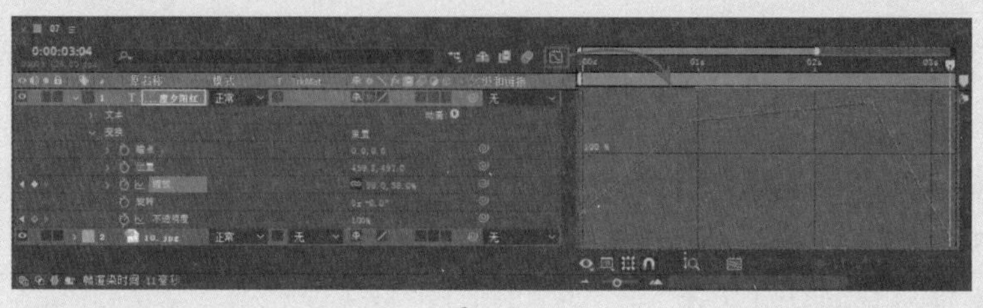

图 3-51

操作提示

图表编辑器提供两种类型的图表：值图表（显示属性值）和速度图表（显示属性值变化的速率）。对于显示属性如“不透明度”，图表编辑器默认显示值图表；对于空间属性如“位置”，图表编辑器默认显示速度图表。

课堂实战 制作滚动条动画

本章课堂实战练习制作滚动条动画。综合练习本章的知识点，以熟练掌握和巩固素材的操作。下面将介绍操作思路。

步骤 01 打开After Effects软件，单击主页中的“新建项目”按钮新建空白项目。执行“合成”|“新建合成”命令，打开“合成设置”对话框，设置参数，如图3-52所示。设置完成后单击“确定”按钮新建合成。

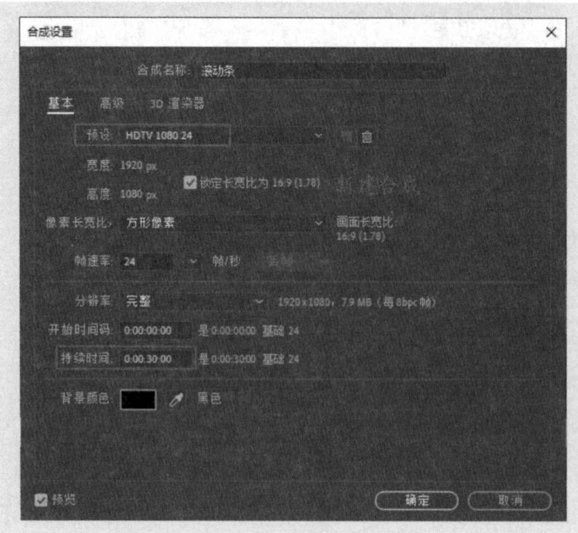

图 3-52

步骤02 按Ctrl+I组合键打开“导入文件”对话框，选择本章素材文件导入，并将其拖曳至“时间轴”面板中，锁定该图层，如图3-53所示。

图 3-53

步骤03 使用矩形工具绘制一个1920像素×120像素大小的白色矩形，在“对齐”面板中单击“水平对齐”按钮和“底对齐”按钮，调整与合成对齐。在“时间轴”面板中设置“不透明度”为50%，效果如图3-54所示。

图 3-54

步骤04 锁定矩形图层，使用横排文字工具在合成中单击输入文字，并调整字体、字号等参数，如图3-55所示。在“时间轴”面板中，选中文字图层并右击鼠标，在弹出的快捷菜单中执行“重命名”命令，重命名图层名称为“1-4”。

图 3-55

步骤 05 选中文字图层，按Ctrl+D组合键复制图层，在“合成”面板中修改文字内容，隐藏“1-4”文字图层，效果如图3-56所示。重命名该图层名称为“5-8”。

图 3-56

步骤 06 继续选中文字图层，按Ctrl+D组合键复制图层，在“合成”面板中修改文字内容，隐藏“5-8”文字图层，效果如图3-57所示。重命名该图层名称为“9-12”。

图 3-57

步骤 07 选中图层“1-4”，按Ctrl+D组合键复制图层，并调整顺序使其位于“时间轴”面板最上方，重命名该图层为“1-4复制”，如图3-58所示。

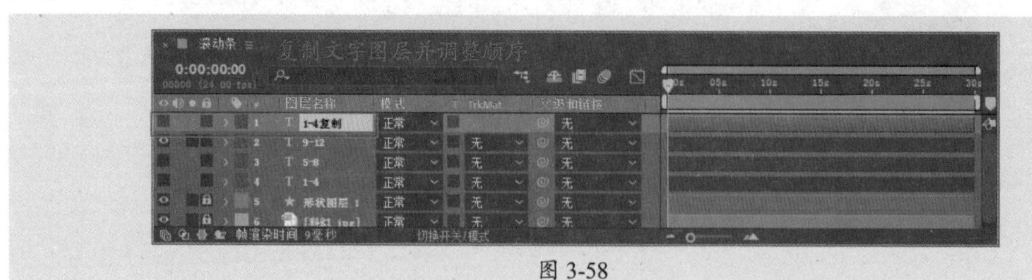

图 3-58

步骤 08 选中文字图层“1-4”并右击鼠标，在弹出的快捷菜单中执行“预合成”命令新建预合成1。使用相同的方法将其他文字图层嵌套，如图3-59所示。

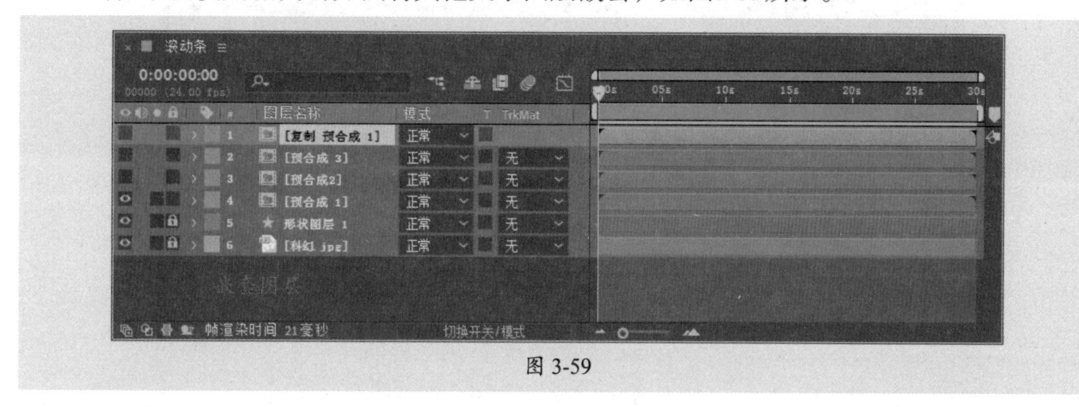

图 3-59

步骤 09 选中“预合成1”图层，按P键打开其“位置”属性，移动当前时间指示器至0:00:00:00处，单击“时间变化秒表”按钮为该属性添加第一个关键帧，如图3-60所示。

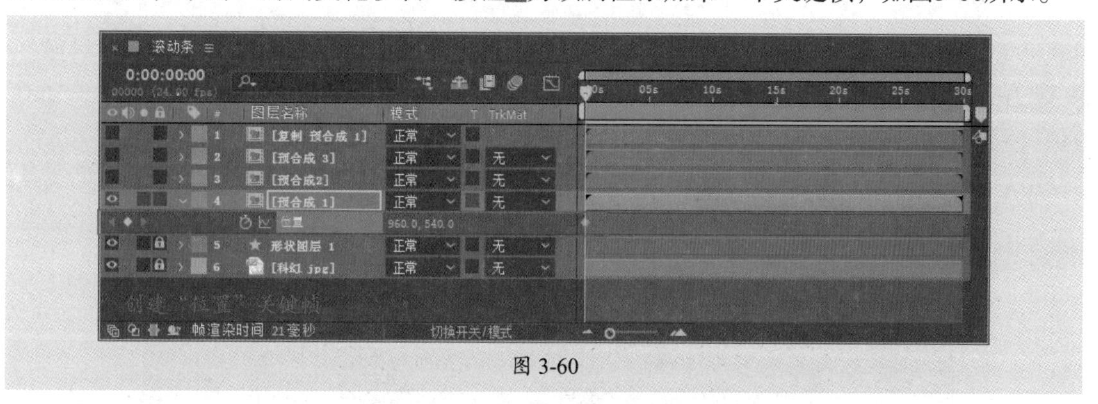

图 3-60

步骤 10 移动当前时间指示器至0:00:10:00处，设置“位置”参数为“-960,540”，软件将自动创建关键帧，如图3-61所示。

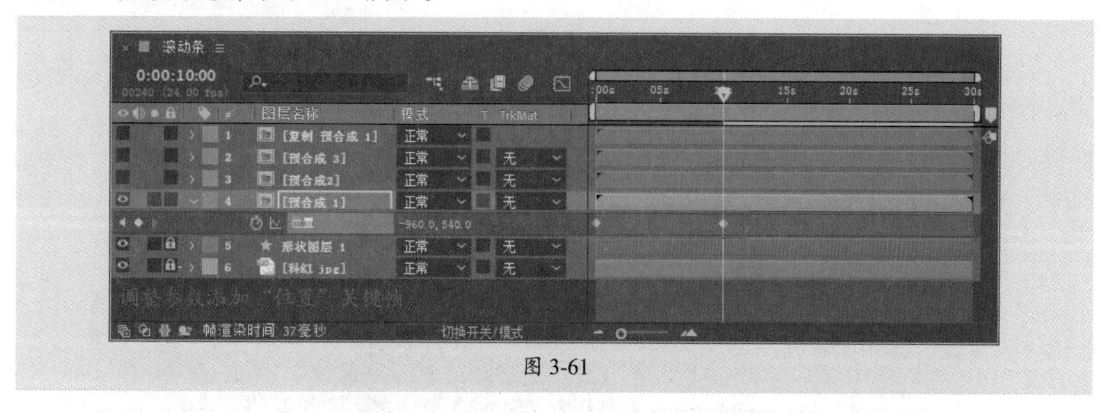

图 3-61

步骤 11 此时“合成”面板中的文字向左移出画面，如图3-62所示。

图 3-62

步骤 12 显示“预合成2”图层，按P键打开其“位置”属性，移动当前时间指示器至0:00:00:00处，单击“时间变化秒表”按钮为该属性添加第一个关键帧，并设置“位置”参数为“2880,540”；移动当前时间指示器至0:00:20:00处，设置“位置”参数为“-960,540”，如图3-63所示。

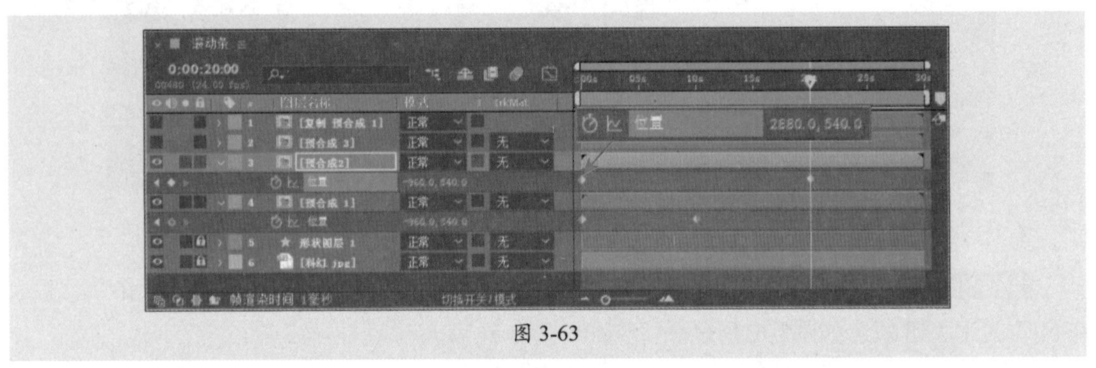

图 3-63

步骤 13 显示“预合成3”图层，按P键打开其“位置”属性，移动当前时间指示器至0:00:10:00处，单击“时间变化秒表”按钮为该属性添加第一个关键帧，并设置“位置”参数为“2880,540”；移动当前时间指示器至0:00:30:00处，设置“位置”参数为“-960,540”，如图3-64所示。

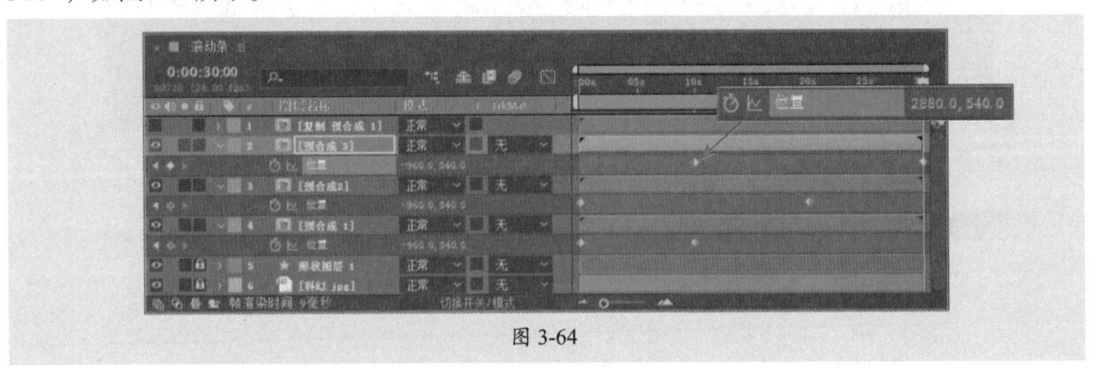

图 3-64

步骤 14 显示“复制 预合成1”图层，按P键打开其“位置”属性，移动当前时间指示器至0:00:20:00处，单击“时间变化秒表”按钮为该属性添加第一个关键帧，并设置“位置”参数为“2880,540”；移动当前时间指示器至0:00:30:00处，设置“位置”参数为“960,540”，如图3-65所示。

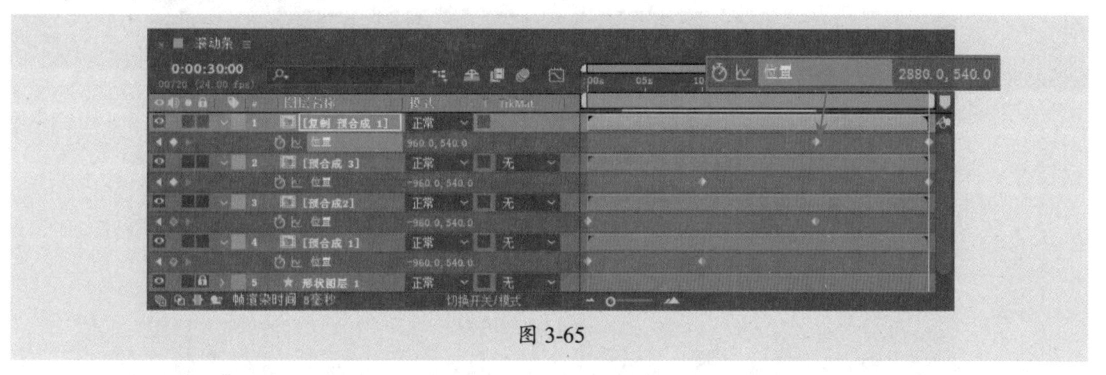

图 3-65

步骤 15 至此完成滚动条动画的制作。按空格键在“合成”面板中预览效果，如图3-66所示。

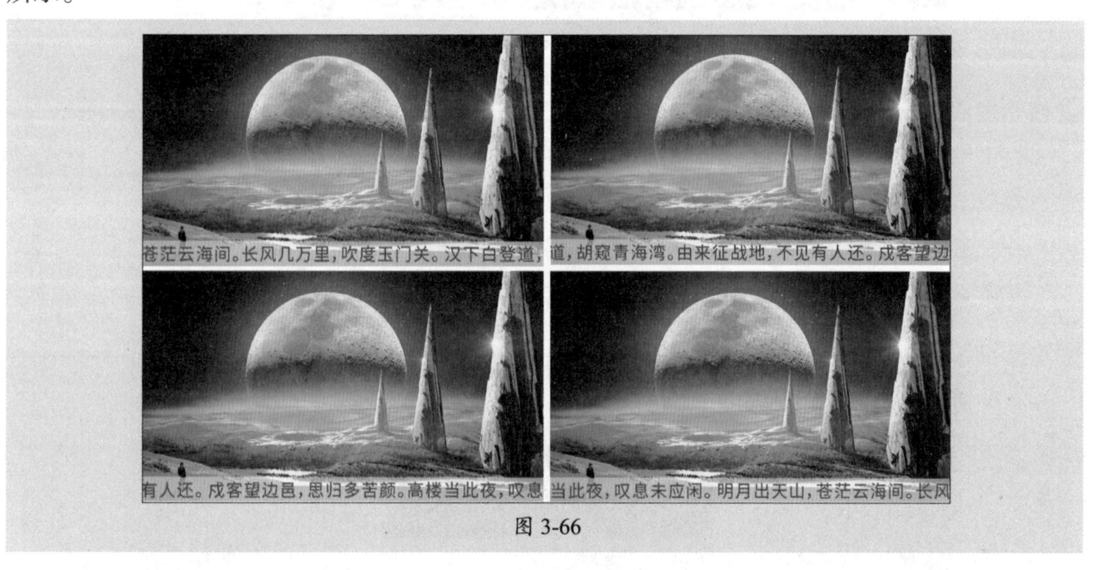

图 3-66

课后练习 制作黑幕拉开效果

下面将综合运用本章学习知识制作黑幕拉开效果，如图3-67所示。

图 3-67

1. 技术要点

①导入素材后基于素材新建合成。

②添加“缩放”关键帧，制作从大到小的变化效果。

③创建半个屏幕大小的黑色素材作为黑幕，并复制调整位置。

④添加“位置”关键帧，制作拉开效果。

2. 分步演示

本案例的分步演示效果如图3-68所示。

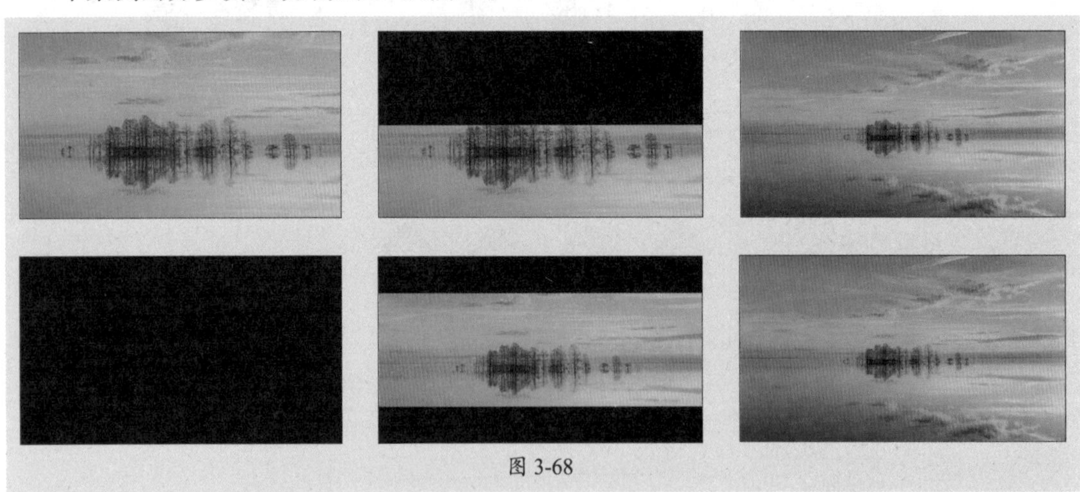

图 3-68

拓展赏析

《地道战》

《地道战》是八一电影制片厂出品的战争电影，由任旭东执导，朱龙广主演，于1966年元旦在全国上映。该片讲述了抗日战争时期，为了粉碎敌人的“扫荡”，河北省冀中人民在中国共产党的领导下，创新地利用地道战的斗争方式打击日本侵略者的故事，如图3-69所示。

图 3-69

该片是当作民兵传统教学片来拍的，主要目的是体现毛泽东的人民战争思想，同时让观众看之后能学到一些基本军事知识和对敌斗争的方法，如图3-70所示为影片剧照。

影片中的地道内镜头画面均为内搭景拍摄，摄制组运用摄影镜头和巧妙剪辑，使其呈现出真实的质感。截至2012年，《地道战》已创造出总计30亿人次观看的记录。

图 3-70

素材文件

第4章

影视后期制作之文本动画

内容导读

文本是影视后期制作过程中的重要元素。本章将对文本动画的内容进行讲解，包括文本的创建，文本的编辑和调整、“字符”面板和“段落”面板等，以及文本图层的属性、动画控制器、文本动画预设等。

思维导图

- 影视后期制作之文本动画
  - 创建文本
    - 文本工具——创建点文本和段落文本
    - 外部文本——编辑Photoshop文本
  - 编辑和调整文本
    - “字符”面板——设置字符参数
    - “段落”面板——设置段落参数
  - 文本动画
    - 文本图层属性——文本基本属性设置
    - 动画控制器——创建文字动画效果
    - 文本动画预设——添加预设动画

4.1 创建文本

文本在影视后期制作中不仅可以明确地表达主题，还可以丰富画面，给观众带来良好的视觉体验。After Effects中的文本功能较为全面，用户可以按照需要创建并编辑文本。

4.1.1 文本工具——创建点文本和段落文本

文本工具包括横排文字工具T和直排文字工具IT两种。其中，横排文字工具可创建横排文本，直排文字工具可创建竖排文本。在工具栏中选择任意文本工具，在"合成"面板中单击后输入内容即可创建点文字对象，如图4-1、图4-2所示。用户可按Enter键换行。

图 4-1

图 4-2

选择文本工具后，在"合成"面板中按住鼠标左键拖动绘制文本框，在文本框中输入文字，文字将根据文本框的大小自动换行，如图4-3所示。

图 4-3

操作提示

在"时间轴"面板中的空白处右击鼠标，在弹出的快捷菜单中执行"新建"|"文本"命令，将自动新建一个空白的文本图层，且"合成"面板中出现占位符，直接输入文本即可。

4.1.2 外部文本——编辑Photoshop文本

After Effects可以保留来自Photoshop的文本的图层样式，并进行编辑。导入Photoshop文本图层后将其添加至"时间轴"面板中，执行"图层"|"创建"|"转换为可编辑文字"命令，即可将该图层转换为可编辑的文本，如图4-4所示。

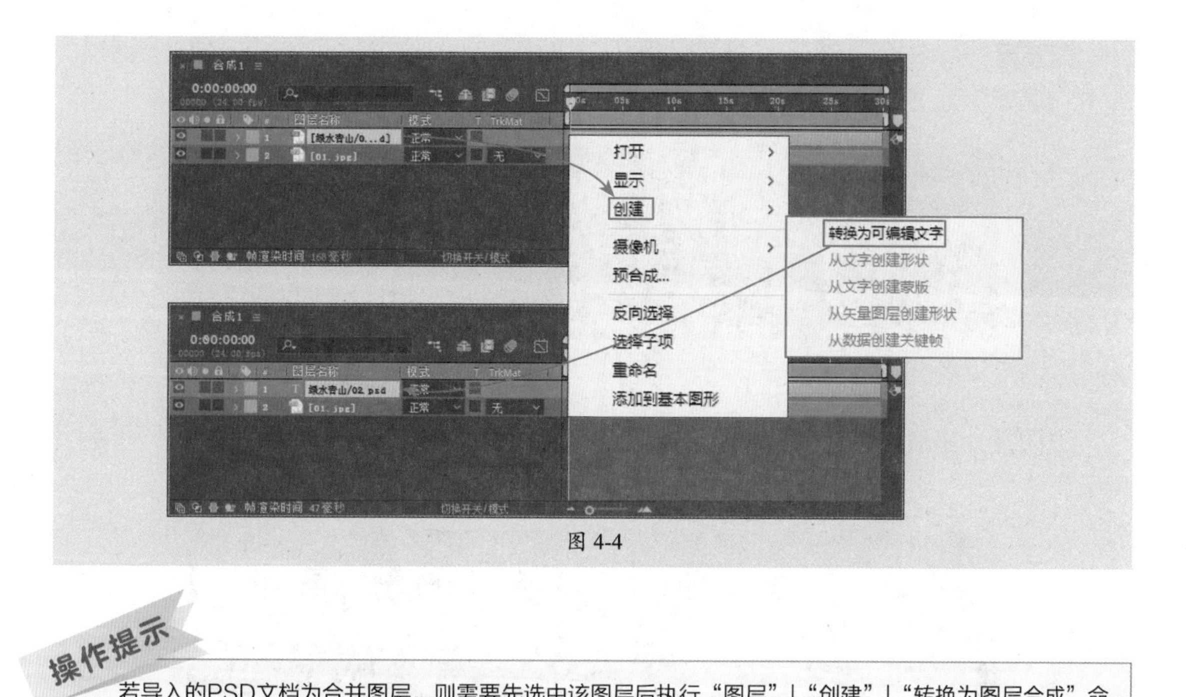

图 4-4

操作提示

若导入的PSD文档为合并图层，则需要先选中该图层后执行“图层”|“创建”|“转换为图层合成”命令，将PSD文档分解到图层中，再选择文本图层进行调整。

4.2 编辑和调整文本

文本创建后，可以通过“字符”面板和“段落”面板对其字体大小、填充颜色、对齐方式等进行调整，以配合影片。

4.2.1 案例解析：制作打字机动画效果

在学习编辑和调整文本之前，可以先看看以下案例，即使用“字符”面板和“段落”面板调整文字参数，使用动画预设制作打字机效果。

步骤 01 打开After Effects软件，单击主页中的“新建项目”按钮新建空白项目。执行“合成”|“新建合成”命令，打开“合成设置”对话框，设置参数，如图4-5所示。设置完成后单击“确定”按钮新建合成。

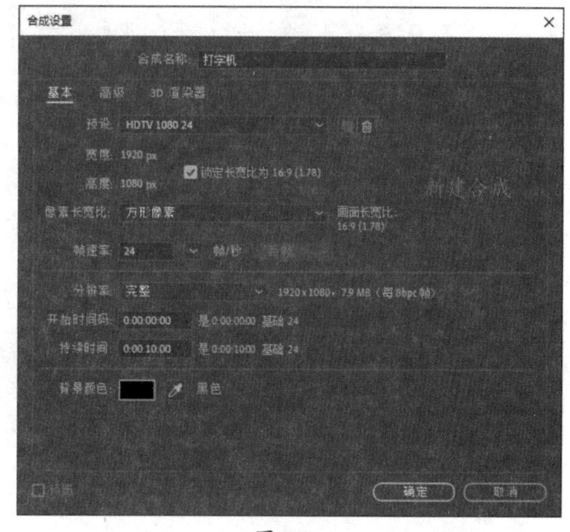

图 4-5

步骤02 按Ctrl+I组合键导入本章素材文件，并拖曳至“时间轴”面板中，锁定该图层，如图4-6所示。

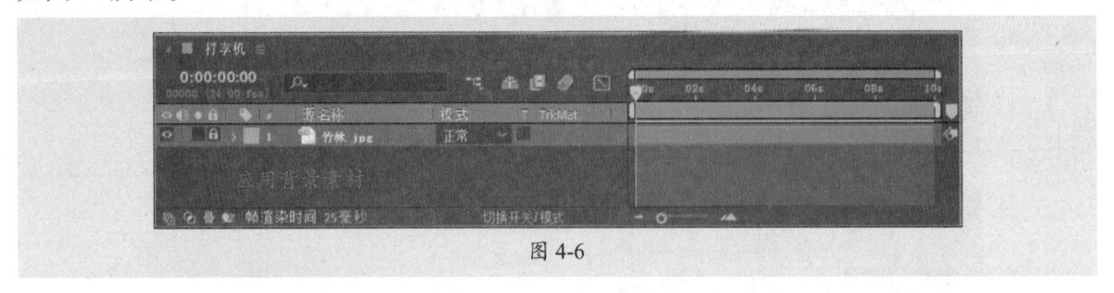

图 4-6

步骤03 使用横排文字工具在“合成”面板中单击输入文字，按Enter键换行，如图4-7所示。

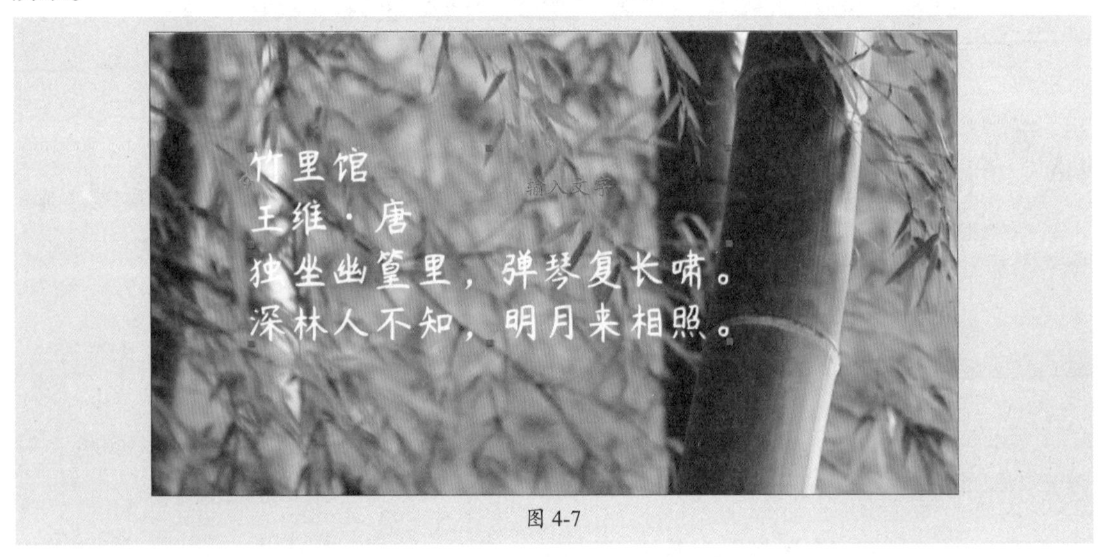

图 4-7

步骤04 选中输入的文字，在“字符”面板中设置字体、颜色等参数；在“段落”面板中单击“居中对齐文本”按钮▤，设置文本居中对齐，效果如图4-8所示。

图 4-8

步骤05 使用横排文字工具选中标题，在“字符”面板中设置字体大小，并单击“仿粗体”按钮加粗文本，效果如图4-9所示。

图 4-9

步骤06 使用横排文字工具选中作者及朝代，在“字符”面板中设置字体大小，并单击“仿斜体”按钮倾斜文本，效果如图4-10所示。

图 4-10

步骤07 执行“窗口”|“效果和预设”命令，打开“效果和预设”面板，搜索“打字机”效果，并将其拖曳至“时间轴”面板中的文字图层上，如图4-11所示。

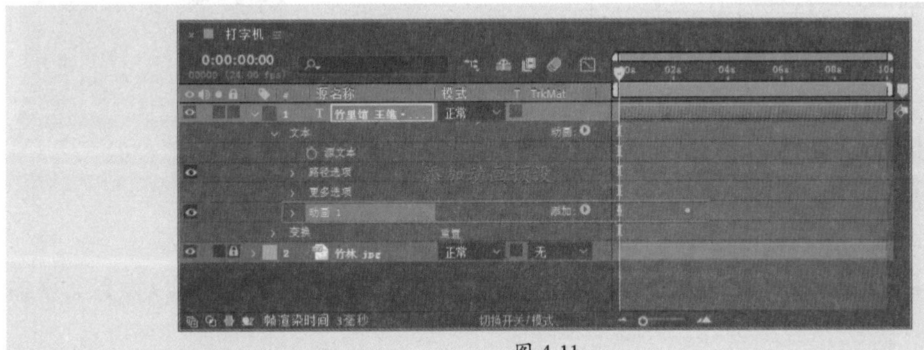

图 4-11

步骤08 选中文本图层，按U键打开关键帧属性，调整第2个关键帧位置为0:00:08:00，如图4-12所示。

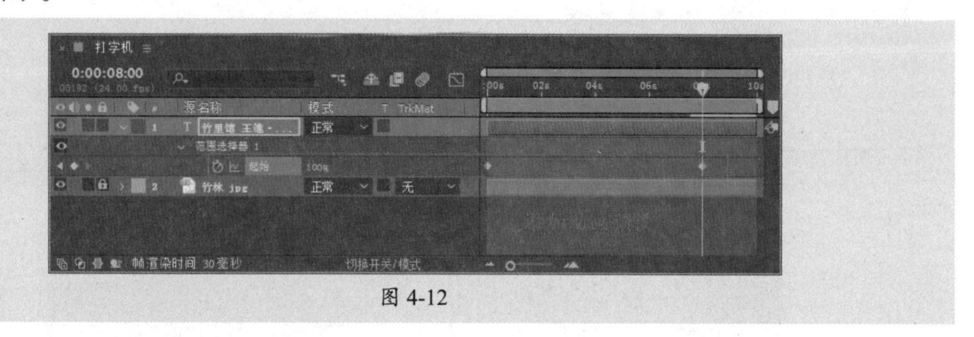

图 4-12

步骤09 至此完成打字机动画效果的制作。按空格键在“合成”面板中预览效果，如图4-13所示。

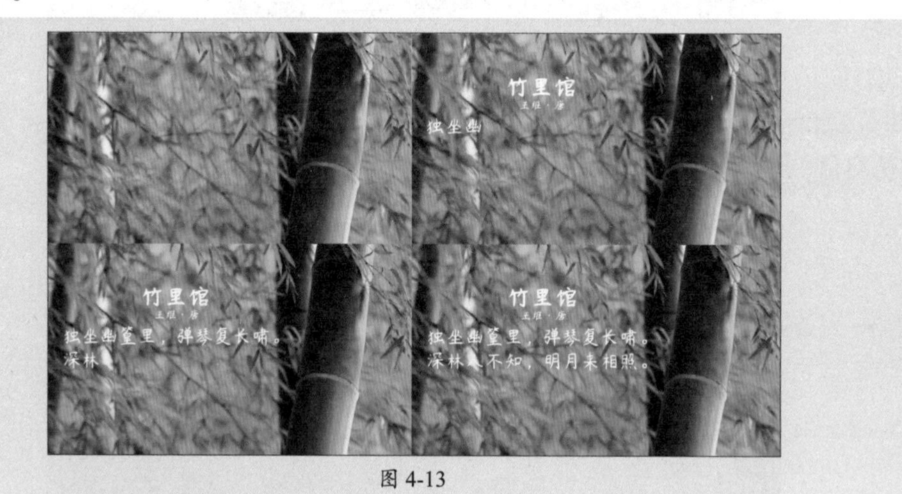

图 4-13

4.2.2 “字符”面板——设置字符参数

在“字符”面板中可以设置文字的字体系列、字体大小、填充颜色等。执行“窗口”|“字符”命令或按Ctrl+6组合键，即可打开或关闭“字符”面板，如图4-14所示。该面板中部分常用选项的作用如下。

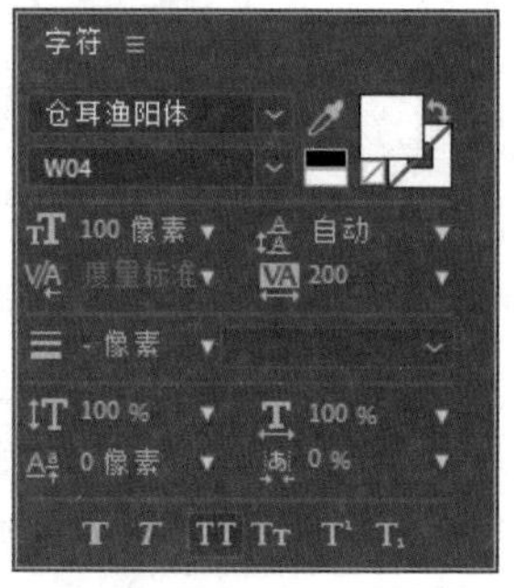

图 4-14

- **字体系列**：在下拉列表中可以选择所需应用的字体类型。
- **字体样式**：在设置字体后，有些字体还可以选择样式。
- **吸管**：可在整个工作面板中吸取颜色。
- **设置为黑色/白色**：设置字体为黑色或白色。
- **填充颜色**：单击“填充颜色”色块，会打开“文本颜色”对话框，在该对话框中可以设置文字颜色。

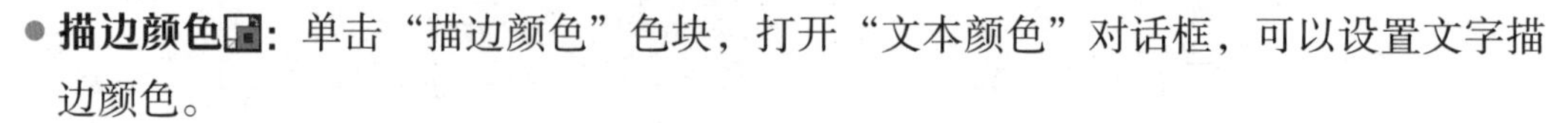

- **描边颜色**：单击“描边颜色”色块，打开“文本颜色”对话框，可以设置文字描边颜色。
- **字体大小**：可以在下拉列表中选择预设的字体大小，也可以在数值处按住鼠标左

右拖动改变数值大小，或在数值处单击直接输入数值。

- **行距**：用于调节行与行之间的距离。
- **两个字符间的字偶间距**：设置光标左右字符之间的间距。
- **所选字符的字符间距**：设置所选字符之间的间距。

4.2.3 “段落”面板——设置段落参数

在“段落”面板中可以设置文本的段落属性。执行“窗口”|“段落”命令，即可打开或关闭“段落”面板，如图4-15所示。用户可以在该面板中设置文字的对齐方式、缩进、段前段后空格等参数。

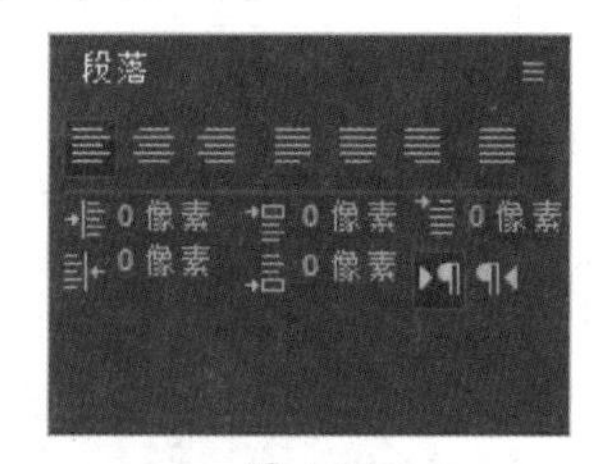

图 4-15

4.3 文本动画

文本特效可以使影片中的文字更加生动。用户可以通过“时间轴”面板中的文本图层属性创建文本特效。

4.3.1 案例解析：制作文字旋转渐入动画

在学习文本动画知识之前，可以先看看以下案例，即使用“不透明度”命令和“预合成”命令制作文字旋转渐入动画。

步骤 01 打开After Effects软件，单击主页中的“新建项目”按钮新建空白项目。执行“合成”|“新建合成”命令，打开“合成设置”对话框，设置参数，如图4-16所示。设置完成后单击“确定”按钮新建合成。

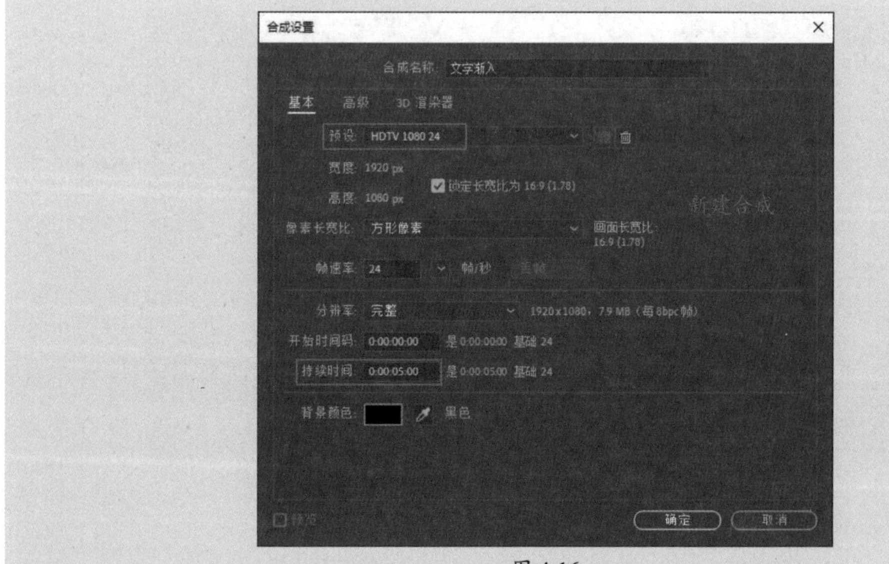

图 4-16

步骤 02 按Ctrl+I组合键导入本章素材文件，并拖曳至“时间轴”面板中，锁定该图层，如图4-17所示。

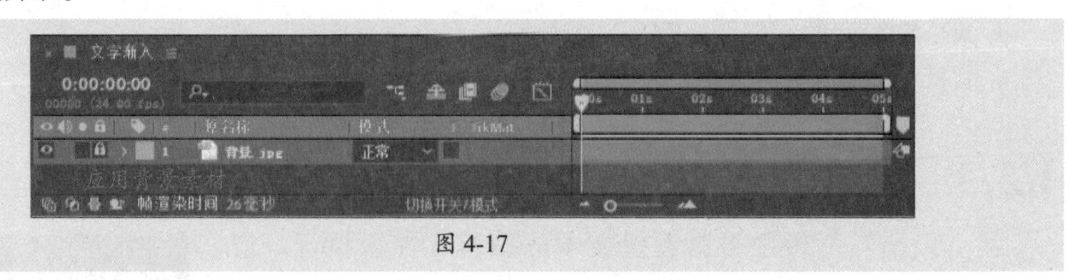

图 4-17

步骤 03 使用横排文字工具在“合成”面板中单击输入文字，在“字符”面板中设置文字字体、大小等参数，在“对齐”面板中设置文字与合成居中对齐，效果如图4-18所示。

图 4-18

步骤 04 展开文本图层属性列表，单击“动画”按钮，在弹出的下拉菜单中执行“不透明度”命令，为文本图层添加不透明度控制器，如图4-19所示。

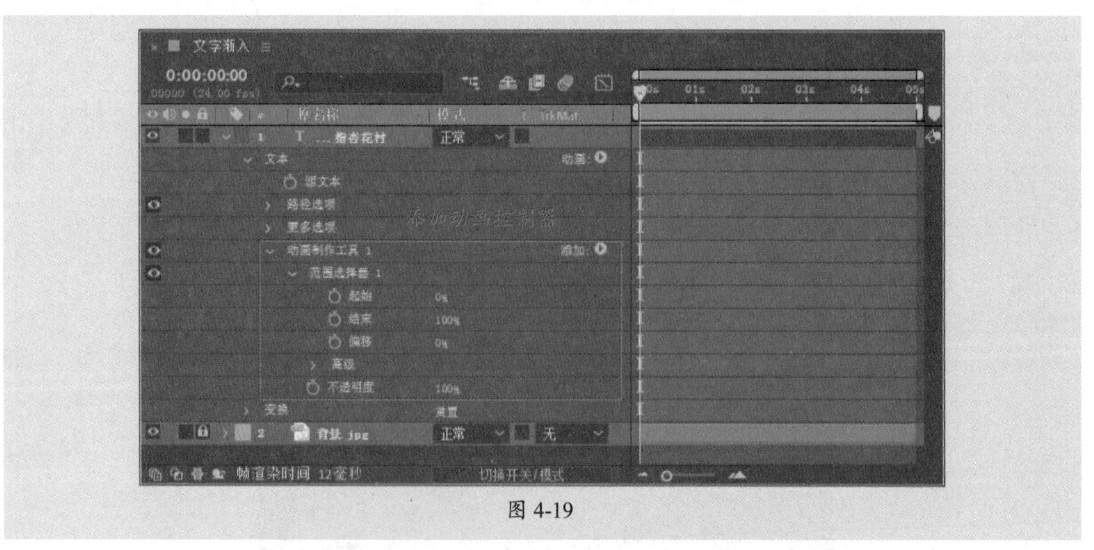

图 4-19

步骤05 设置“不透明度”参数为0%。移动当前时间指示器至0:00:00:00处，为“起始”参数添加关键帧，如图4-20所示。

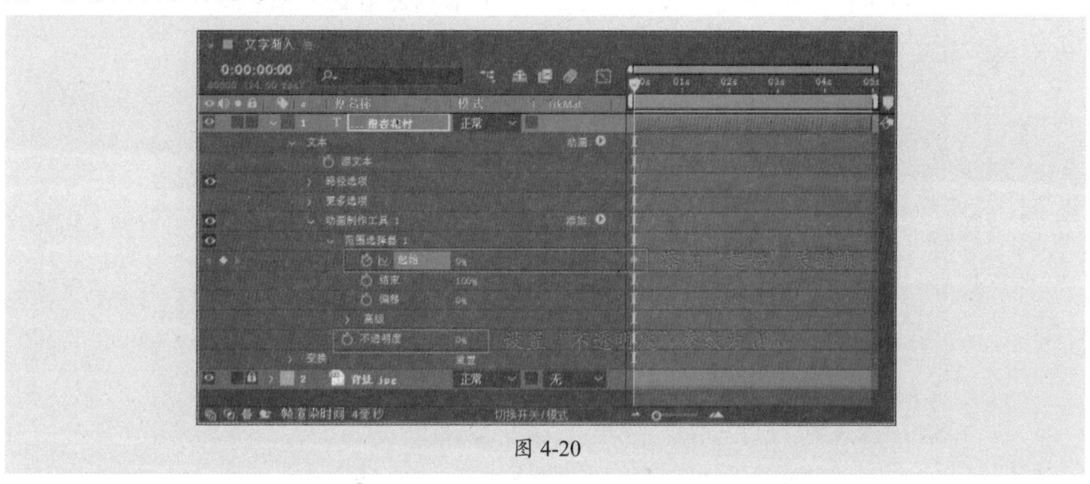

图 4-20

步骤06 移动当前时间指示器至0:00:03:00处，设置“起始”参数为100%，软件将自动添加关键帧，如图4-21所示。

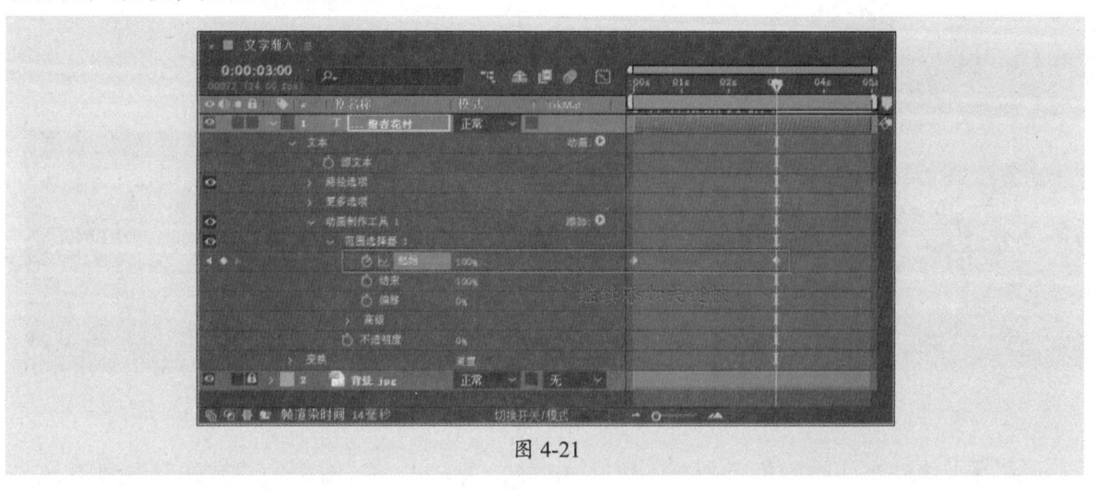

图 4-21

步骤07 展开“范围选择器1”属性组中的“高级”属性，设置“随机排序”参数为“开”，如图4-22所示。

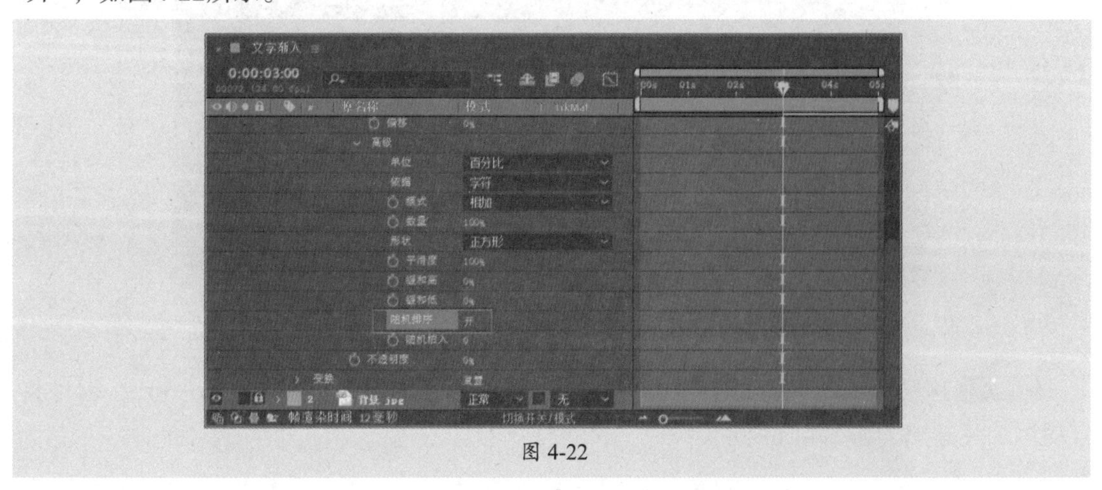

图 4-22

步骤 08 此时在“合成”面板中预览文字为随机淡入的效果，如图4-23所示。

图 4-23

步骤 09 选中文字图层并右击鼠标，在弹出的快捷菜单中执行“预合成”命令，将文字图层嵌套，如图4-24所示。

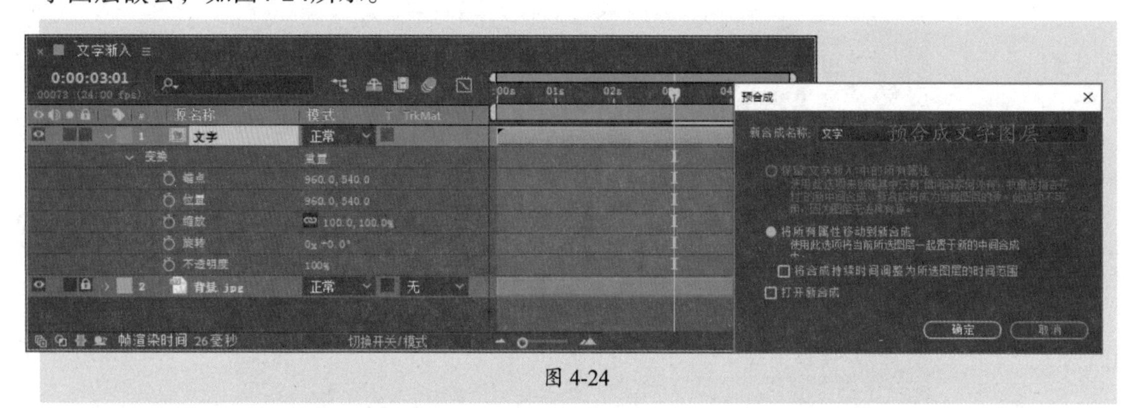

图 4-24

步骤 10 移动当前时间指示器至0:00:03:00处，为“文字”图层的“旋转”参数添加关键帧，如图4-25所示。

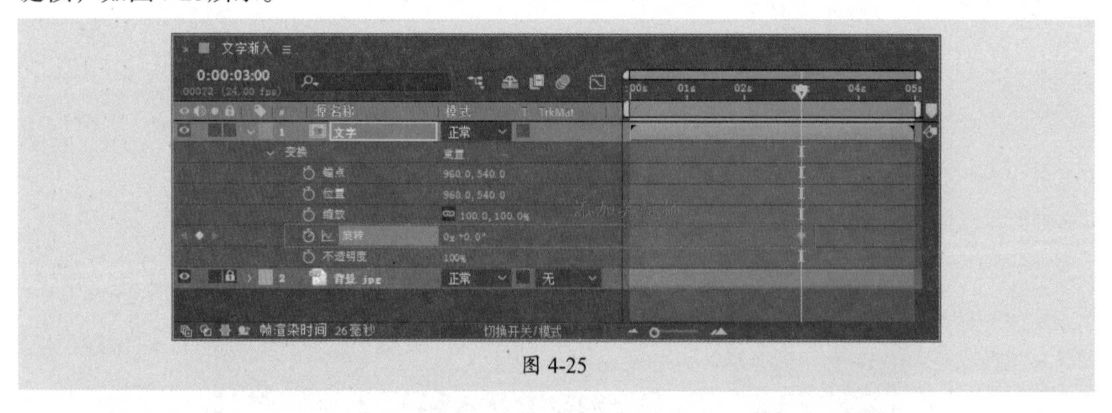

图 4-25

步骤 11 移动当前时间指示器至0:00:00:00处，设置“旋转”参数为0×+60°，软件将自动添加关键帧，如图4-26所示。

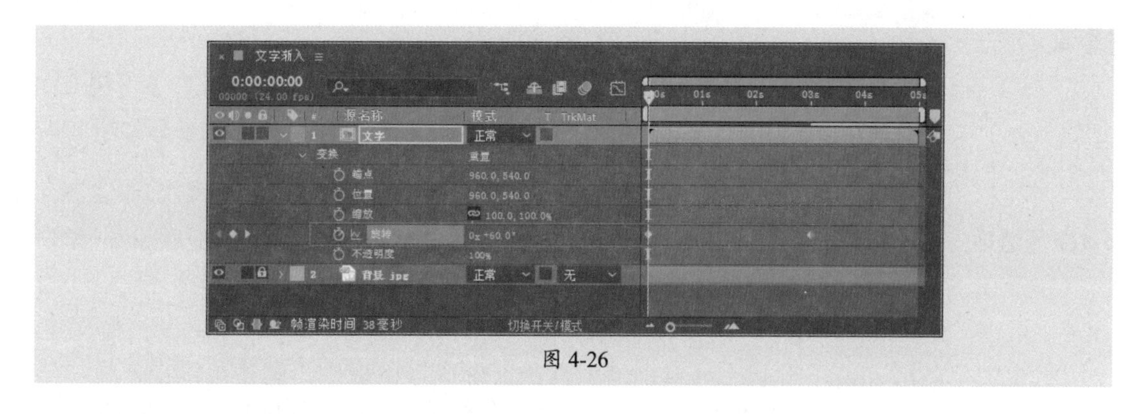

图 4-26

步骤 12 至此完成文字旋转渐入动画的制作。按空格键在“合成”面板中预览效果，如图4-27所示。

图 4-27

4.3.2 文本图层属性——文本基本属性设置

After Effects中的文字是一个单独的图层，用户可以在“时间轴”面板中设置文字图层的“文本”和“变换”属性，增加文本的实用性和美观性，同时还可以创建基础的文字动画效果。在“时间轴”面板中展开文本图层，如图4-28所示。

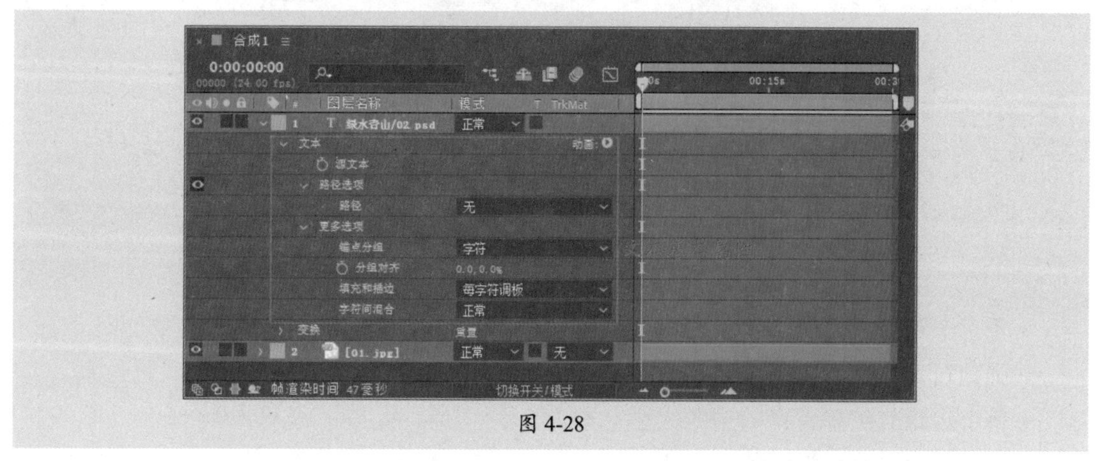

图 4-28

1. 源文本

“源文本”属性可以设置文字在不同时间段的显示效果。单击“时间变化秒表”图标创建第一个关键帧，在下一个时间点创建第二个关键帧，然后更改合成面板中的文字，即可实现文字内容的切换效果。

2. 路径选项

“路径选项”属性组是沿路径对文本进行动画制作的一种简单方式。选择路径之后，不仅可以指定文本的路径，还可以改变各个字符在路径上的显示方式。

选中文字图层，使用形状工具或钢笔工具在“合成”面板中绘制蒙版路径，在“路径”属性右侧的下拉列表选择蒙版，如图4-29所示。文字会自动沿路径分布。

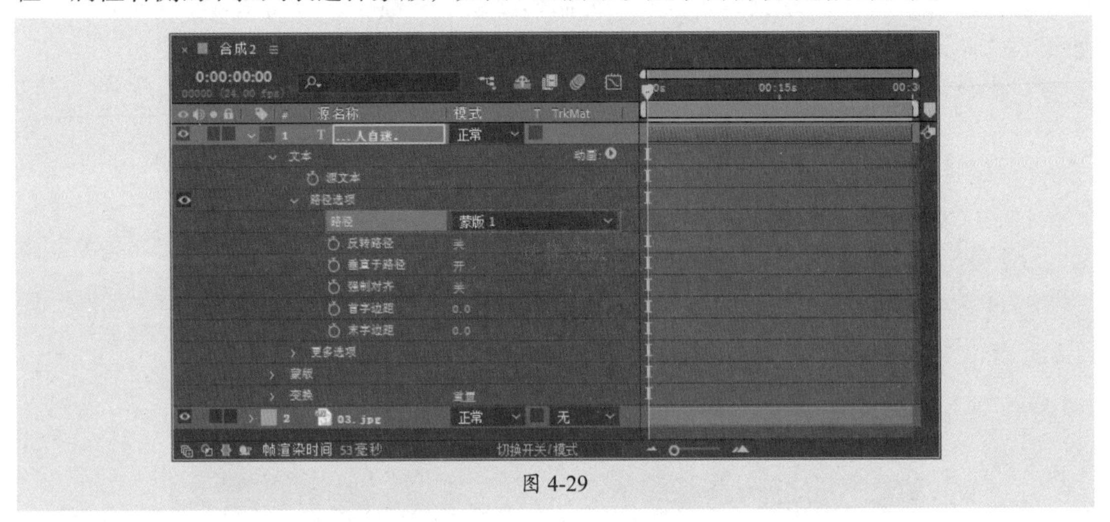

图 4-29

“路径选项”属性组中各选项的作用如下。

- **路径**：用于选择文本跟随的路径。
- **反转路径**：设置是否反转路径。图4-30、图4-31所示分别为该属性打开和关闭时的效果。

图 4-30

图 4-31

- **垂直于路径**：设置文字是否垂直于路径。图4-32所示为该属性关闭时的效果。
- **强制对齐**：设置文字与路径首尾是否对齐。图4-33所示为该属性打开时的效果。
- **首字边距**：设置首字的边距大小。
- **末字边距**：设置末字的边距大小。

图 4-32

图 4-33

3. 更多选项

“更多选项”属性组中的子选项与“字符”面板中的选项功能相同，并且有些选项还可以控制“字符”面板中的选项设置。该属性组中的子选项的作用如下。

- **锚点分组：** 指定用于变换的锚点属于单个字符、词、行或者全部。
- **分组对齐：** 用于控制字符锚点相对于组锚点的对齐方式。
- **填充和描边：** 用于控制填充和描边的显示方式。
- **字符间混合：** 用于控制字符间的混合模式，类似于图层混合模式。

4.3.3 动画控制器——创建文字动画效果

新建文字动画时，将会在文本层建立一个动画控制器，用户可以通过控制各种选项参数，制作各种各样的运动效果，如制作滚动字幕、旋转文字效果、放大缩小文字效果等。

执行“动画”|“动画文本”命令，在其子菜单中可以执行命令选择动画效果或单击“时间轴”面板中的“动画”按钮▶，在弹出的下拉菜单中执行命令选择动画效果，如图4-34所示。

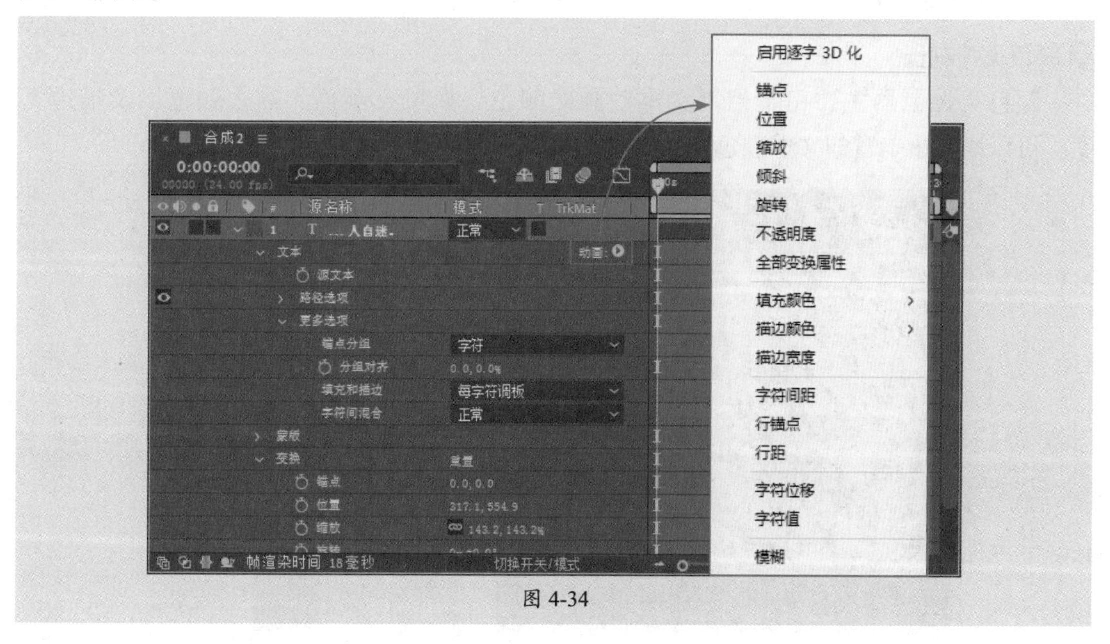

图 4-34

1. 变换类控制器

变换类控制器可以控制文本动画的变形，如倾斜、位移、缩放、不透明度等，与文本图层的基本属性类似，但可操作性更为广泛。图4-35所示为变换类控制器。

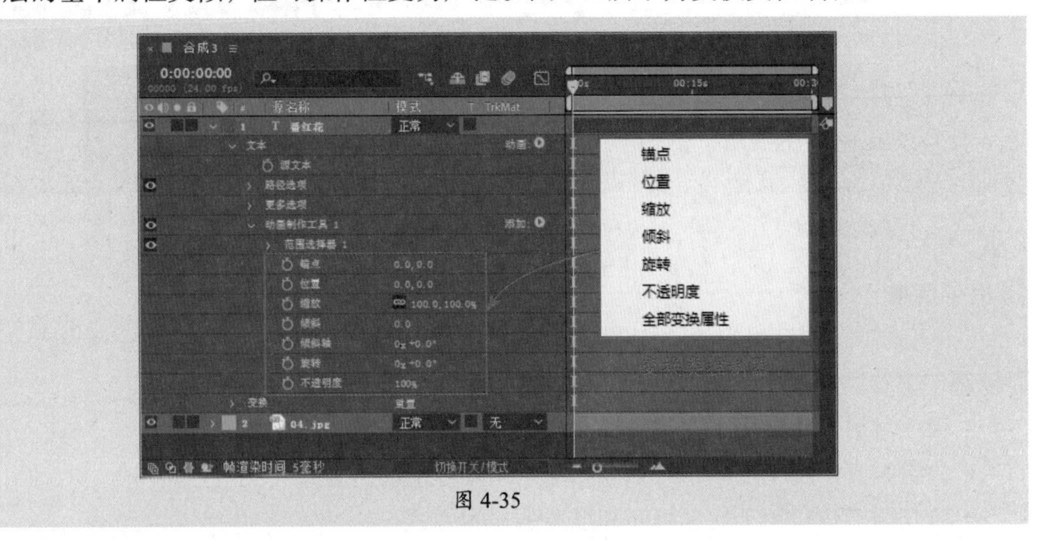

图 4-35

变换类控制器各选项的作用如下。

- **锚点：** 制作文字中心定位点变换的动画。
- **位置：** 调整文本的位置。
- **缩放：** 对文字进行放大或缩小等设置。
- **倾斜：** 设置文本倾斜程度。
- **旋转：** 设置文本旋转角度。
- **不透明度：** 设置文本透明度。
- **全部变换属性：** 将所有属性都添加到范围选择器中。

2. 颜色类控制器

颜色类控制器主要用于控制文本动画的颜色，如填充颜色、描边颜色以及描边宽度，可以调整出丰富的文本颜色效果，如图4-36所示。

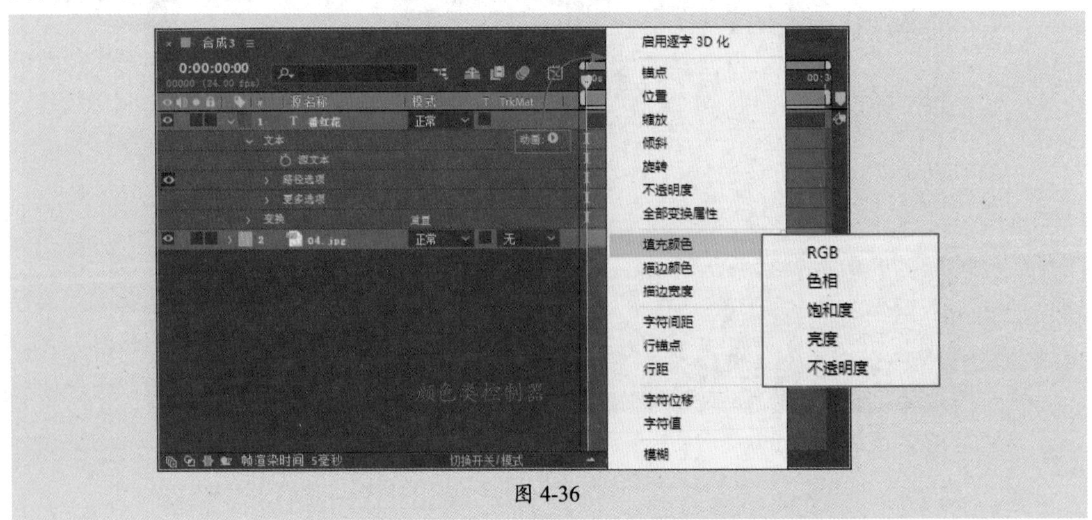

图 4-36

颜色类控制器各选项的作用如下。

- **填充颜色**：设置文字的填充颜色、色相、饱和度、亮度、不透明度。
- **描边颜色**：设置文字的描边颜色、色相、饱和度、亮度、不透明度。
- **描边宽度**：设置文字描边粗细。

3. 文本类控制器

文本类控制器主要用于控制文本字符的行间距和空间位置，可以从整体上控制文本的动画效果，包括字符间距、行锚点、行距、字符位移、字符值等，如图4-37所示。

图 4-37

文本类控制器各选项的作用如下。

- 字符间距：设置文字之间的距离。图4-38、图4-39所示为设置该属性不同参数的效果。

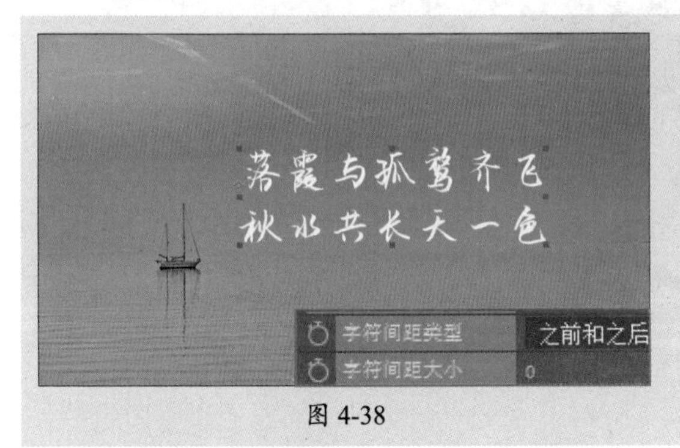

图 4-38

图 4-39

- **行锚点**：设置文本的对齐方式。
- **行距**：设置段落文字行与行之间的距离。图4-40、图4-41所示为设置该属性不同参数的效果。
- **字符位移**：按照统一的字符编码标准对文字进行位移。
- **字符值**：按照统一的字符编码标准对应替换设置字符的值。

图 4-40

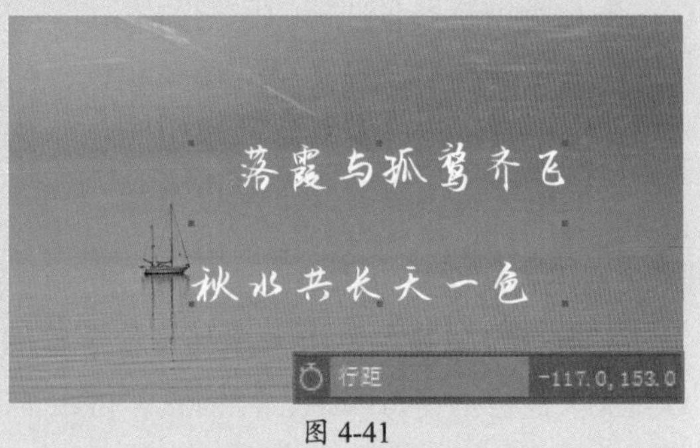

图 4-41

操作提示

除了以上控制器外，还有“启用逐字3D化”和“模糊”两种控制器。其中，“启用逐字3D化”控制器会将图层转化为三维图层，并将文字图层中的每一个文字作为独立的三维对象；“模糊”控制器则可以在平行和垂直方向分别设置模糊文本的参数，以控制文本的模糊效果。

4. 范围选择器

添加一个特效类控制器后，会在“动画”属性组添加一个“范围”选项，在该选项的特效基础上，可以制作出各种各样的运动效果，是非常重要的文本动画制作工具。

为文本图层添加任意动画效果后，其属性列表中将出现“范围选择器1”属性组，展开该属性组，如图4-42所示。

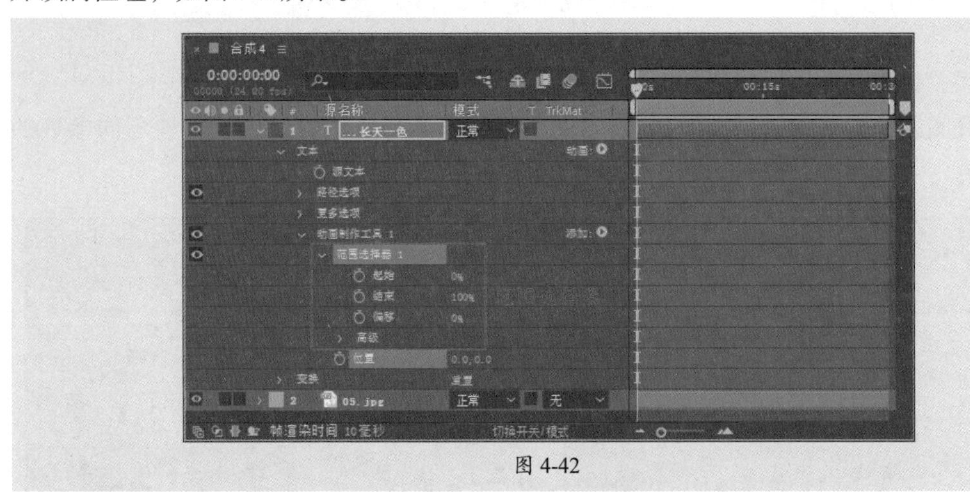

图 4-42

操作提示

用户也可以选择文本图层后执行“动画”|“添加文本选择器”|“范围”命令，为文本添加“范围选择器”属性组。

该属性组中部分选项的作用如下。

- **起始/结束：** 用于设置选择项的开始/结束位置。图4-43、图4-44所示为设置了“起始”和“结束”参数的显示效果。

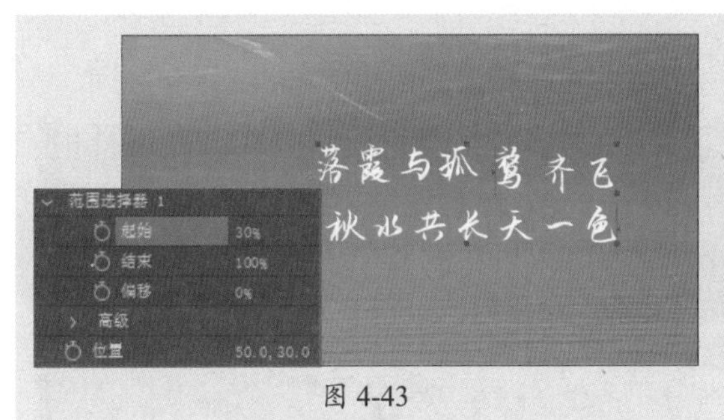

图 4-43

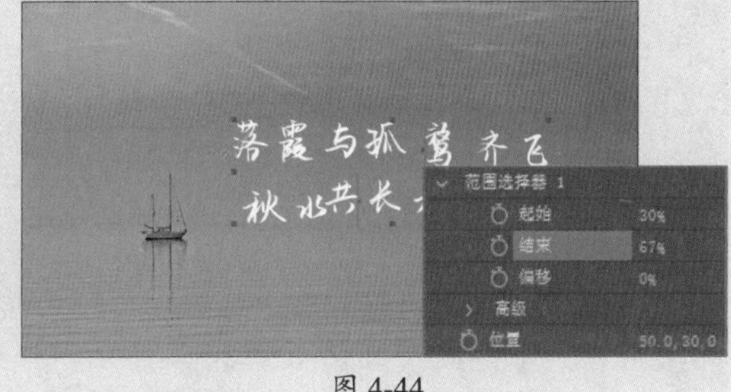

图 4-44

- **偏移：**设置指定的选择项偏移的量。

5. 摆动选择器

摆动选择器可以控制文本的抖动，配合关键帧动画制作出更加复杂的动画效果。为文本图层添加任意动画效果后单击“添加”按钮，在弹出的下拉菜单中执行“选择器”|“摆动”命令，显示“摆动选择器1”属性组，如图4-45所示。

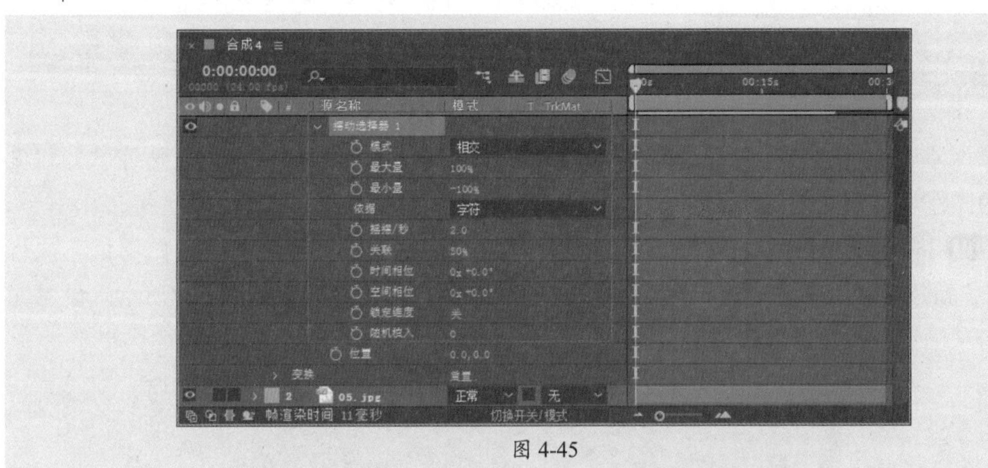

图 4-45

该属性组中部分常用选项的作用如下。

- **模式：**设置波动效果与源文本之间的交互模式，包括相加、相减、相交、最小值、最大值、差值共六种模式。
- **最大量/最小量：**设置随机范围的最大值和最小值。
- **摇摆/秒：**设置每秒随机变化的频率，该数值越大，变化频率就越大。
- **关联：**设置文本字符之间相互关联的变化程度，数值越大，字符关联的程度就越大。
- **时间/空间相位：**设置文本动画在时间、空间范围内随机量的变化。
- **锁定维度：**设置随机相对范围的锁定。

4.3.4 文本动画预设——添加预设动画

After Effects中包括多种动画预设效果，执行“窗口”|“效果和预设”命令，打开“效果和预设”面板，如图4-46所示。选中该面板中的动画预设效果，将其拖曳至文本图层上即可添加。图4-47所示为添加“打字机”动画预设的效果。

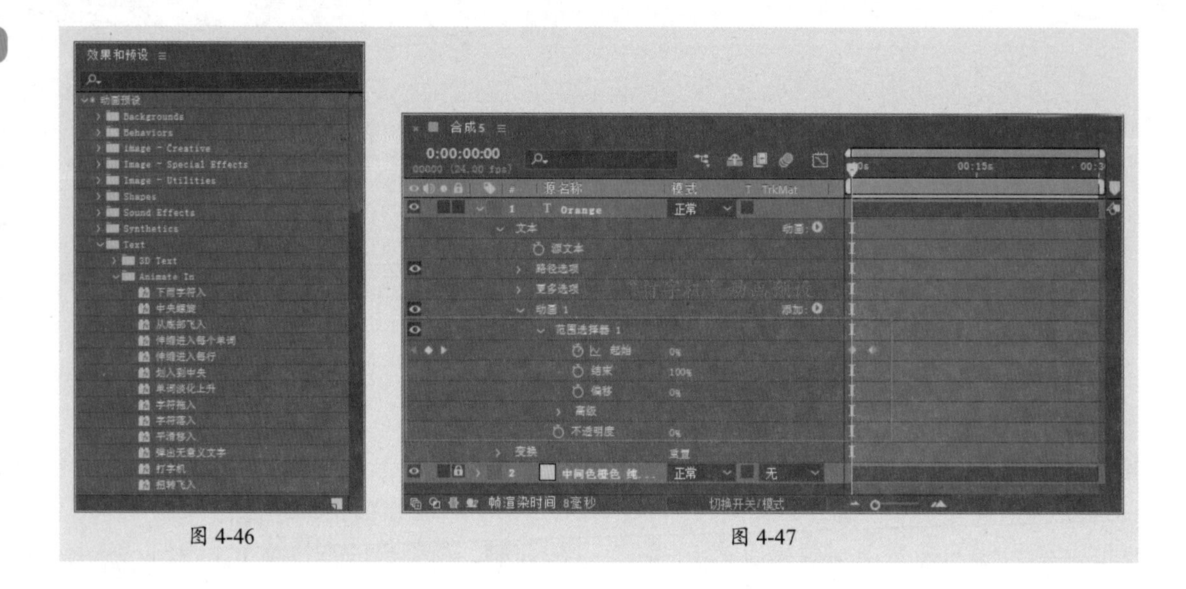

图 4-46　　　　图 4-47

课堂实战　制作彩色文字描边动画

本章课堂实战练习制作彩色文字描边动画。综合练习本章的知识点，以熟练掌握和巩固素材的操作。下面介绍操作思路。

步骤 01 打开After Effects软件，单击主页中的“新建项目”按钮新建空白项目。执行“合成”|“新建合成”命令，打开“合成设置”对话框，设置参数，如图4-48所示。设置完成后单击“确定”按钮新建合成。

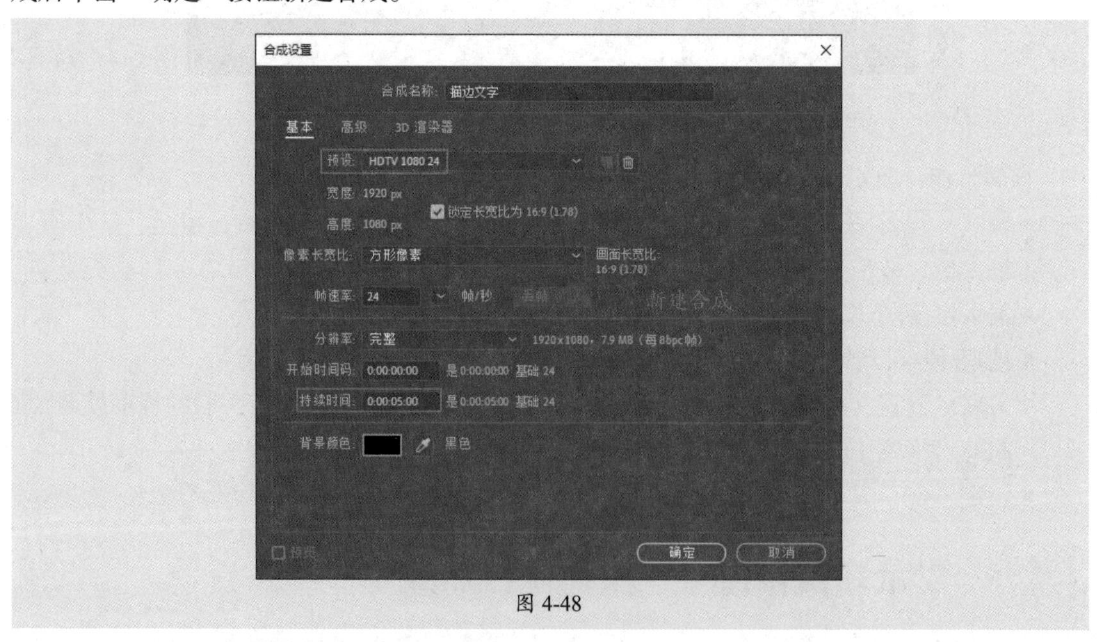

图 4-48

步骤 02 使用横排文字工具在“合成”面板中单击输入文字，在“字符”面板中设置文字字体、大小等参数，在“对齐”面板中设置文字与合成居中对齐，效果如图4-49所示。

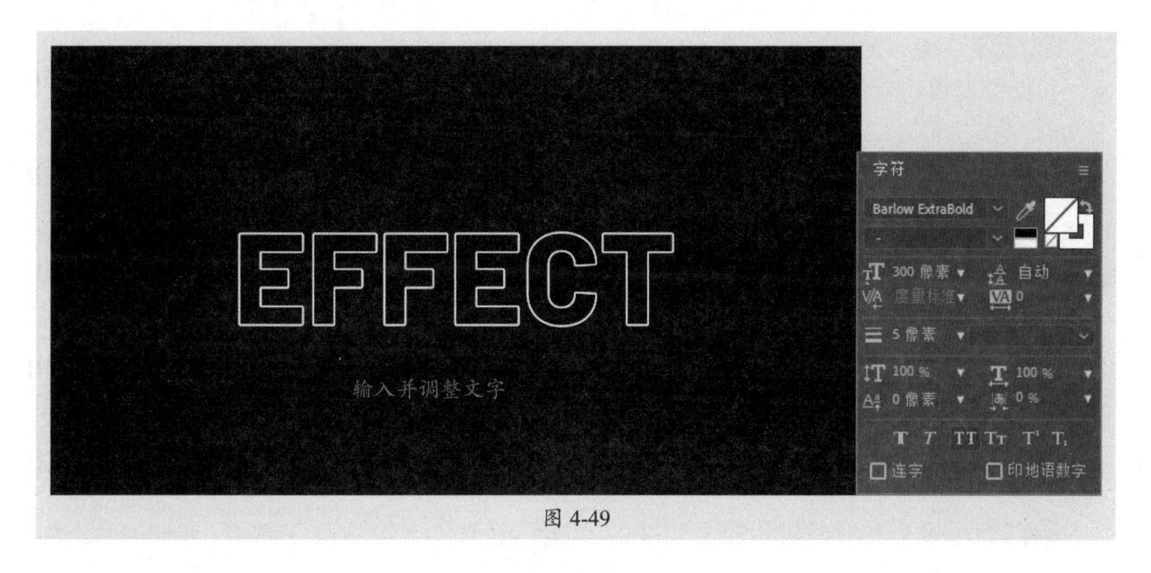

图 4-49

步骤 03 在“时间轴”面板中选择文本图层并右击鼠标，在弹出的快捷菜单中执行“创建”|“从文字创建形状”命令，创建轮廓图层，此时软件会自动隐藏文本图层，如图4-50所示。

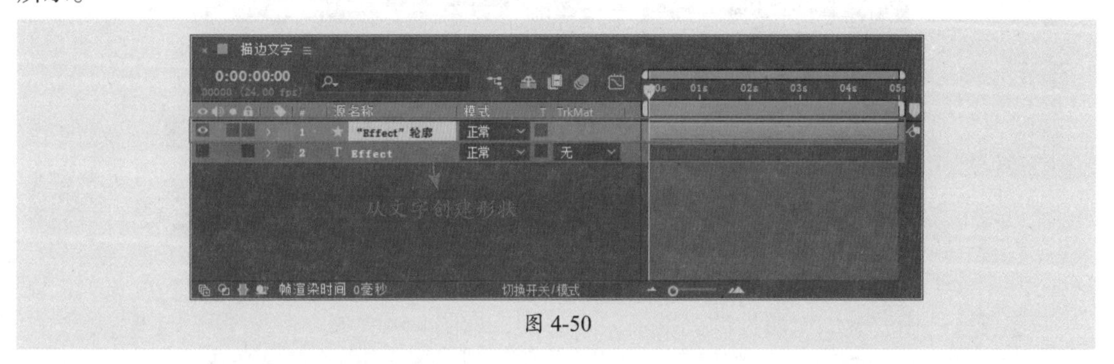

图 4-50

步骤 04 展开轮廓图层属性列表，单击“内容”右侧的“添加”按钮，在弹出的下拉菜单中执行“修剪路径”命令，为“内容”属性组添加“修剪路径”动画属性，如图4-51所示。

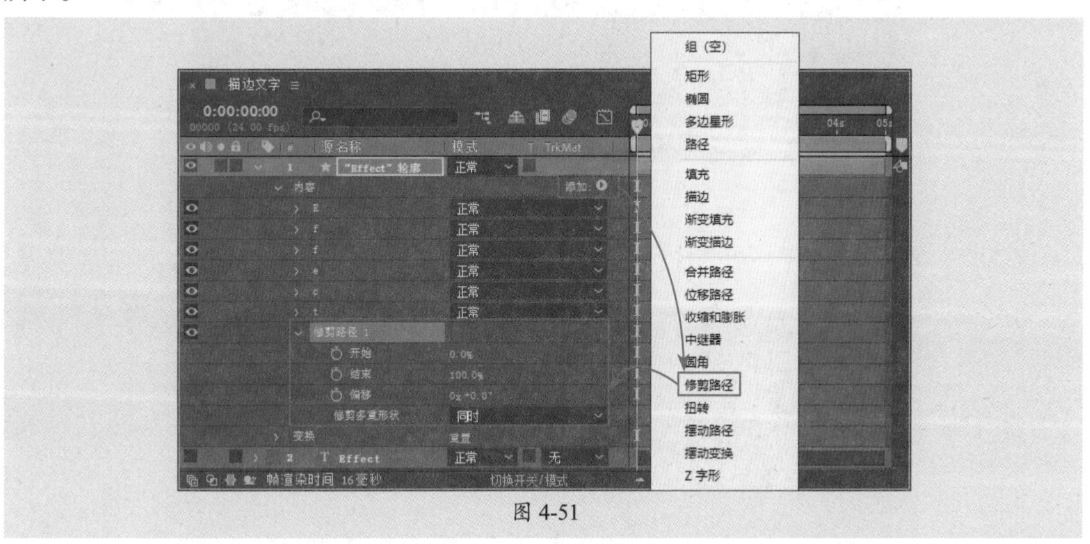

图 4-51

步骤 05 移动当前时间指示器至0:00:00:00处，为“开始”和“结束”属性添加关键帧，并设置参数均为100%，如图4-52所示。

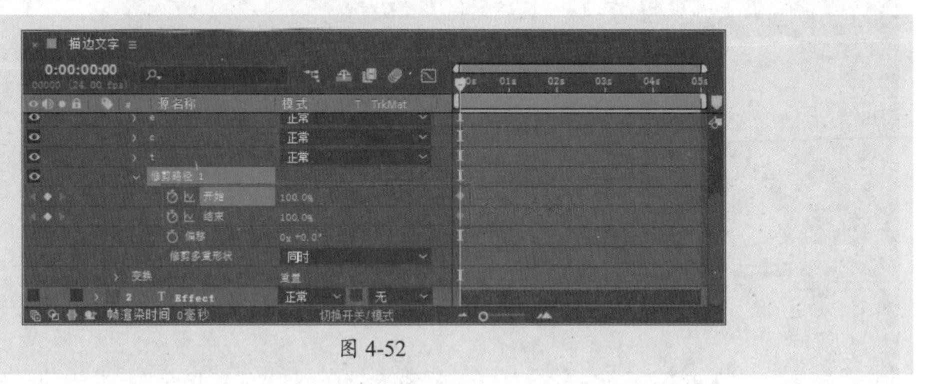

图 4-52

步骤 06 移动当前时间指示器至0:00:02:00处，设置“开始”和“结束”属性的参数均为0%，软件将自动添加关键帧，如图4-53所示。

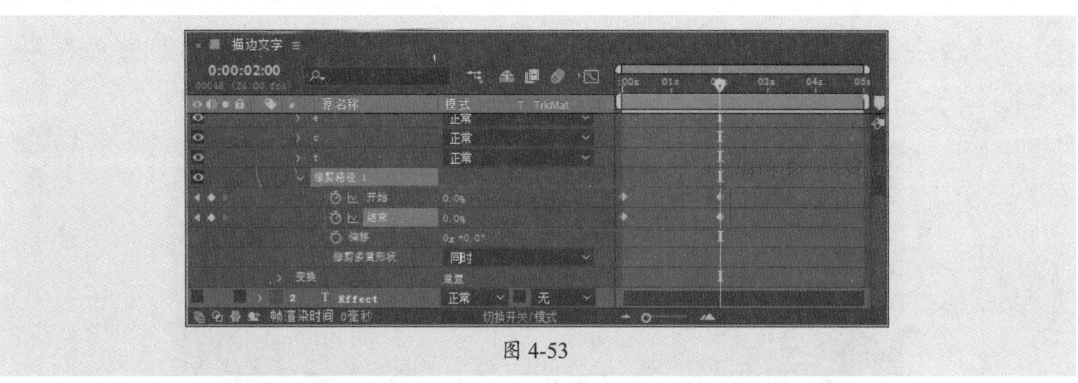

图 4-53

步骤 07 选中“开始”属性的关键帧向右移动，如图4-54所示。

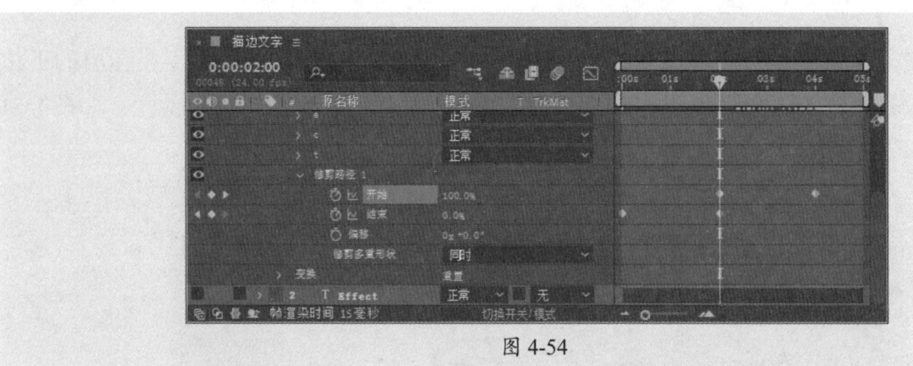

图 4-54

步骤 08 按空格键在“合成”面板中预览效果，如图4-55所示。

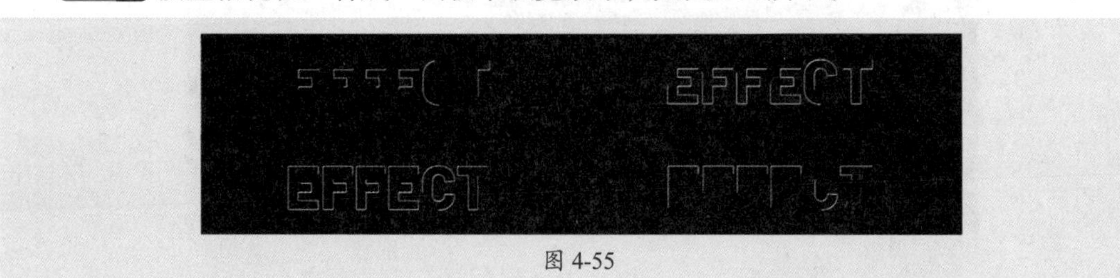

图 4-55

步骤 09 选择轮廓图层按Ctrl+D组合键复制，并分别设置颜色，如图4-56所示。

图 4-56

步骤 10 选择五个轮廓图层，按快捷键U打开添加了关键帧的属性，调整各个图层关键帧的位置，错开动画效果，如图4-57所示。

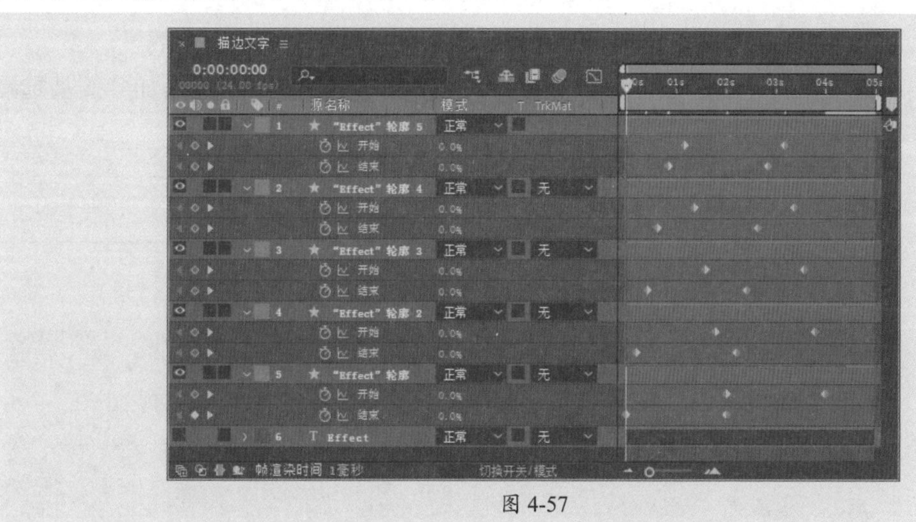

图 4-57

步骤 11 至此完成彩色文字描边动画的制作。按空格键在“合成”面板中预览效果，如图4-58所示。

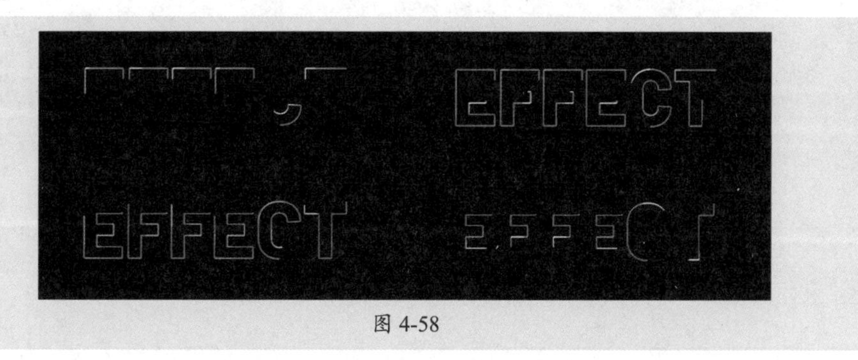

图 4-58

课后练习 制作文字弹跳动画

下面将综合运用本章学习知识制作文字弹跳动画，如图4-59所示。

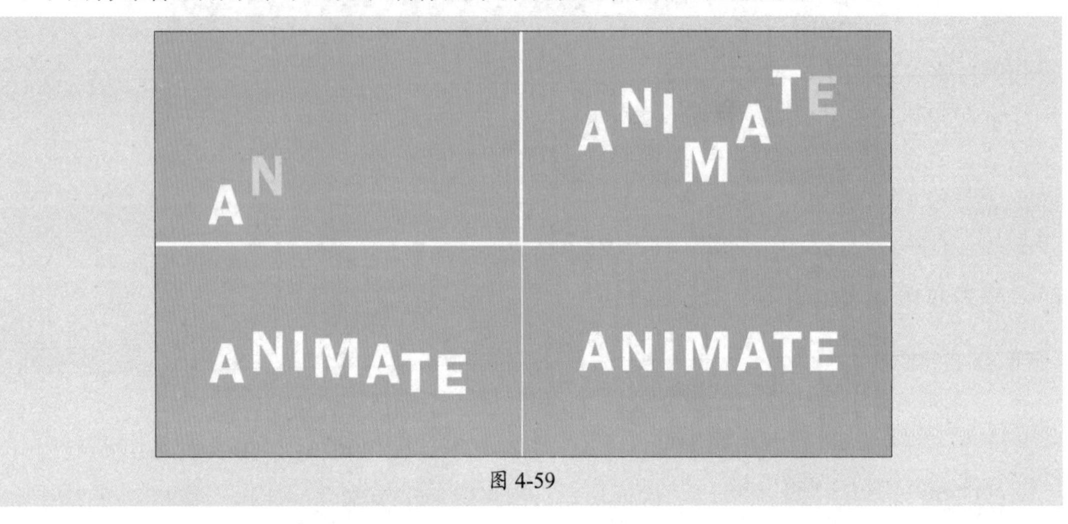

图 4-59

1. 技术要点

①新建项目与合成后新建纯色图层作为背景，然后输入文字，并设置参数。

②为文本添加“位置”动画属性并设置参数。删除“范围选择器”，添加“摆动选择器”并设置参数，添加关键帧制作动画效果。

③添加“不透明度”动画属性并设置参数，添加关键帧制作动画效果。

2. 分步演示

本案例的分步演示效果如图4-60所示。

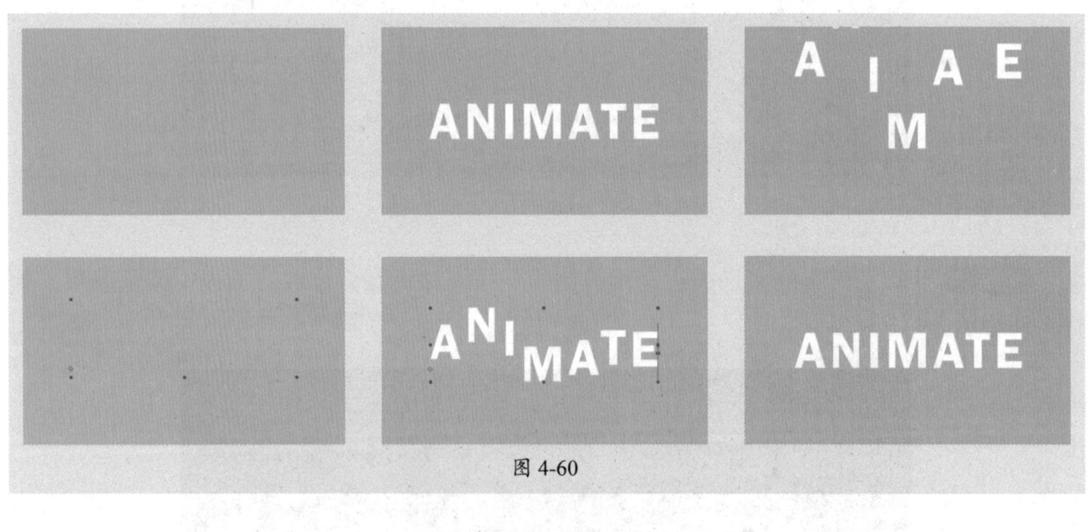

图 4-60

《猛龙过江》

《猛龙过江》是由李小龙自编自导，李小龙、苗可秀、罗礼士、小麒麟等主演的动作片，于1972年12月30日中国香港首映。该片讲述了一名香港青年受亲友之托，前往意大利的一家唐人餐馆，帮助老板对付黑社会分子的故事，如图4-61所示。

图 4-61

作为李小龙自编自导自演的作品，《猛龙过江》完全贯彻了他的电影理念，是其最具代表性的作品之一，影片中的动作场面真实华丽，为观众呈现出了精彩的武打镜头，如图4-62所示为影片剧照。

该片是一部非常成功的动作片，最后的高潮打斗部分直接采用中长镜实拍，使观众可以更好地感受到场景的紧张氛围和角色的真实表现，产生情感的共鸣和参与感。

图 4-62

第5章 影视后期制作之形状和蒙版

内容导读

蒙版是后期合成中必不可少的部分，默认情况下，图像只有在蒙版内才能被显示出来，蒙版常被用来使目标物体与背景分离，就是通常所说的抠像。本章将详细讲解蒙版的创建与设置、属性和应用方面的知识。

思维导图

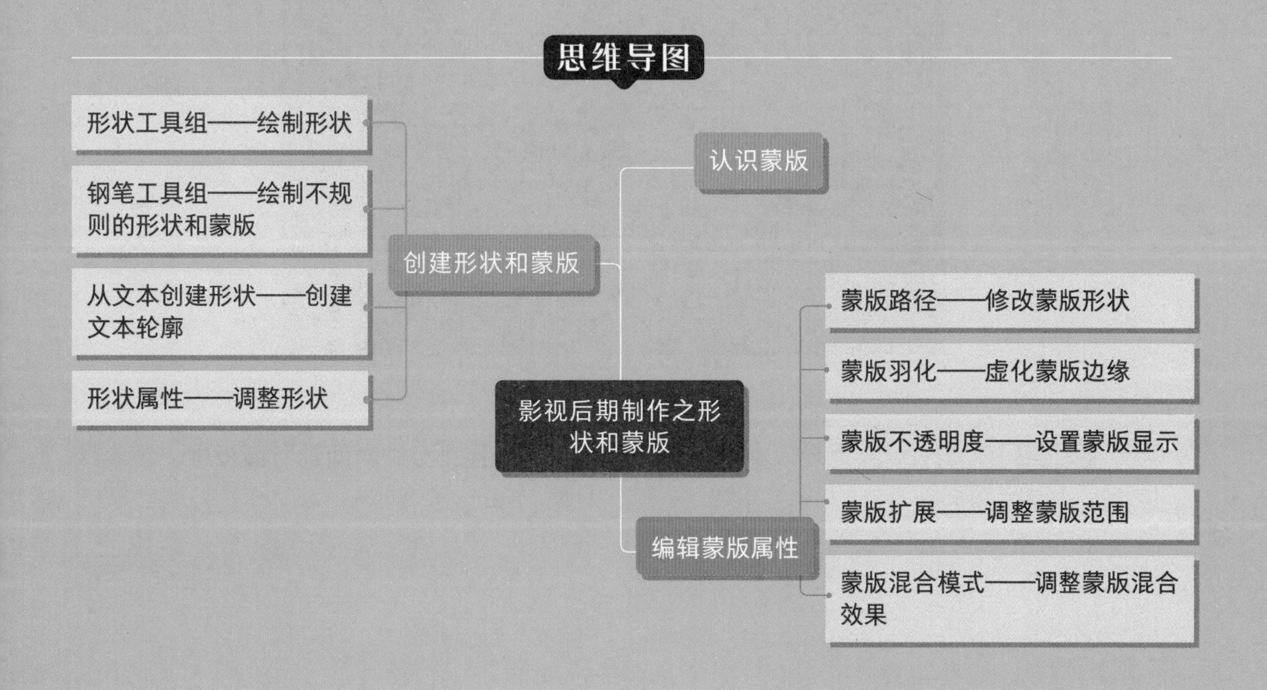

5.1 认识蒙版

蒙版是指通过蒙版层中的图形轮廓透出下方图层中的内容。一个图层可以包含多个蒙版，其中蒙版层为轮廓层，决定了看到的图像区域；被蒙版层为蒙版下方的图像层，决定了看到的内容。蒙版动画的原理是蒙版层做变化或者被蒙版层做运动。

5.2 创建形状和蒙版

蒙版的创建与形状工具、钢笔工具等息息相关，用户可以通过形状工具、钢笔工具等创建形状或路径生成蒙版。本小节将对形状和蒙版的创建进行介绍。

5.2.1 案例解析：制作字体变形动画

在学习创建形状和蒙版之前，可以先看看以下案例，即使用文字工具和“从文字创建形状”命令创建文本轮廓，通过关键帧制作动画。

步骤 01 打开After Effects软件，单击主页中的“新建项目”按钮新建空白项目。执行“合成”|“新建合成”命令，打开“合成设置”对话框，设置参数，如图5-1所示。设置完成后单击“确定”按钮新建合成。

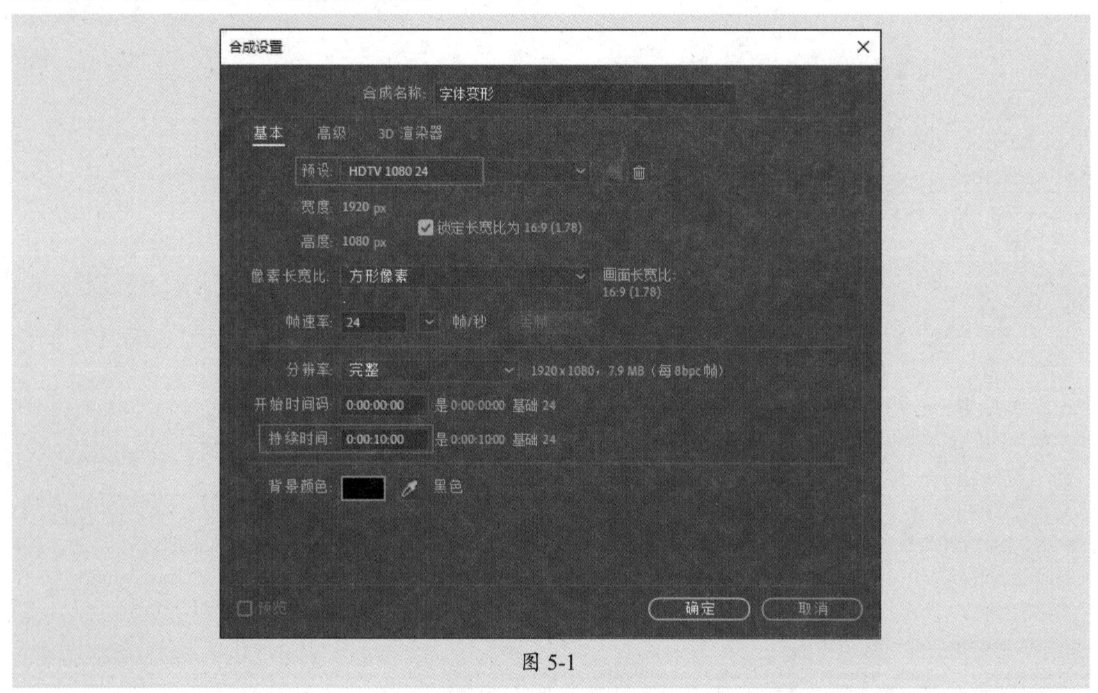

图 5-1

步骤 02 按Ctrl+I组合键导入本章素材文件，并将其拖曳至“时间轴”面板中，锁定该图层，如图5-2所示。

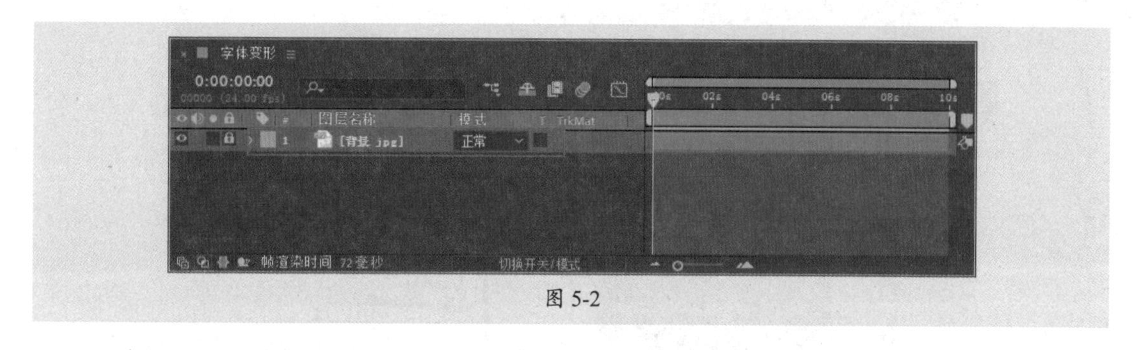

图 5-2

步骤 03 使用横排文字工具在"合成"面板中的合适位置单击输入文字，在"字符"面板中设置参数，效果如图5-3所示。重命名文本图层为"黑体"。

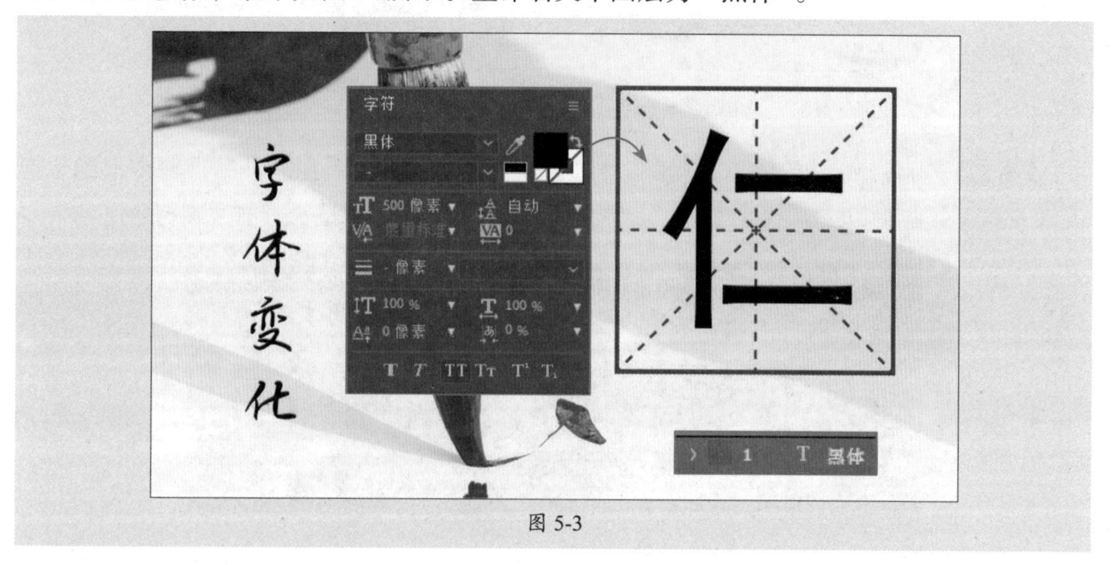

图 5-3

步骤 04 选中"黑体"文字图层，按Ctrl+D组合键复制，重命名复制文本图层名称为"楷体"。在"字符"面板中重新设置字体，隐藏原文字图层，效果如图5-4所示。

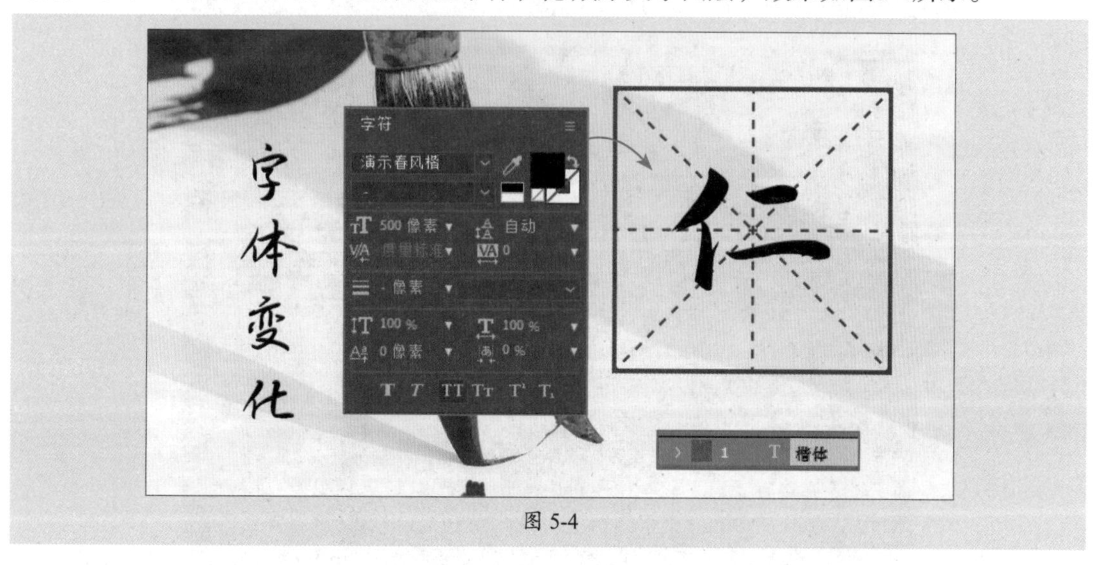

图 5-4

步骤05 使用相同的方法再次复制文字图层并修改字体，效果如图5-5所示。

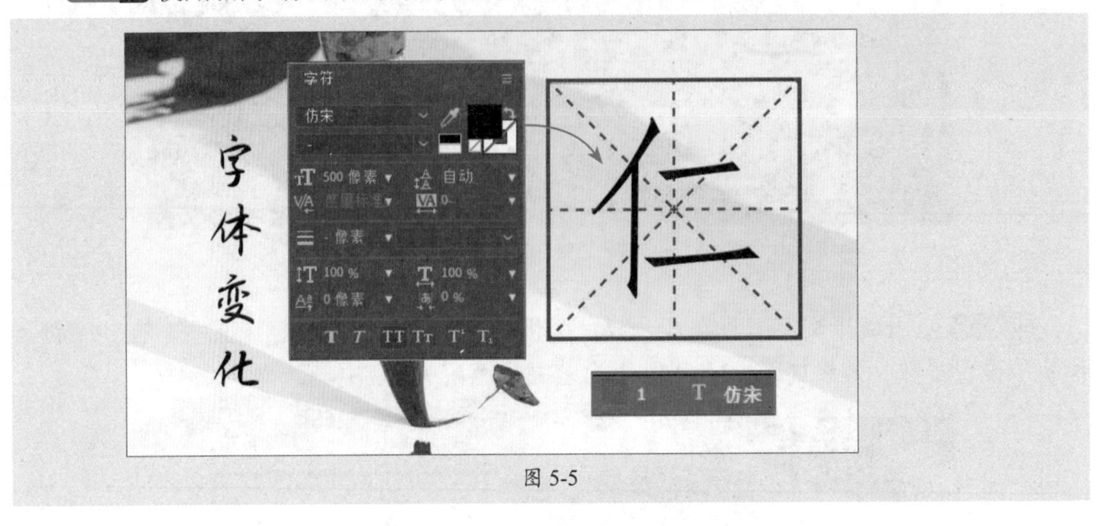

图 5-5

步骤06 分别选中“黑体”“楷体”“仿宋”三个文本图层，右击鼠标，在弹出的快捷菜单中执行“创建”|“从文字创建形状”命令，创建文字轮廓图层，如图5-6所示。

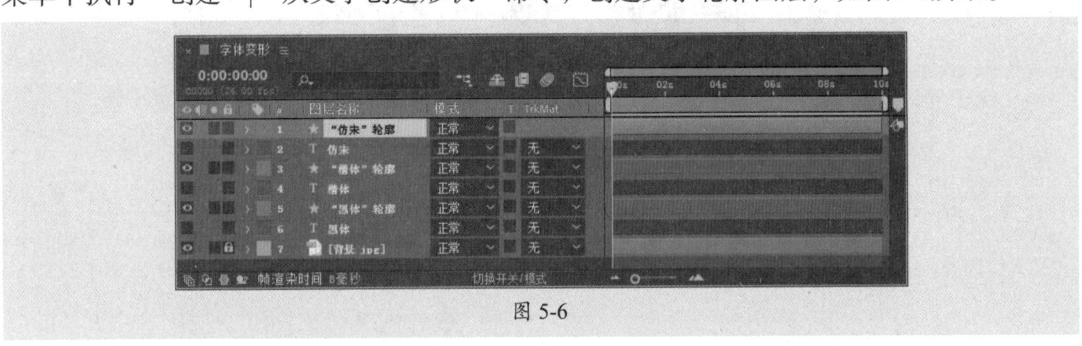

图 5-6

步骤07 移动当前时间指示器至0:00:00:00处，展开“黑体”轮廓图层属性列表，为“仁”字的三个部位添加“路径”关键帧，如图5-7所示。

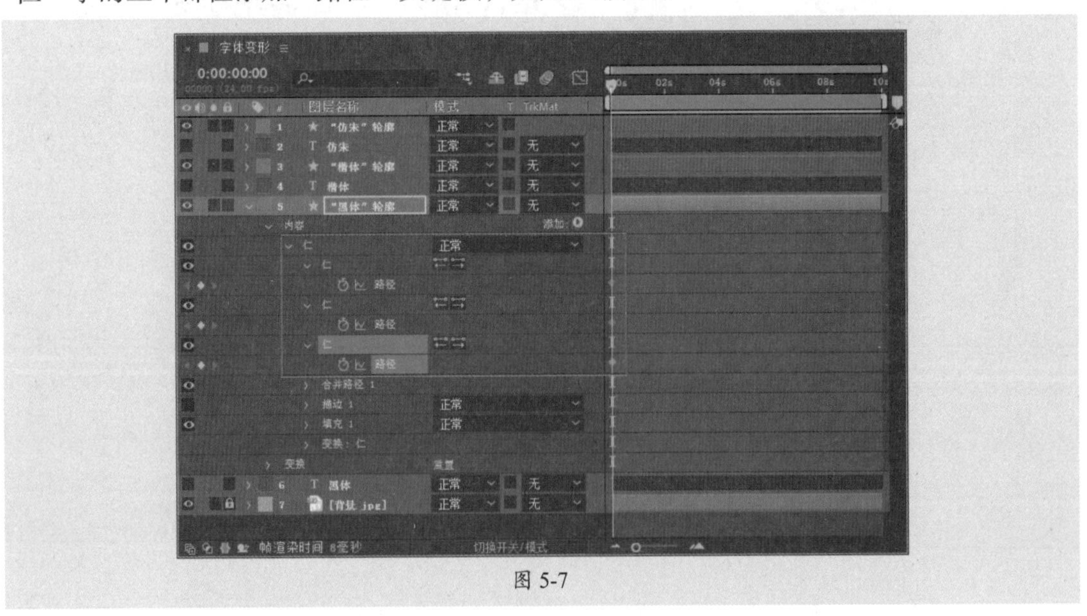

图 5-7

步骤 08 移动当前时间指示器至0:00:03:00处，展开“楷体”轮廓图层属性列表，为“仁”字的三个部位添加“路径”关键帧，并分别将这三个关键帧复制至“黑体”轮廓图层对应部位的路径上，如图5-8所示。

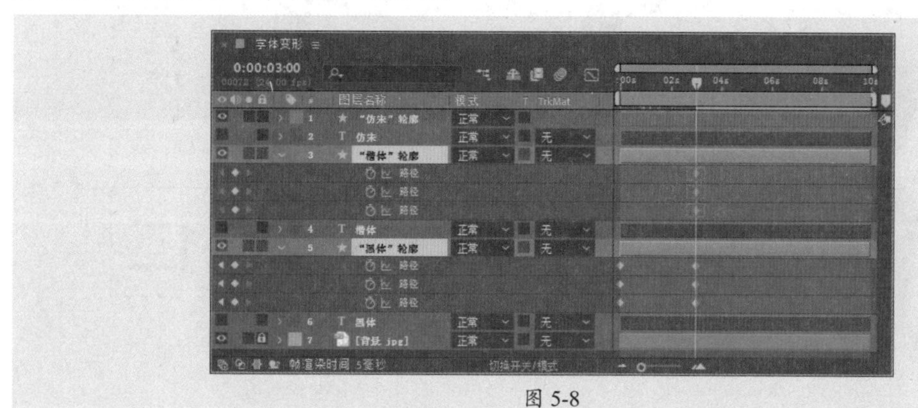

图 5-8

操作提示

该步骤中需要找准字体部位之间的对应关系，再根据部位复制路径关键帧，制作路径变化的效果。

步骤 09 移动当前时间指示器至0:00:06:00处，展开“仿宋”轮廓图层属性列表，为“仁”字的三个部位添加“路径”关键帧，并分别将这三个关键帧复制至“黑体”轮廓图层对应部位的路径上，如图5-9所示。

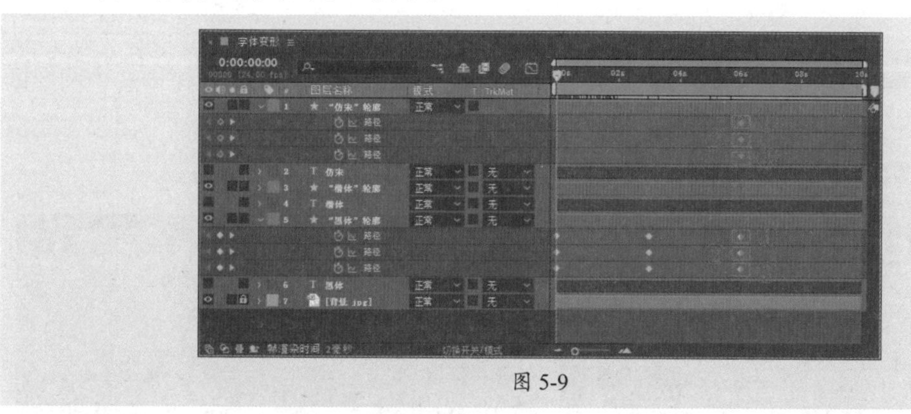

图 5-9

步骤 10 移动当前时间指示器至0:00:09:00处，选中“黑体”轮廓图层0:00:00:00处的关键帧并复制，隐藏“仿宋”轮廓和“楷体”轮廓图层，如图5-10所示。

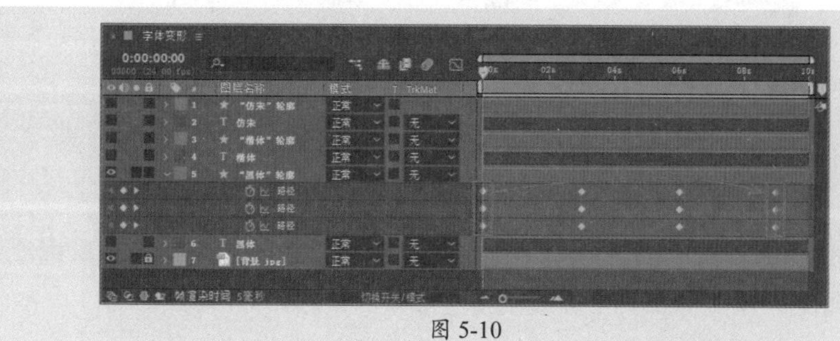

图 5-10

步骤 11 至此完成字体变形动画的制作。按空格键在“合成”面板中预览效果，如图5-11所示。

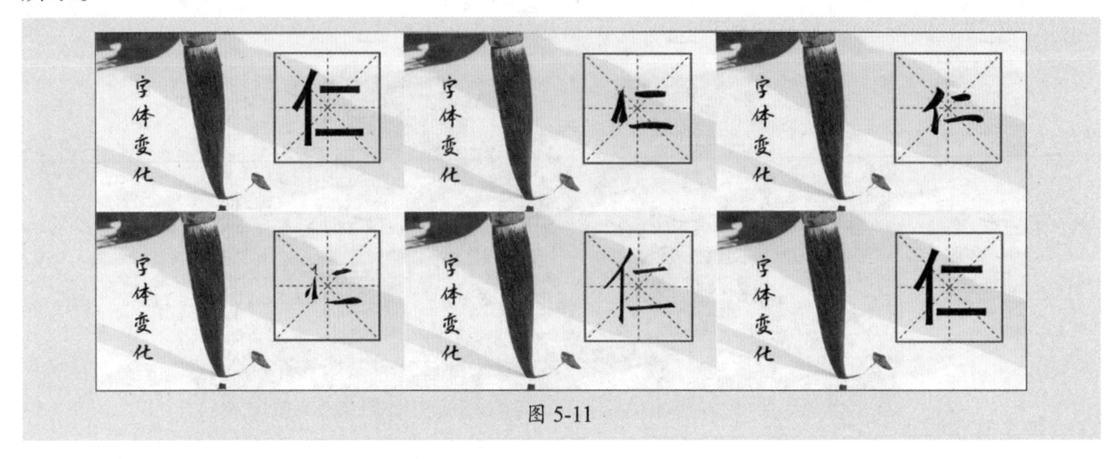

图 5-11

5.2.2 形状工具组——绘制形状

形状工具组中包括“矩形工具”、“圆角矩形工具”、“椭圆工具”、“多边形工具”、“星形工具”五种工具。长按工具栏中的“矩形工具”按钮即可展开该工具组，如图5-12所示。用户可以通过这些工具绘制形状或创建蒙版，下面将对此进行介绍。

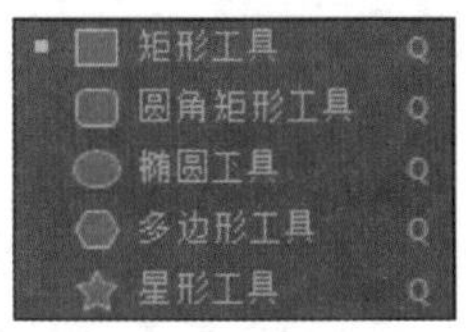

图 5-12

1. 矩形工具

用矩形工具可以绘制长方形、正方形等形状或创建矩形形状的蒙版。在未选中图层的情况下，使用矩形工具在“合成”面板中拖动鼠标可绘制形状并在“时间轴”面板中生成形状图层，如图5-13所示。用户可以在工具栏中设置矩形的填充、描边等参数。

图 5-13

操作提示

按住Shift键的同时拖动鼠标可绘制正方形。

若想创建蒙版，可以选中素材后使用矩形工具在“合成”面板中拖动鼠标绘制形状，如图5-14所示。继续使用矩形工具可以绘制多个形状的蒙版，如图5-15所示。

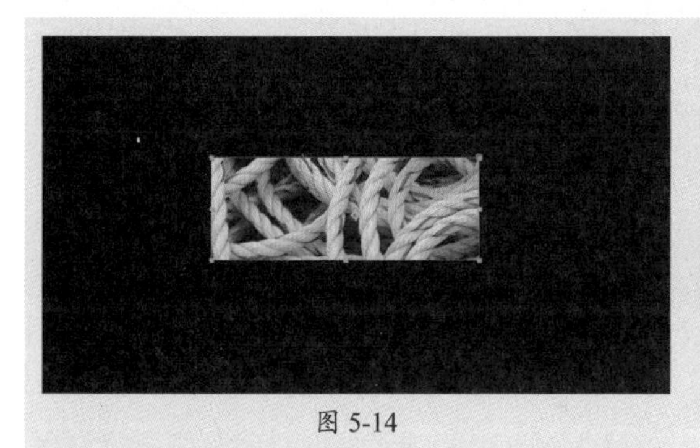
图 5-14

图 5-15

2. 圆角矩形工具

用圆角矩形工具可以绘制圆角矩形形状或对应形状的蒙版，其绘制方法与矩形工具一样。图5-16、图5-17所示分别为用圆角矩形工具绘制的形状和创建的蒙版。

图 5-16

图 5-17

3. 椭圆工具

用椭圆工具可以绘制椭圆及正圆形状或对应形状的蒙版，其绘制方法与矩形工具一样。选中素材后使用椭圆工具在“合成”面板中的合适位置单击并按住鼠标左键拖动即可创建椭圆蒙版，如图5-18所示。按住Shift键的同时拖动鼠标可以创建正圆蒙版，如图5-19所示。

图 5-18

图 5-19

4. 多边形工具

用多边形工具可以绘制多边形或对应形状的蒙版。选中素材后使用多边形工具在“合成”面板中的合适位置单击确定多边形的中心点，然后按住鼠标左键拖动至合适位置，释放鼠标即可得到多边形蒙版，如图5-20所示。在拖动过程中按键盘上的↑键和↓键可以更改多边形的边数，如图5-21所示为增加边数后的效果。

图 5-20

图 5-21

操作提示

按住Shift键的同时拖动鼠标可以绘制固定方向的多边形。

5. 星形工具

用星形工具可以绘制星形或对应形状的蒙版，其使用方法与多边形工具一样。在绘制过程中，按住键盘上的↑键和↓键可以更改星形的角点数，如图5-22所示。按住Ctrl键拖动鼠标可以更改星形的比例，如图5-23所示。

图 5-22

图 5-23

5.2.3 钢笔工具组——绘制不规则的形状和蒙版

用钢笔工具组中的工具可以绘制不规则的形状或蒙版并进行调整。长按工具栏中的钢笔工具可以打开钢笔工具组，该组中包括“钢笔工具”、“添加‘顶点’工具”、“删除‘顶点’工具”、“转换‘顶点’工具”以及“蒙版羽化工具”，如图5-24所示。下面将对该组中的工具进行介绍。

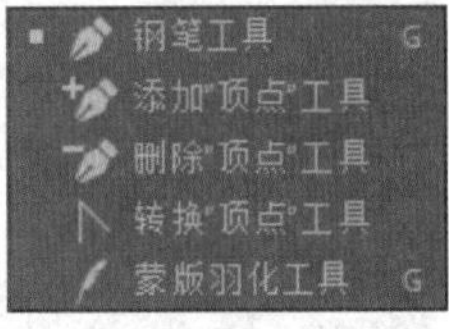

图 5-24

1. 钢笔工具

钢笔工具可用于绘制不规则的形状或蒙版。在未选中素材的情况下，使用该工具在“合成”面板中依次单击创建锚点，绘制完成后在起始锚点处单击闭合路径即可绘制形状，此时“时间轴”面板中将出现形状图层，如图5-25所示。

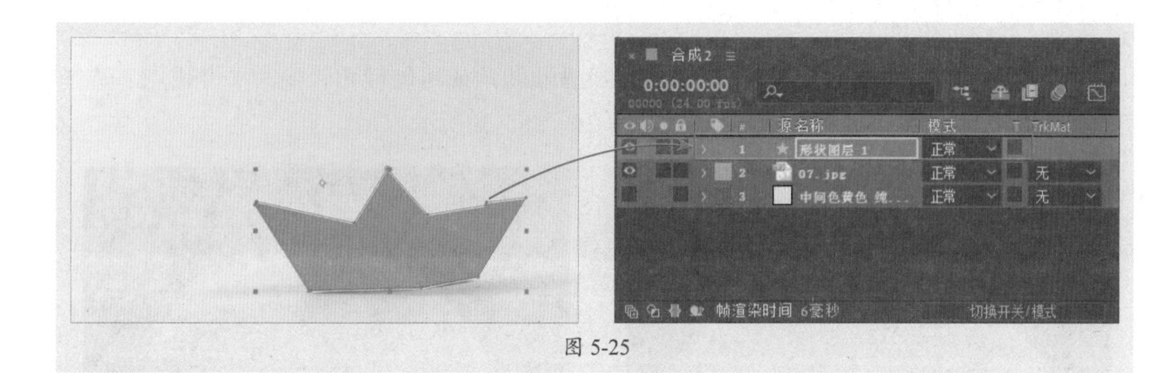

图 5-25

操作提示

使用钢笔工具单击创建锚点时，按住鼠标左键拖动可创建平滑锚点。

若想绘制不规则蒙版，可选中素材后使用钢笔工具在“合成”面板中依次单击创建锚点，绘制完成后在起始锚点处单击闭合路径即可，如图5-26所示。

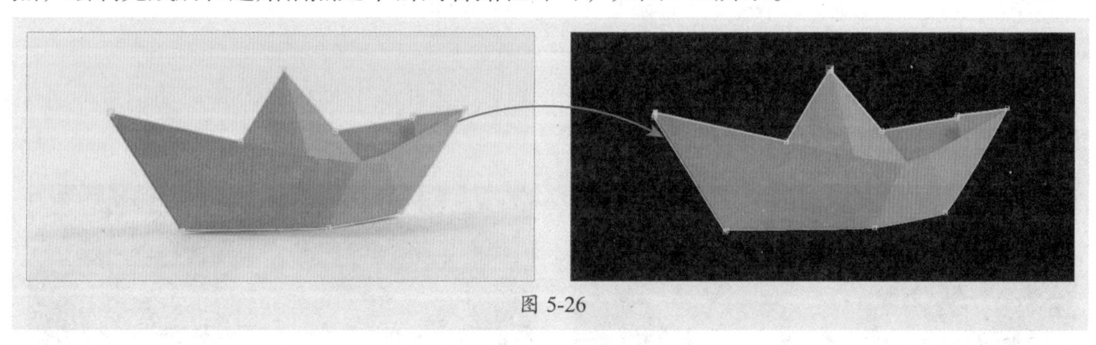

图 5-26

2. 添加“顶点”工具

用添加“顶点”工具可以在蒙版路径上添加锚点，调整形状细节。选择该工具后在路径上单击即可添加锚点，移动鼠标指针至锚点上，按住鼠标左键拖动可更改锚点位置。图5-27、图5-28所示为添加锚点前后的效果。

图 5-27

图 5-28

3. 删除“顶点”工具

删除“顶点”工具与添加“顶点”工具的作用相反，选择该工具后在锚点上单击即可删除锚点，删除锚点后与该锚点相邻的两个锚点之间会形成一条直线路径。

4. 转换"顶点"工具

用转换"顶点"工具可以将平滑锚点转换为硬转角或将硬转角转换为平滑锚点。选择该工具后在锚点上单击即可转换锚点，如图5-29、图5-30所示。

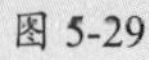

图 5-29

图 5-30

5. 蒙版羽化工具

用蒙版羽化工具可以调整蒙版边缘的虚化程度。选择该工具后单击并拖动锚点即可柔化该蒙版，如图5-31、图5-32所示。

图 5-31

图 5-32

5.2.4 从文本创建形状——创建文本轮廓

创建文本图层后，可以选择从文本创建形状。选中文本图层并右击鼠标，在弹出的快捷菜单中执行"创建"|"从文字创建形状"命令，即可创建文本轮廓图层，如图5-33所示。

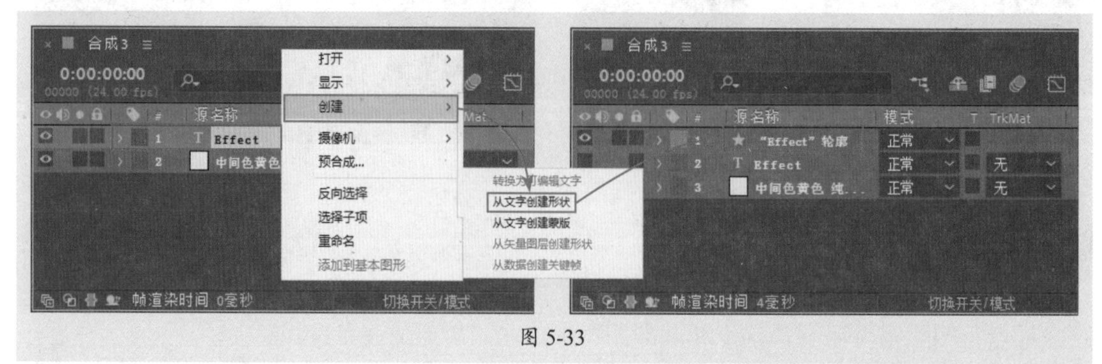

图 5-33

5.2.5 形状属性——调整形状

创建形状后，在“时间轴”面板图层属性列表中可以设置形状的大小、位置、填充、描边等属性。图5-34所示为“矩形”形状图层的属性列表。用户可以通过该属性列表中的选项精确地设置形状参数。

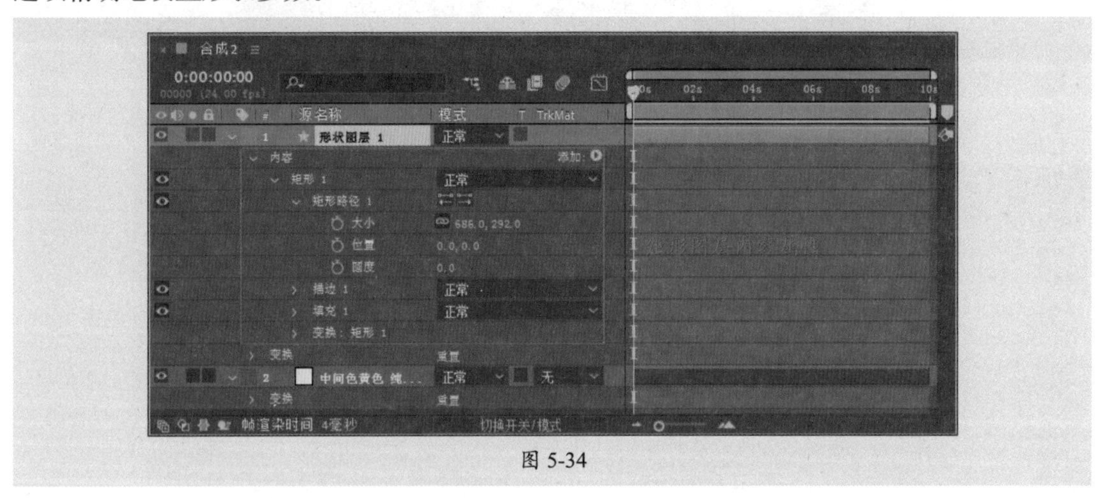

图 5-34

5.3 编辑蒙版属性

创建蒙版后还可以编辑路径的锚点或基本属性。在“时间轴”面板中展开“蒙版”属性组，如图5-35所示，可以通过该组中的选项调整蒙版效果。

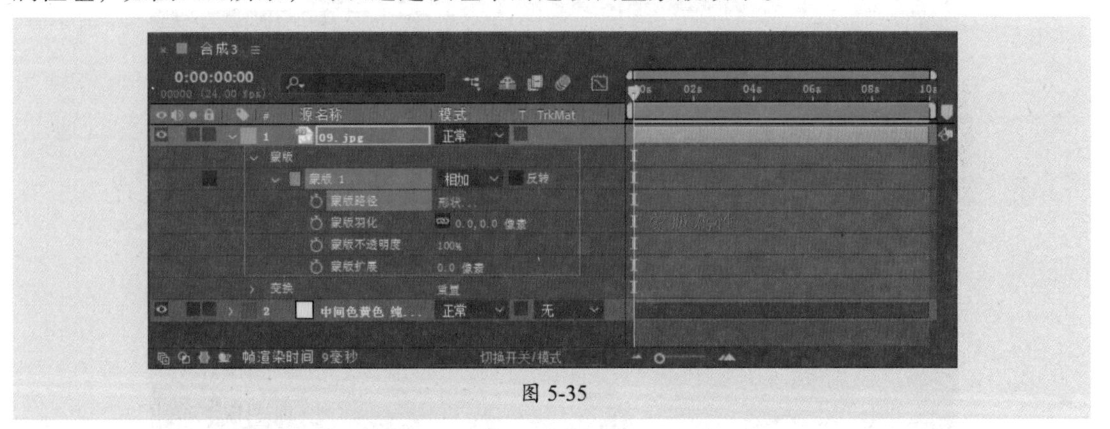

图 5-35

5.3.1 案例解析：替换素材背景

在学习编辑蒙版属性之前，可以先看看以下案例，即使用钢笔工具创建蒙版并在“时间轴”面板中进行调整。

步骤 01 打开After Effects软件，单击主页中的“新建项目”按钮新建空白项目。执行“合成”|“新建合成”命令，打开“合成设置”对话框，设置参数，如图5-36所示。设置完成后单击“确定”按钮新建合成。

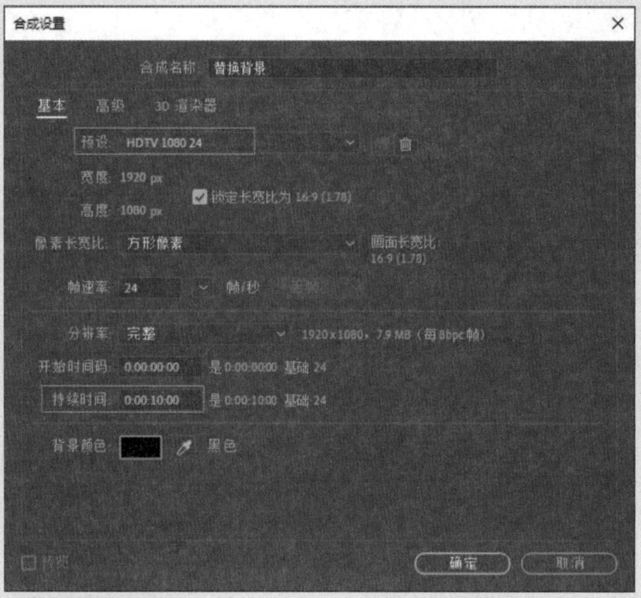

图 5-36

步骤 02 按Ctrl+I组合键导入本章素材文件，并将其拖曳至“时间轴”面板中，锁定作为背景的图层，如图5-37所示。

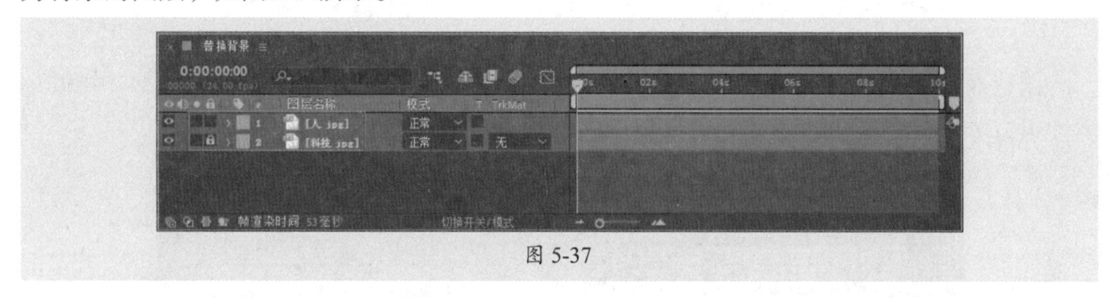

图 5-37

步骤 03 选中“人”图层，使用钢笔工具沿人物边缘绘制路径创建蒙版，如图5-38所示。

图 5-38

步骤 04 在“时间轴”面板中展开“蒙版”属性组，设置“蒙版羽化”和“蒙版不透明度”参数，如图5-39所示。

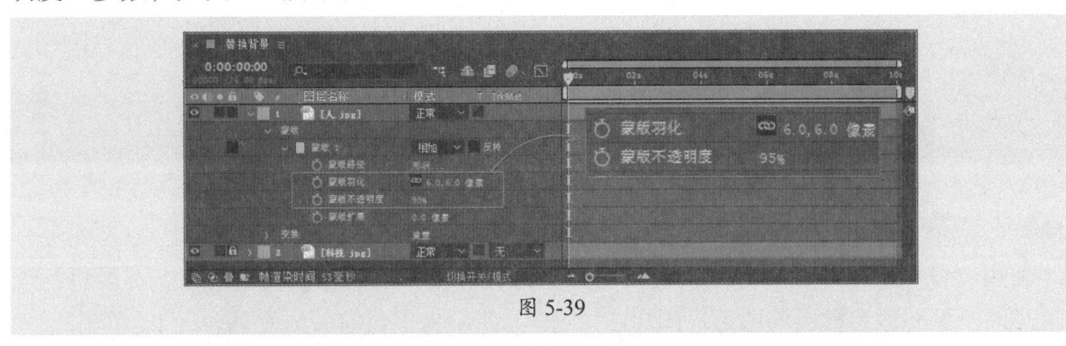

图 5-39

步骤 05 此时画面效果如图5-40所示。至此完成素材背景的替换。

图 5-40

5.3.2 蒙版路径——修改蒙版形状

绘制完成蒙版后，可以通过相应的路径工具移动、增加或减少蒙版路径上的锚点来调整蒙版路径。若需要精确调整蒙版距离合成边缘的位置，可以通过“蒙版形状”来设置。单击“蒙版路径”右侧的“形状”文字链接，打开“蒙版形状”对话框，如图5-41所示。

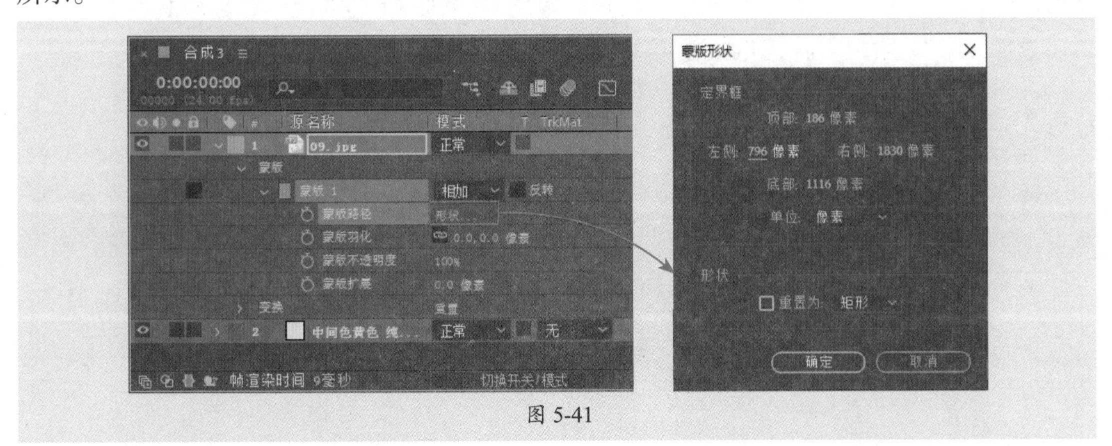

图 5-41

在该对话框中可以通过“定界框”参数确定蒙版路径距离合成边缘的位置从而拉伸蒙版路径，还可以选择将蒙版路径重置为矩形或椭圆。

操作提示

按住Shift键移动锚点时可以将锚点沿水平或垂直方向移动。

5.3.3 蒙版羽化——虚化蒙版边缘

使用“蒙版羽化”参数可以柔化处理蒙版边缘，制作出边缘虚化的效果。需要进行羽化处理时，调整该参数数值即可。图5-42、图5-43所示为羽化前后的效果。

图 5-42

图 5-43

操作提示

“蒙版羽化”参数和蒙版羽化工具都可以创建羽化效果，区别在于蒙版羽化工具可以控制向内或向外羽化；而“蒙版羽化”参数是同时向内向外双向羽化。

5.3.4 蒙版不透明度——设置蒙版显示

“蒙版不透明度”参数影响蒙版内区域图像的显示。创建蒙版后默认蒙版内区域图像100%显示，而蒙版外的图像0%显示。用户可以调整“蒙版不透明度”参数控制蒙版内区域的不透明度效果。图5-44、图5-45所示为设置不同不透明度的效果。

图 5-44

图 5-45

5.3.5 蒙版扩展——调整蒙版范围

使用“蒙版扩展”属性可以扩大或收缩蒙版范围。当属性值为正值时，将在原始蒙版的基础上进行扩展；当属性值为负值时，将在原始蒙版的基础上进行收缩。图5-46、图5-47所示为原始蒙版效果和扩展后的效果。

图 5-46　　图 5-47

5.3.6 蒙版混合模式——调整蒙版混合效果

创建蒙版后，在图层属性列表中可以调整蒙版的混合模式，如图5-48所示。这些混合模式的作用如下。

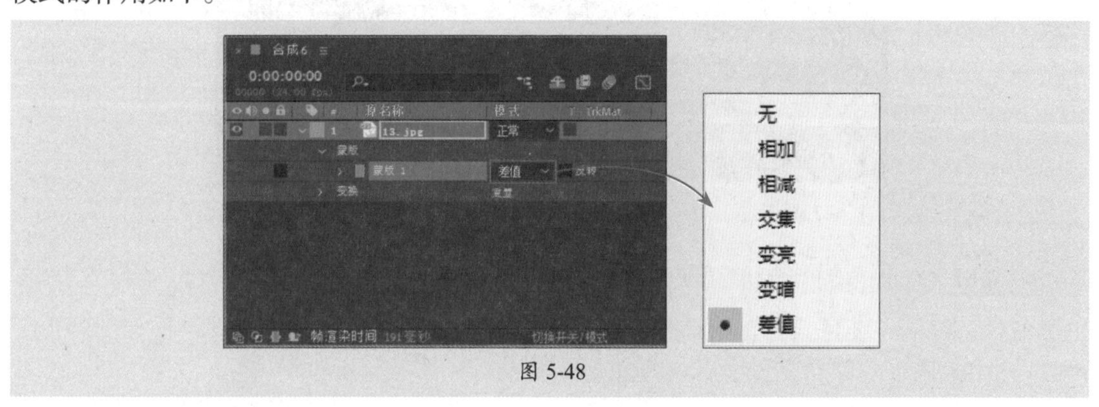

图 5-48

- **无：** 选择此模式，路径不起蒙版作用，只作为路径存在，可进行描边、光线动画或路径动画等操作。
- **相加：** 如果绘制的蒙版中有两个或两个以上的图形，选择此模式可看到两个蒙版以添加的形式显示效果。
- **相减：** 选择此模式，蒙版显示镂空的效果。
- **交集：** 两个蒙版都选择此模式，则两个蒙版产生交叉显示的效果。
- **变亮：** 此模式对于可视范围区域，与“相加”模式相同。但对于重叠处的不透明度，则采用不透明度较高的值。
- **变暗：** 此模式对于可视范围区域，与“相减”模式相同。但对于重叠处的不透明度，则采用不透明度较低的值。
- **差值：** 两个蒙版都选择此模式，则两个蒙版产生交叉镂空的效果。

课堂实战 趣味标题动画

本章课堂实战练习制作趣味标题动画。综合练习本章的知识点，以熟练掌握和巩固素材的操作。下面介绍操作思路。

步骤 01 打开After Effects软件，单击主页中的“新建项目”按钮新建空白项目。执行“合成”|“新建合成”命令，打开“合成设置”对话框，设置参数，如图5-49所示。设置完成后单击“确定”按钮新建合成。

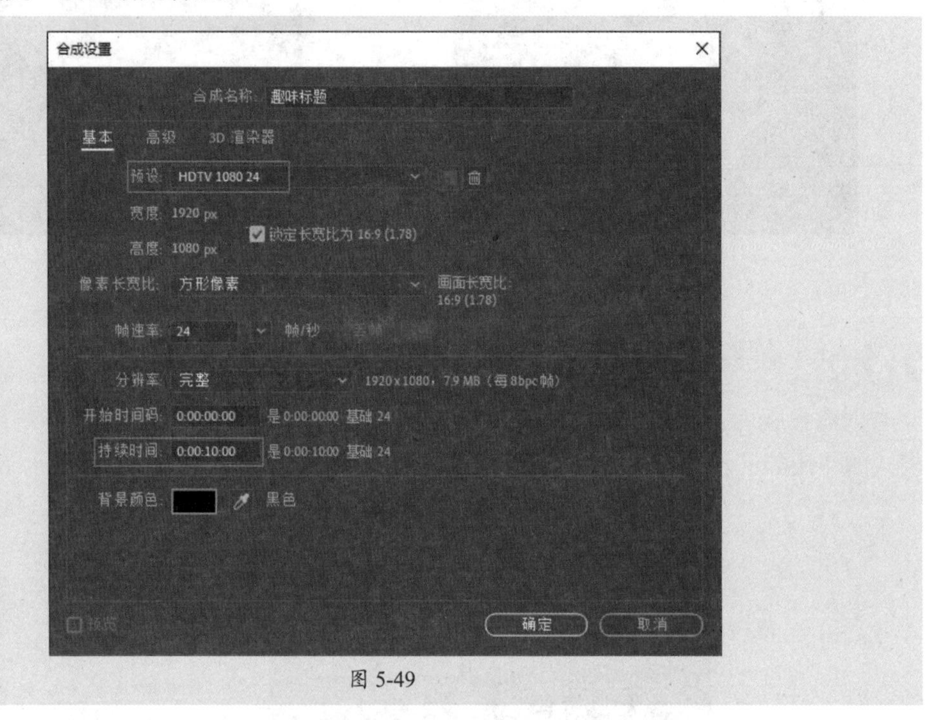

图 5-49

步骤 02 在“时间轴”面板的空白处右击鼠标，在弹出的快捷菜单中执行“新建”|“纯色”命令，打开“纯色设置”对话框，新建一个与合成等大的白色纯色图层，如图5-50所示。锁定该图层。

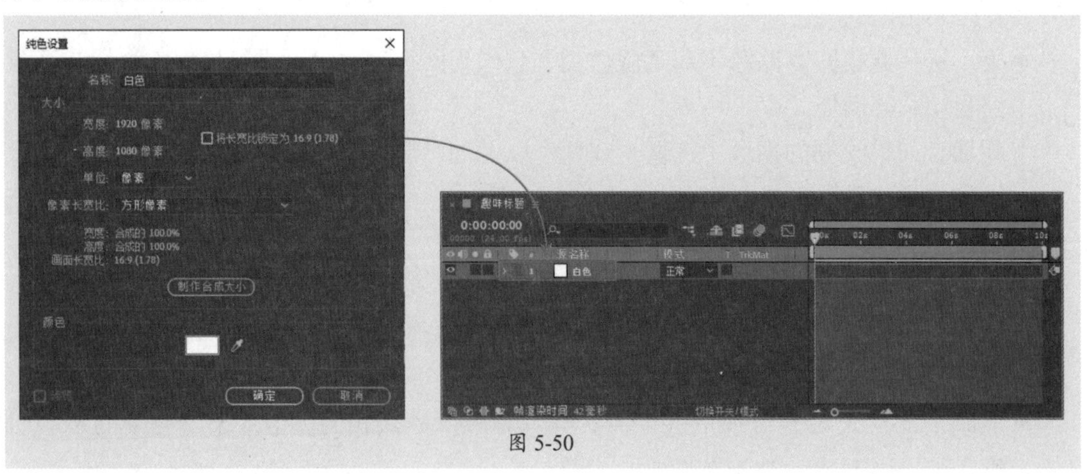

图 5-50

步骤 03 使用椭圆工具在“合成”面板中按住Ctrl+Shift组合键，从中心绘制正圆，设置其“填充”为黑色，“描边”为0像素。按Ctrl+Alt+Home组合键使锚点居中，单击“对齐”面板中的按钮使圆形与合成中心对齐，效果如图5-51所示。

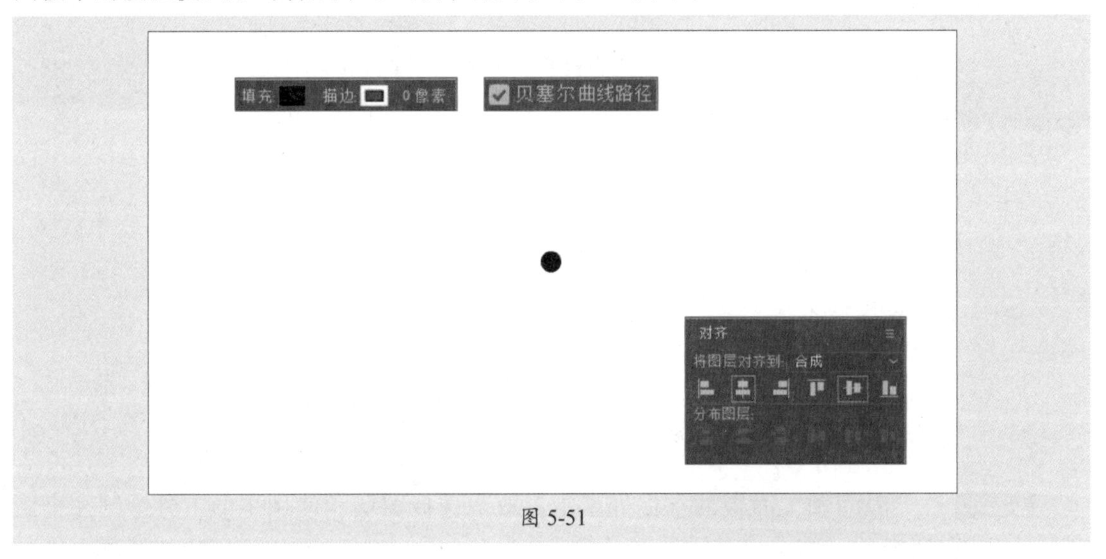

图 5-51

步骤 04 选择形状图层，按Ctrl+D组合键复制。选择两个形状图层，按P键展开其“位置”属性，移动当前时间指示器至0:00:00:00处，单击“时间变化秒表”按钮，为两个图层的“位置”属性添加关键帧，如图5-52所示。

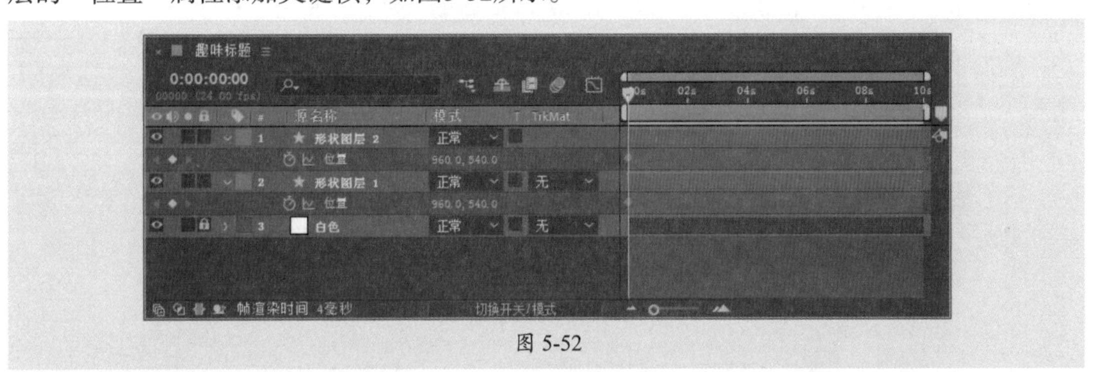

图 5-52

步骤 05 移动当前时间指示器至0:00:01:00处，设置“位置”参数，软件将自动生成关键帧，如图5-53所示。

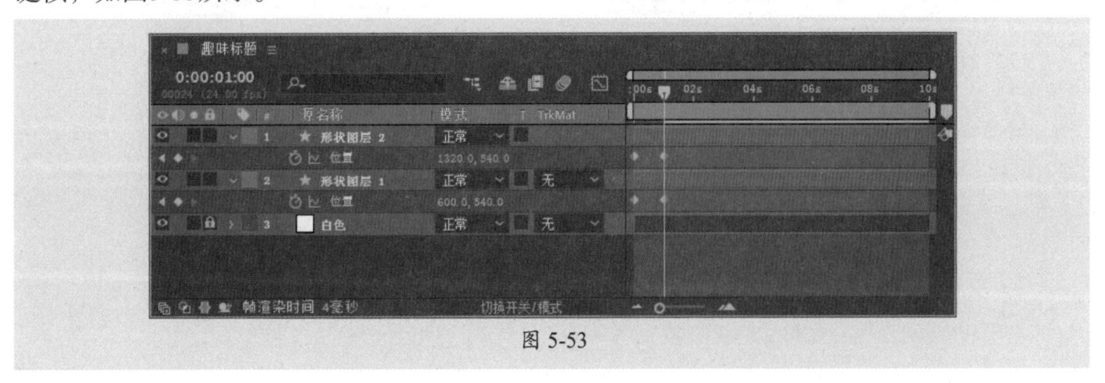

图 5-53

步骤06 此时“合成”面板中的效果如图5-54所示。

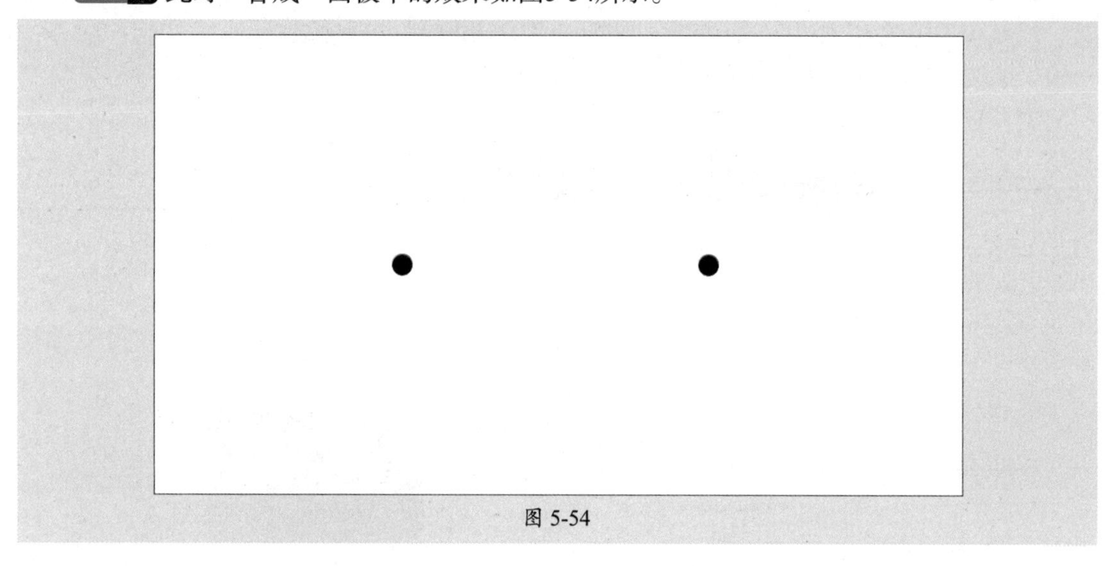

图 5-54

步骤07 在“时间轴”面板的空白处单击，取消选择图层，使用矩形工具绘制一个矩形，如图5-55所示。

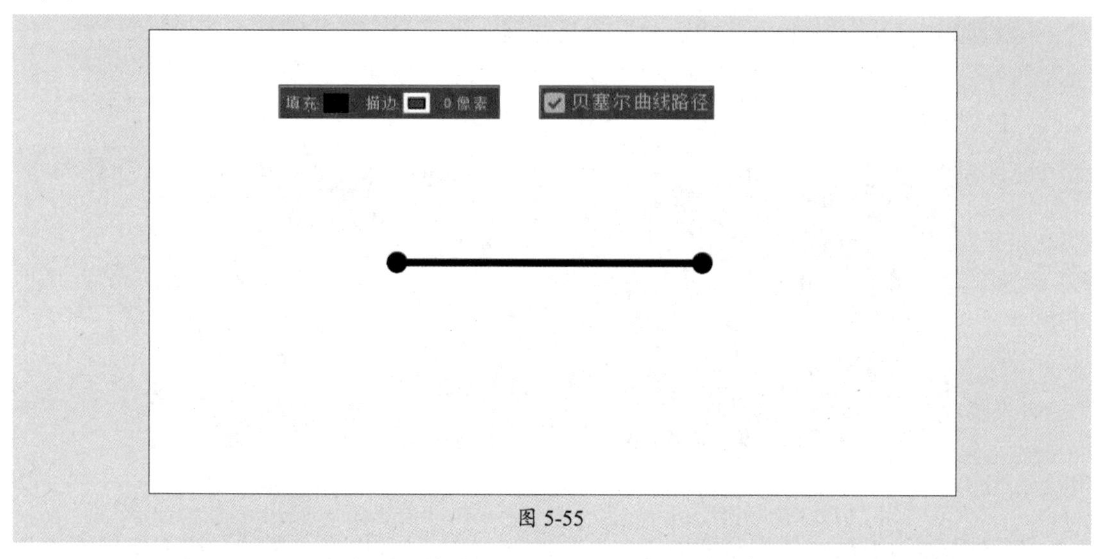

图 5-55

步骤08 展开矩形形状图层的“路径”属性，添加关键帧，如图5-56所示。

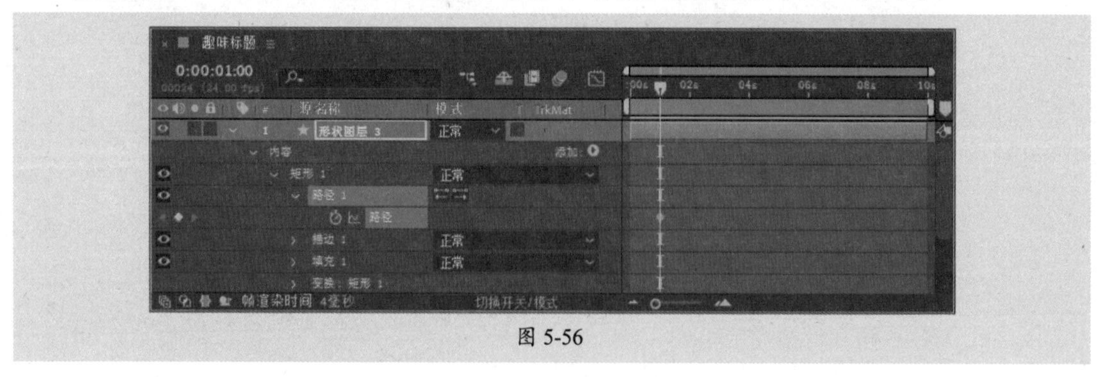

图 5-56

步骤 09 移动当前时间指示器至0:00:00:00处，在“合成”面板中调整图形轮廓，效果如图5-57所示。此时“时间轴”面板中将自动添加关键帧。

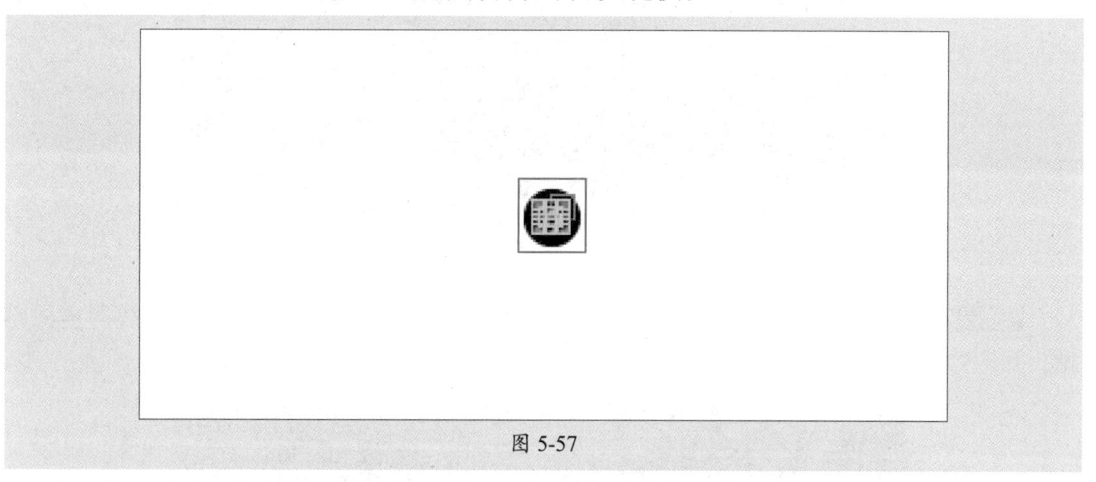

图 5-57

步骤 10 移动当前时间指示器至0:00:08:00处，选中三个形状图层，按U键显示关键帧属性，分别单击“在当前位置添加或移除关键帧”按钮添加关键帧，如图5-58所示。

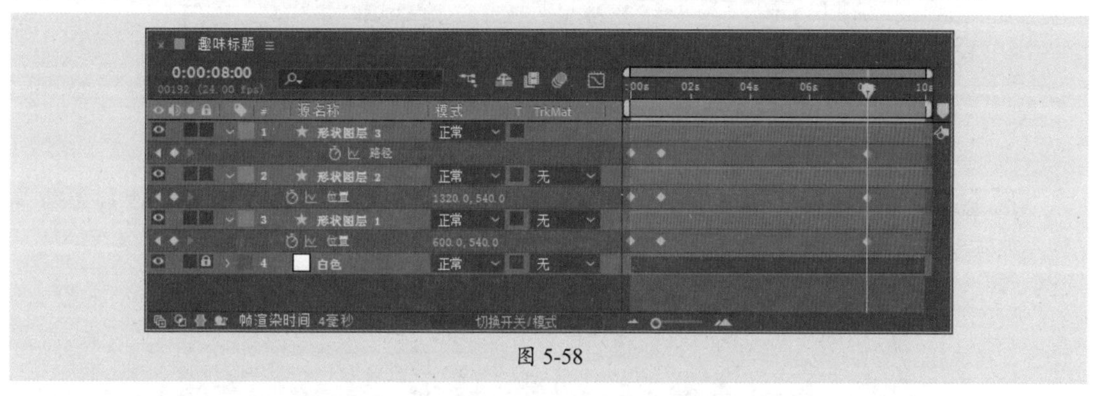

图 5-58

步骤 11 移动当前时间指示器至0:00:09:00处，分别选中形状图层0:00:00:00处的关键帧，按Ctrl+C和Ctrl+V组合键复制和粘贴关键帧，如图5-59所示。

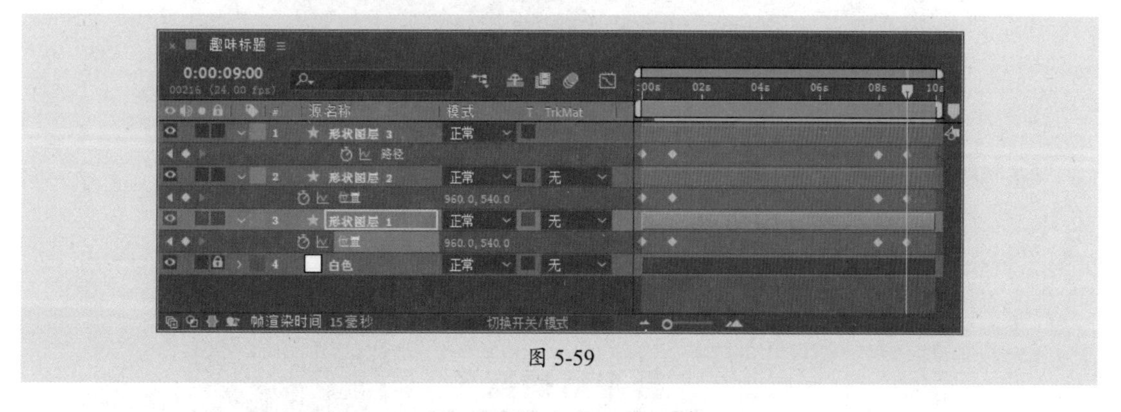

图 5-59

步骤 12 选中三个形状图层并右击鼠标，在弹出的快捷菜单中执行“预合成”命令，打开“预合成”对话框，保持默认设置，单击“确定”按钮将其嵌套，如图5-60所示。

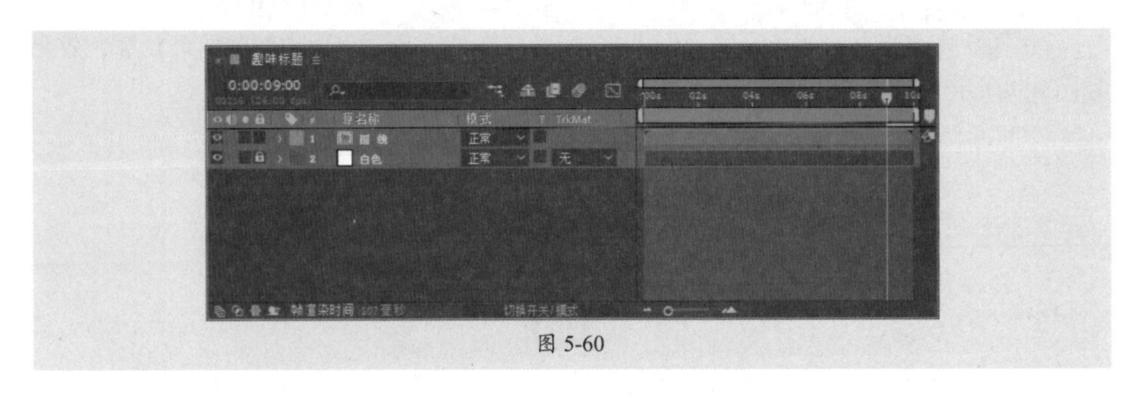

图 5-60

步骤13 展开嵌套图层的属性列表，在当前时间指示器所在处为其添加不透明度关键帧，如图5-61所示。

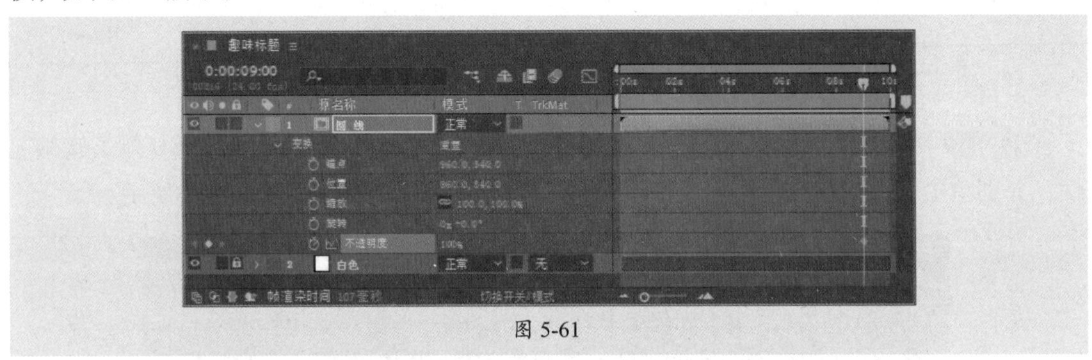

图 5-61

步骤14 移动当前时间指示器至0:00:10:00处，设置嵌套图层的“不透明度”参数为0%，如图5-62所示。

图 5-62

步骤15 使用横排文字工具在“合成”面板中的合适位置单击输入文字，在“字符”面板中设置文字参数，如图5-63所示。

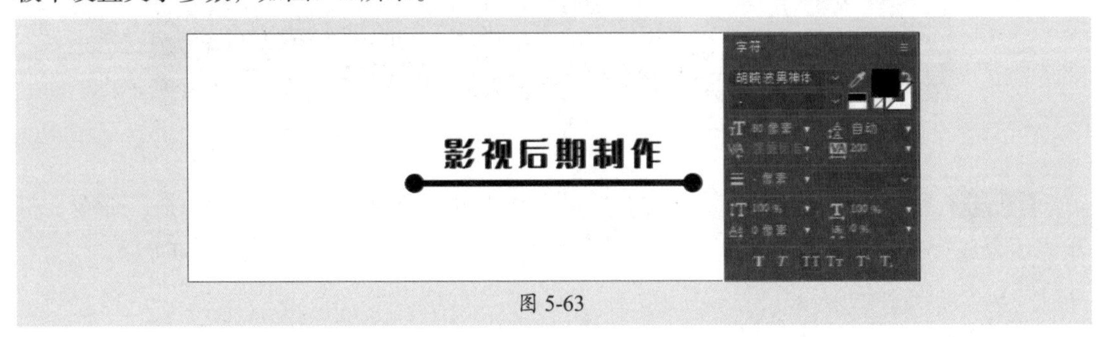

图 5-63

步骤16 移动当前时间指示器至0:00:02:00处，选中文字图层，按P键展开其“位置”属性并添加关键帧，如图5-64所示。

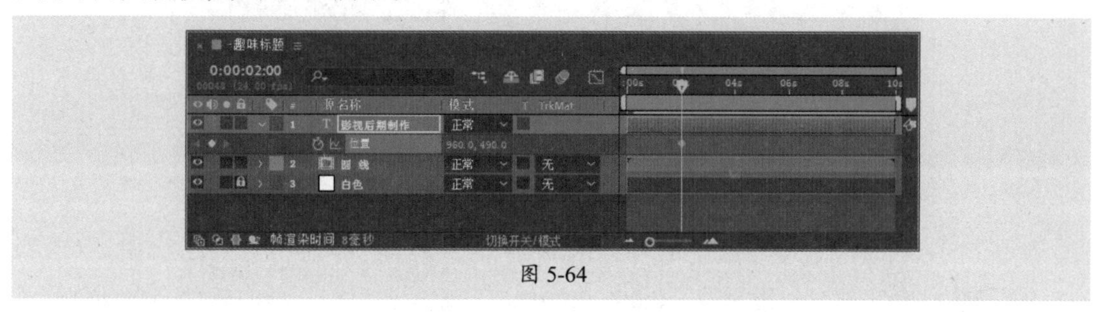

图 5-64

步骤17 移动当前时间指示器至0:00:00:00处，设置“位置”属性，软件将自动添加关键帧，如图5-65所示。

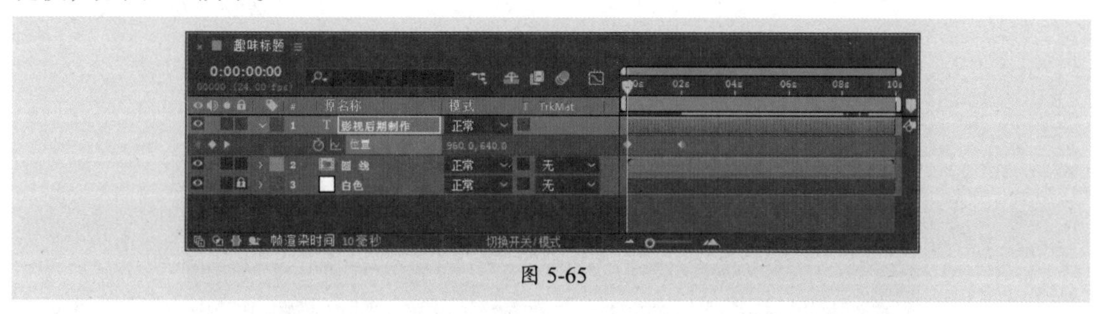

图 5-65

步骤18 移动当前时间指示器至0:00:06:00处，单击“在当前位置添加或移除关键帧”按钮◆添加关键帧；移动当前时间指示器至0:00:08:00处，设置“位置”属性，软件将自动添加关键帧，如图5-66所示。

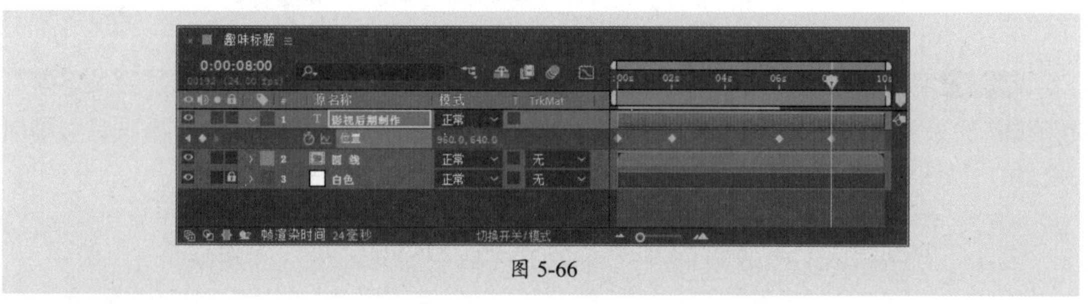

图 5-66

步骤19 移动当前时间指示器至0:00:02:00处，选中文字图层，使用矩形工具绘制矩形蒙版，如图5-67所示。

图 5-67

步骤 20 展开“蒙版”属性组，创建“蒙版路径”关键帧，如图5-68所示。

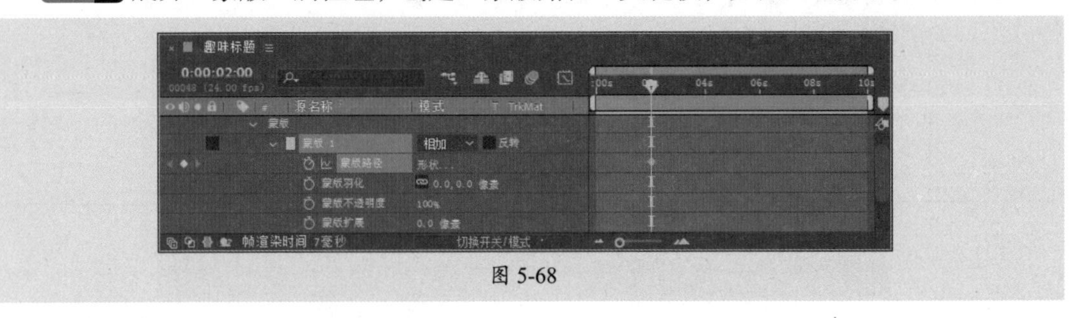

图 5-68

步骤 21 移动当前时间指示器至0:00:00:00处，调整蒙版路径，此时软件会自动创建关键帧，如图5-69所示。

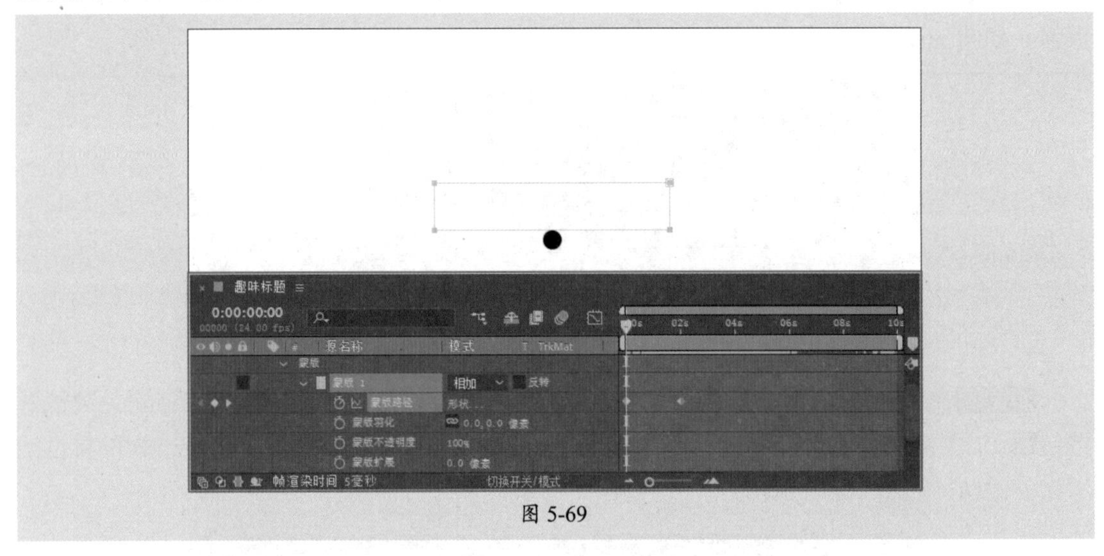

图 5-69

步骤 22 移动当前时间指示器至0:00:06:00处，单击“在当前位置添加或移除关键帧”按钮◆添加关键帧；移动当前时间指示器至0:00:08:00处，调整蒙版路径，软件将自动添加关键帧，如图5-70所示。

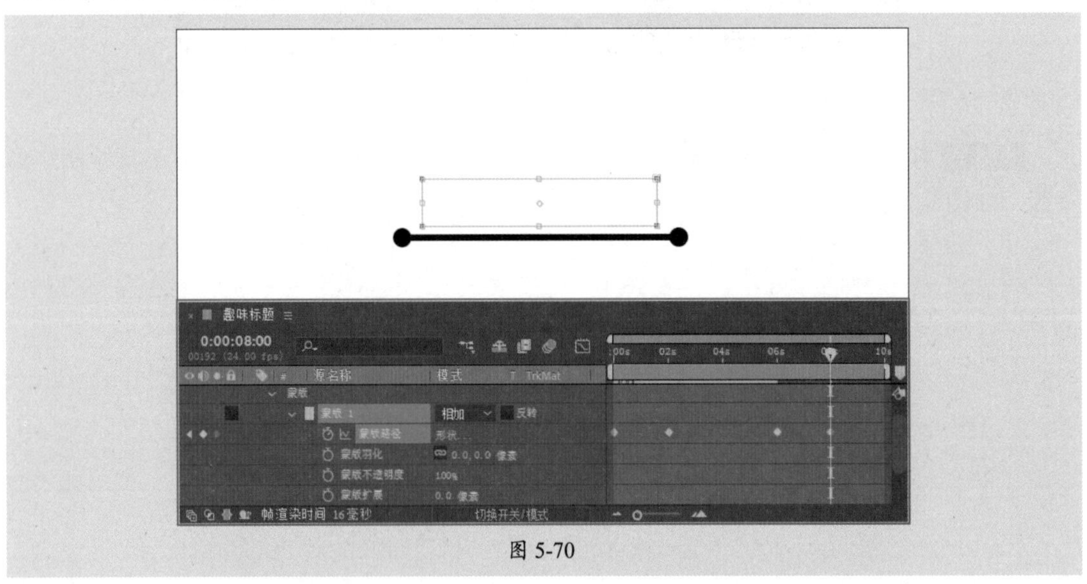

图 5-70

步骤23 使用横排文字工具新建文本图层，并设置文字参数，如图5-71所示。

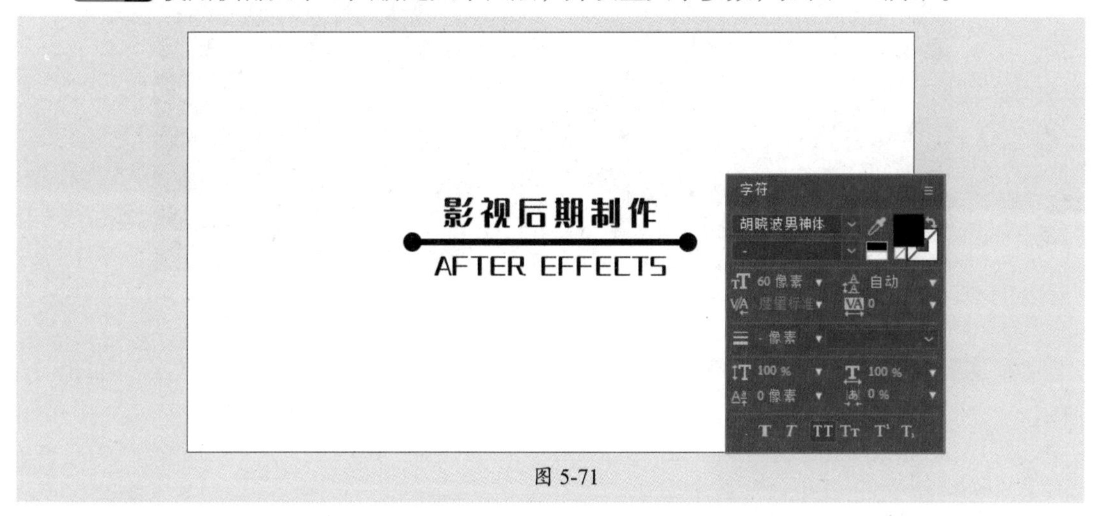

图 5-71

步骤24 移动当前时间指示器至0:00:02:00处，选中新建的文字图层，按T键展开“不透明度”属性并添加关键帧，设置“不透明度”参数为0%，如图5-72所示。

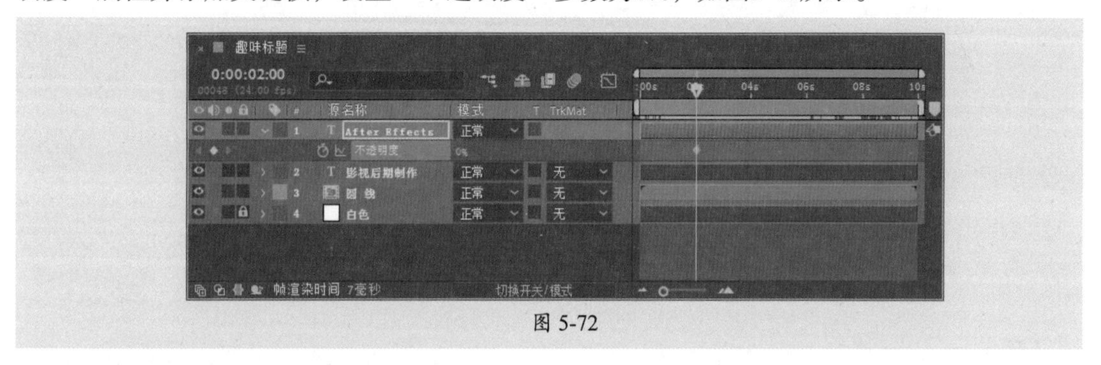

图 5-72

步骤25 移动当前时间指示器至0:00:03:00处，设置“不透明度”参数为100%，软件将自动添加关键帧，如图5-73所示。

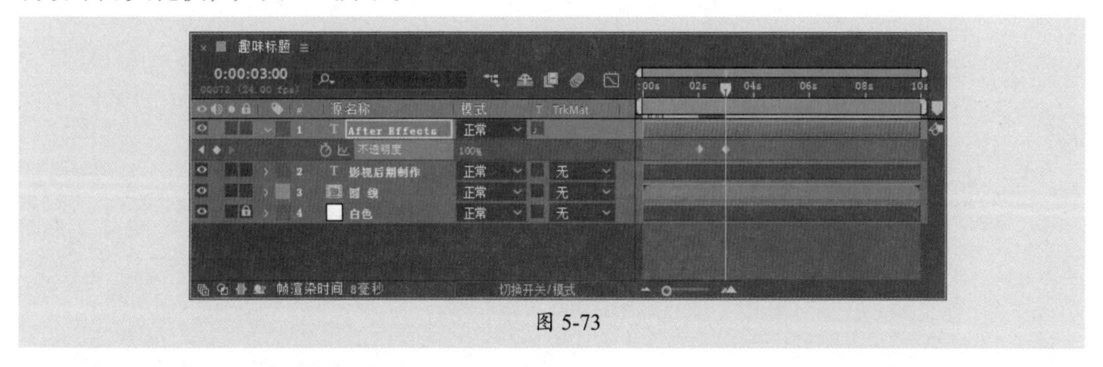

图 5-73

步骤26 移动当前时间指示器至0:00:05:00处，单击“在当前位置添加或移除关键帧”按钮◆添加关键帧；移动当前时间指示器至0:00:06:00处，设置不透明度属性，软件将自动添加关键帧，如图5-74所示。

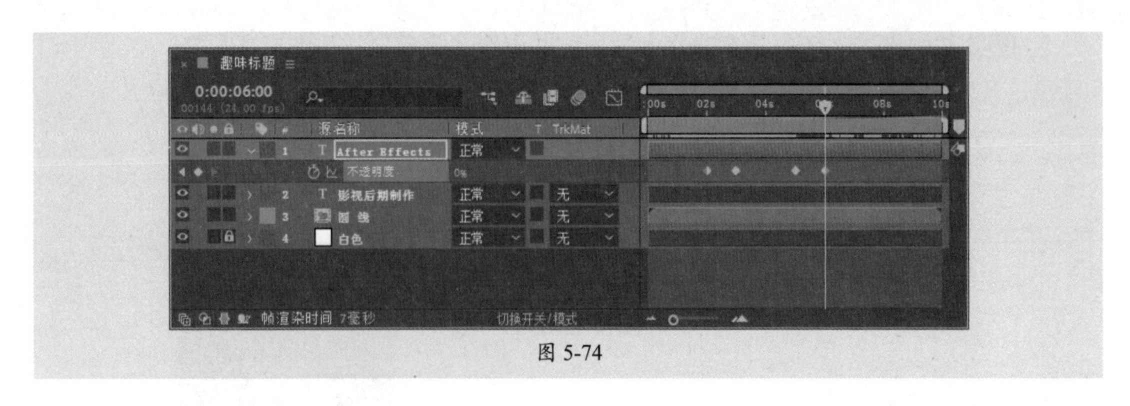

图 5-74

步骤 27 至此完成趣味标题动画的制作。按空格键在“合成”面板中预览效果，如图5-75所示。

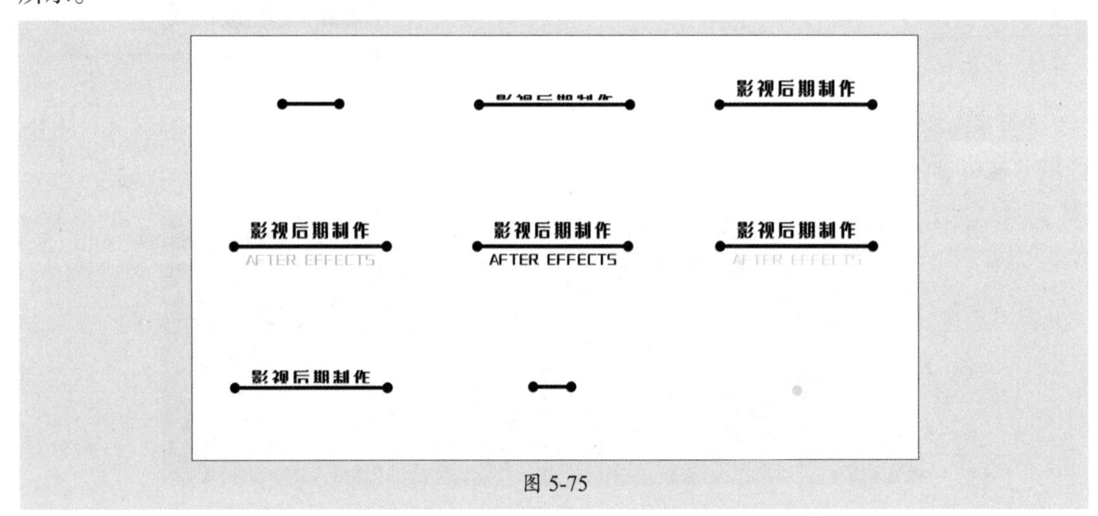

图 5-75

课后练习 制作望远镜开头动画

下面将综合运用本章学习知识制作望远镜开头动画，如图5-76所示。

图 5-76

1. 技术要点

①新建项目与合成，导入素材。

②添加模糊效果，利用关键帧制作从模糊到清晰、从透明到不透明的效果。

③新建纯色图层，创建圆形蒙版，利用路径关键帧制作镜头移动效果。

④通过“蒙版扩展”属性添加关键帧，制作背景全部显示的动画。

2. 分步演示

本案例的分步演示效果如图5-77所示。

图 5-77

拓展赏析

《白毛女》

《白毛女》是东北电影制片厂出品的剧情片，由王滨、水华执导，田华、陈强、胡朋、张守维、李百万、李壬林等主演，于1951年3月11日在中国上映。该片由同名歌剧改编而来，讲述了喜儿被地主黄世仁霸占后，逃进深山丛林，头发全变白，后来被大春解救的故事，如图5-78所示为该片剧照。

图 5-78

《白毛女》是一部几乎家喻户晓的影片，曾荣获1951年第六届卡罗维发利国际电影节特别荣誉奖及1957年文化部优秀影片评奖故事片一等奖。该片具有鲜明的时代印记，反映着当时中国绝大多数底层人民对新的阶级、新的政党、新的社会、新的生活的美好愿景。

影片叙事语言清晰明了，画面流畅自然，导演用视觉形象和比喻的蒙太奇，达到了较好的艺术效果，电影中的镜头语言、光影运用、音效处理等都为电影的主题服务，使观众更加深入地感受到喜儿的遭遇和劳动人民的苦难，同时电影保留了歌剧的特色，通过歌剧推动了剧情的发展。

思政课堂

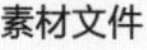
素材文件

第6章 影视后期制作之视频特效

内容导读

After Effects中的特效可以动态化处理静态图像，或使动态影像呈现出更加绚丽的效果。本章将对常用的视频特效进行讲解，包括湍流置换、边角定位等扭曲特效，碎片、下雨等模拟特效，径向模糊等模糊和锐化特效，镜头光晕、勾画等生成特效，百叶窗等过渡特效，径向阴影等透视特效，发光、查找边缘等风格化特效。

思维导图

影视后期制作之视频特效

- “扭曲”特效组
  - 湍流置换——不规则扭曲变形
  - 置换图——置换像素扭曲图层
  - 边角定位——调整图层边角
- “模糊和锐化”特效组
  - 径向模糊——径向模糊图像
  - 快速方框模糊——模糊和柔化图像
- “生成”特效组
  - 镜头光晕——合成镜头光晕
  - CC Light Burst2.5（光线缩放2.5）——局部产生强光放射效果
  - CC Light Rays（射线光）——放射光效果
  - CC Light Sweep（CC光线扫描）——光线扫描效果
  - 写入——模拟书写效果
  - 勾画——刻画边缘
  - 四色渐变——四色渐变效果
  - 音频频谱—显示音频频谱效果
- “模拟”特效组
  - CC Drizzle（细雨）——雨滴涟漪效果
  - CC Partical World（粒子世界）——三维粒子运动
  - CC Rainfall（下雨）——降雨效果
  - 碎片——粉碎和爆炸效果
  - 粒子运动场——粒子运动效果
- “过渡”特效组
  - 卡片擦除——卡片翻转擦除
  - 百叶窗——百叶窗闭合分割擦除
- “透视”特效组
  - 径向阴影——制作阴影效果
  - 斜面Alpha——制作类似三维斜角效果
- “风格化”特效组
  - CC Glass（玻璃）——模拟玻璃效果
  - 动态拼贴——复制拼贴图像
  - 发光——使图像较亮部分变亮
  - 查找边缘——强调边缘

6.1 “扭曲”特效组

扭曲效果可以通过拉伸、扭曲、挤压等操作模拟三维空间效果，制作出较为真实的立体画面，同时不损坏图像质量。该特效组包括37个滤镜特效，本节将对常用的特效进行介绍。

6.1.1 案例解析：制作流动文字效果

在学习“扭曲”特效组之前，可以先看看以下案例，即使用“湍流置换”效果制作流动文字。

步骤 01 打开After Effects软件，单击主页中的“新建项目”按钮新建空白项目。执行“合成”|“新建合成”命令，打开“合成设置”对话框，设置参数，如图6-1所示。设置完成后单击“确定”按钮新建合成。

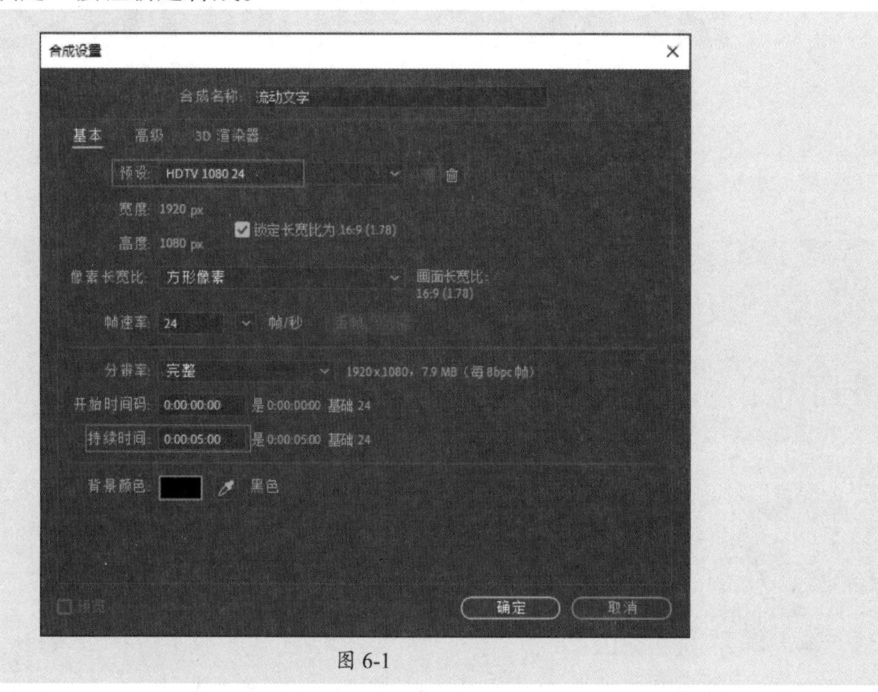

图 6-1

步骤 02 按Ctrl+I组合键导入本章素材文件，并将其拖曳至“时间轴”面板中，然后锁定图层，如图6-2所示。

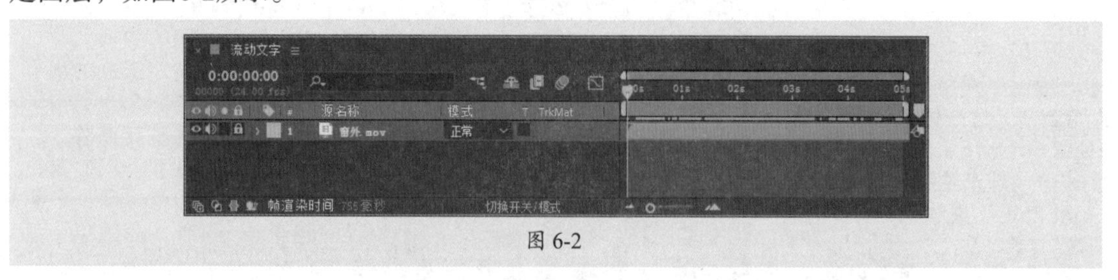

图 6-2

步骤 03 使用横排文字工具在“合成”面板中单击输入文字，在“字符”面板中设置文字参数，效果如图6-3所示。

图 6-3

步骤 04 选中文字图层，按T键展开其“不透明度”属性，移动当前时间指示器至0:00:00:00处，单击“不透明度”属性左侧的“时间变化秒表”按钮添加关键帧，并设置数值为0%，如图6-4所示。

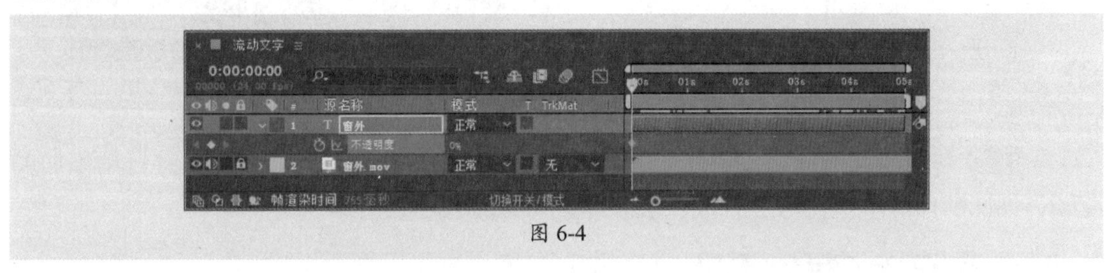

图 6-4

步骤 05 移动当前时间指示器至0:00:01:00处，设置“不透明度”属性数值为100%，软件将自动添加关键帧，如图6-5所示。

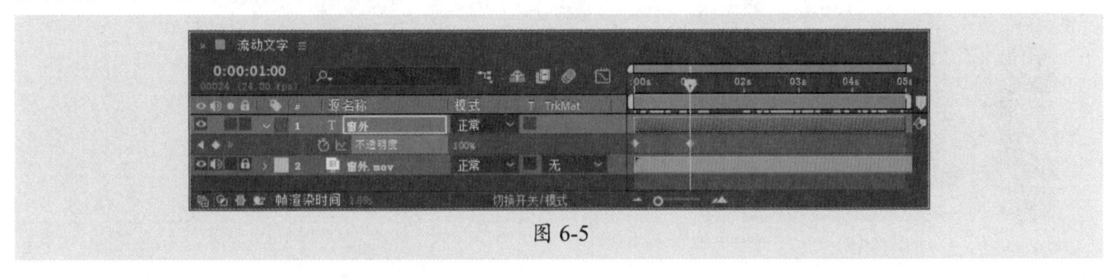

图 6-5

步骤 06 选中文字图层，执行“效果”|“扭曲”|“湍流置换”命令，添加“湍流置换”特效，在“效果控件”面板中设置参数，如图6-6所示。此时“合成”面板中的效果如图6-7所示。

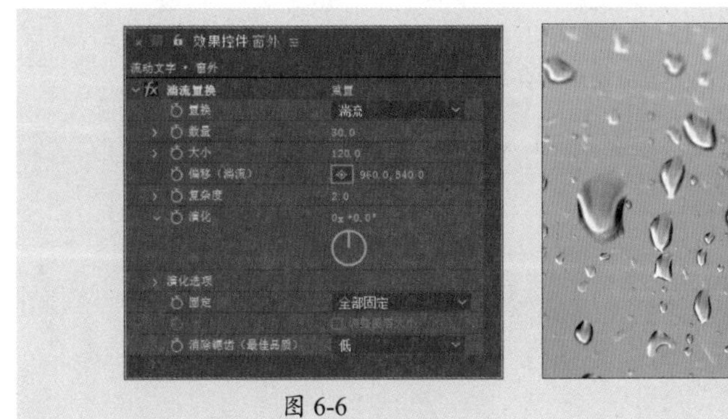

图 6-6

图 6-7

步骤 07 移动当前时间指示器至0:00:00:00处，在“效果控件”面板中单击“演化”属性左侧的“时间变化秒表”按钮添加关键帧，如图6-8所示。

步骤 08 移动当前时间指示器至0:00:02:12处，设置“演化”数值，软件将自动添加关键帧，如图6-9所示。

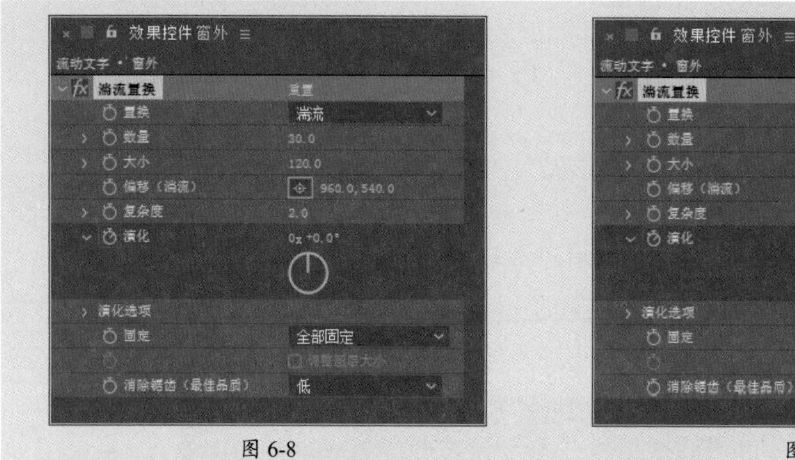

图 6-8　　图 6-9

步骤 09 移动当前时间指示器至0:00:04:23处，设置“演化”数值，软件将自动添加关键帧，如图6-10所示。此时“合成”面板中的效果如图6-11所示。

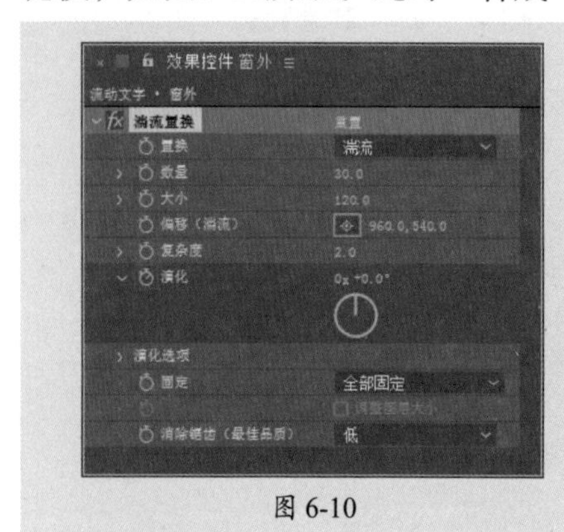

图 6-10

图 6-11

步骤 10 至此完成流动文字效果的制作。按空格键在“合成”面板中预览效果，如图6-12所示。

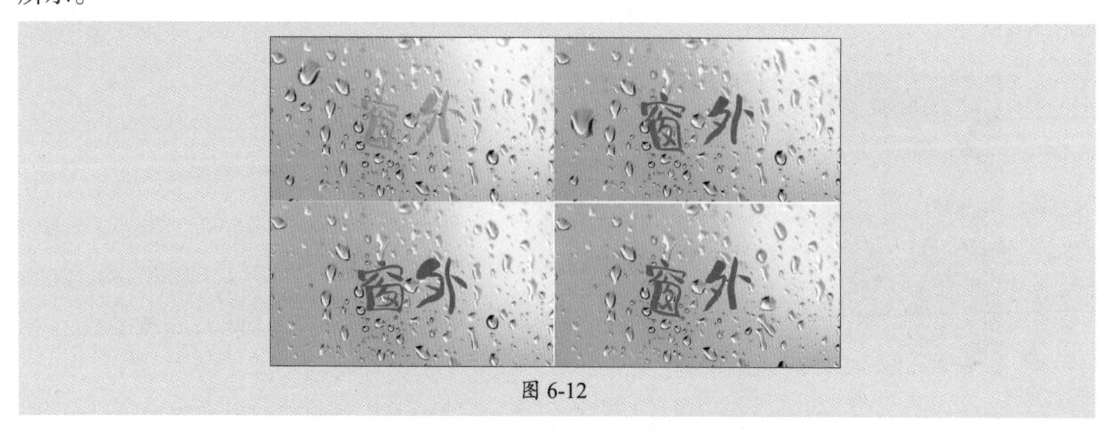

图 6-12

6.1.2 湍流置换——不规则扭曲变形

“湍流置换”特效可以利用不规则的变形置换图层，使图像产生扭曲变形，从而制作出流水、烟雾等流体效果。将该效果拖曳至“时间轴”面板中的图层上，在“效果控件”面板中可以设置相关属性，如图6-13所示。“湍流置换”特效常用属性的作用如下。

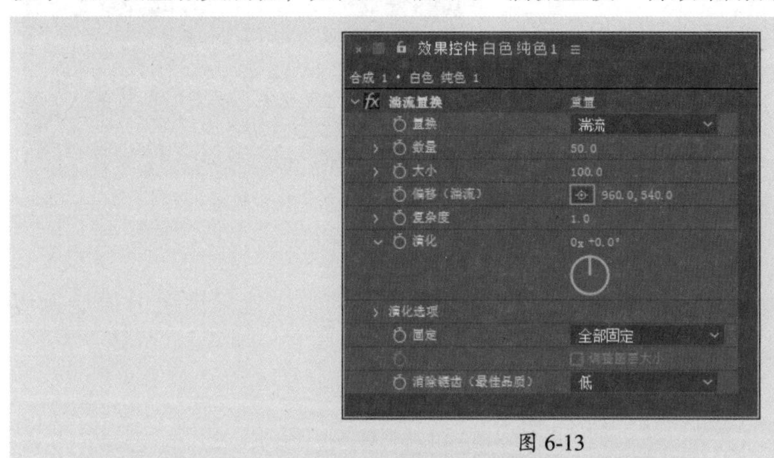

图 6-13

- **置换：** 用于选择置换的类型，包括湍流、凸出、扭转、湍流较平滑、凸出较平滑、扭转较平滑、垂直置换、水平置换和交叉置换9种。
- **数量：** 数值越大，扭曲效果越强烈。
- **大小：** 数值越大，扭曲范围越大。
- **偏移（湍流）：** 用于设置扭曲变形效果的偏移量。
- **复杂度：** 用于设置扭曲变形效果中的细节。数值越大，变形效果越强烈，细节也就越精确。
- **演化：** 用于设置随时间的变化产生的扭曲变形的演进效果。
- **演化选项：** 对演化进行设置。
- **固定：** 指定要固定的边缘，以使沿这些边缘的像素不进行置换。

添加该特效并设置参数，效果对比如图6-14、图6-15所示。

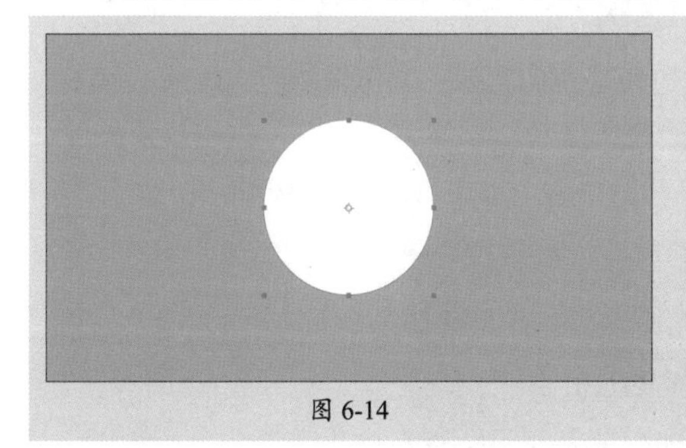

图 6-14

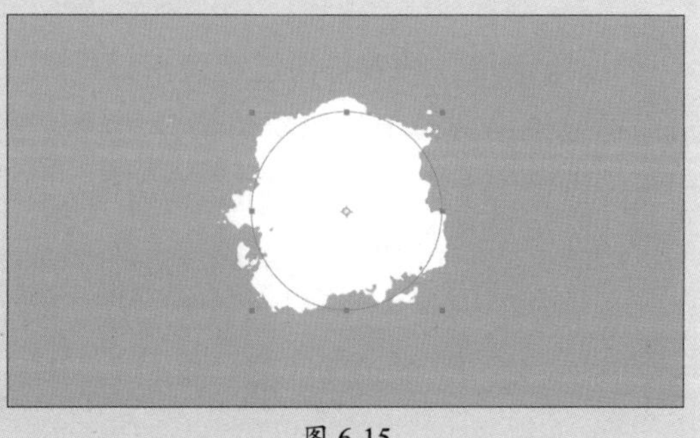

图 6-15

操作提示

选择图层后执行“效果”命令，在其子菜单中执行命令即可为选中的图层添加相应的效果。

6.1.3 置换图——置换像素扭曲图层

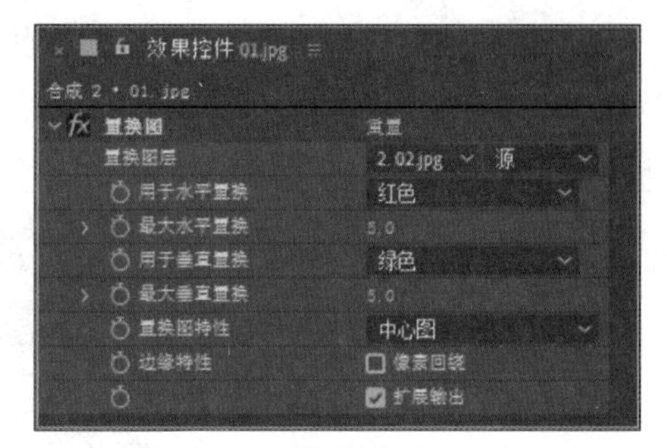

图 6-16

“置换图”特效可以根据指定的控件图层中的像素颜色值置换像素，从而扭曲图层。通过该特效创建的扭曲效果取决于选择的控件图层和选项。添加该特效后，在“效果控件”面板中可以设置其属性，如图6-16所示。“置换图”特效常用属性的作用如下。

- **置换图层：** 选择指定的控件图层，而不考虑任何效果或蒙版。如果希望将控件图层与其效果结合使用，需预合成此图层。

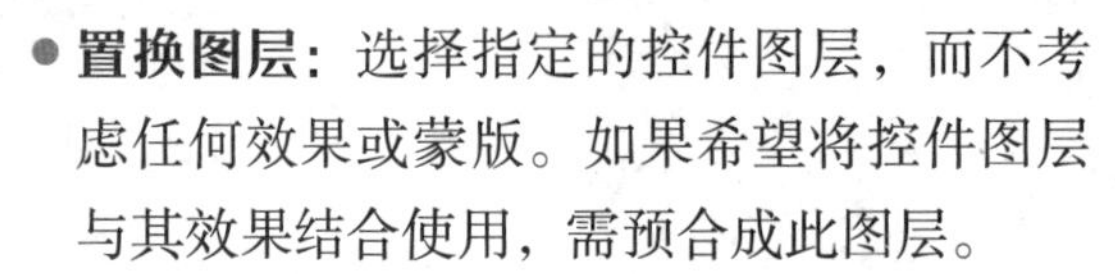

- **扩展输出：** 勾选该复选框后，可使此效果的结果扩展到应用效果图层的原始边界之外。

添加该特效并设置参数，效果对比如图6-17～图6-19所示。

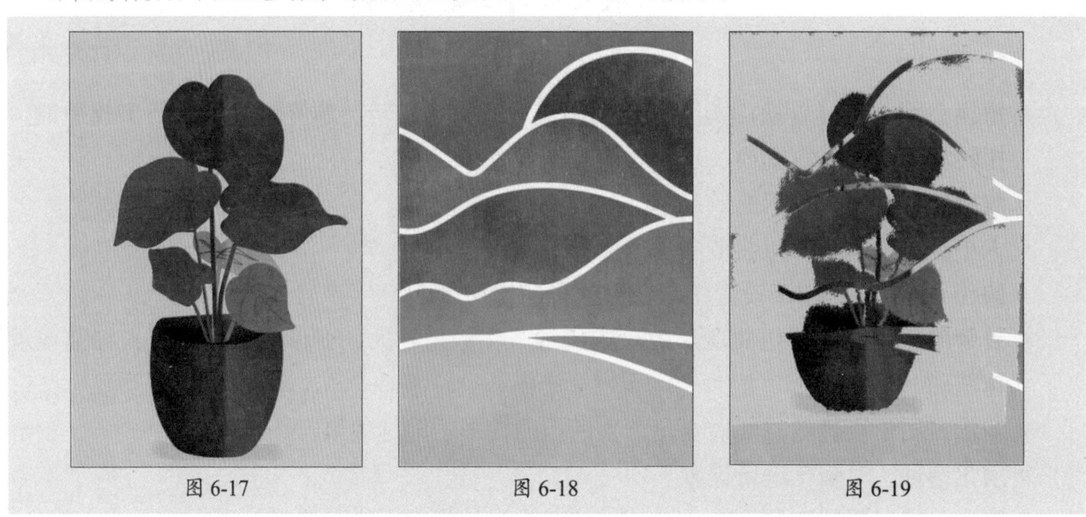

图 6-17　　图 6-18　　图 6-19

6.1.4 边角定位——调整图层边角

“边角定位”特效是通过定位图像的四个边角来扭曲图像，制作出伸展、收缩、倾斜、扭曲的效果，或模拟从图层边缘开始转动的透视或运动。添加该特效后，在“效果控件”面板中设置四个边角坐标即可扭曲图像。图6-20所示为“边角定位”特效的选项。

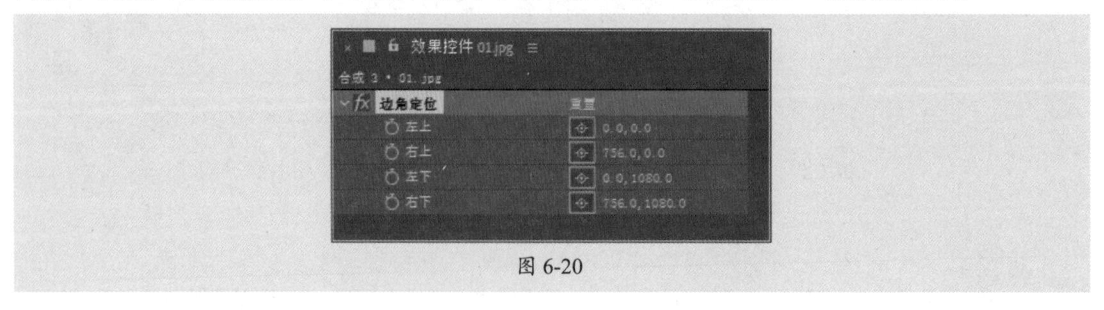

图 6-20

6.2 “模拟”特效组

使用模拟效果可以模拟出自然界中大量相似物体如雨点、雪花等独立运动的效果。该特效组中包括18个滤镜特效，本节将对其中常用的特效进行介绍。

6.2.1 案例解析：制作粒子流动画

在学习“模拟”特效组之前，可以先看看以下案例，即使用“粒子运动场”“残影”等特效制作粒子流动画效果。

步骤01 打开After Effects软件，单击主页中的“新建项目”按钮新建空白项目。执行“合成”|“新建合成”命令，打开“合成设置”对话框，设置参数，如图6-21所示。设置完成后单击“确定”按钮新建合成。

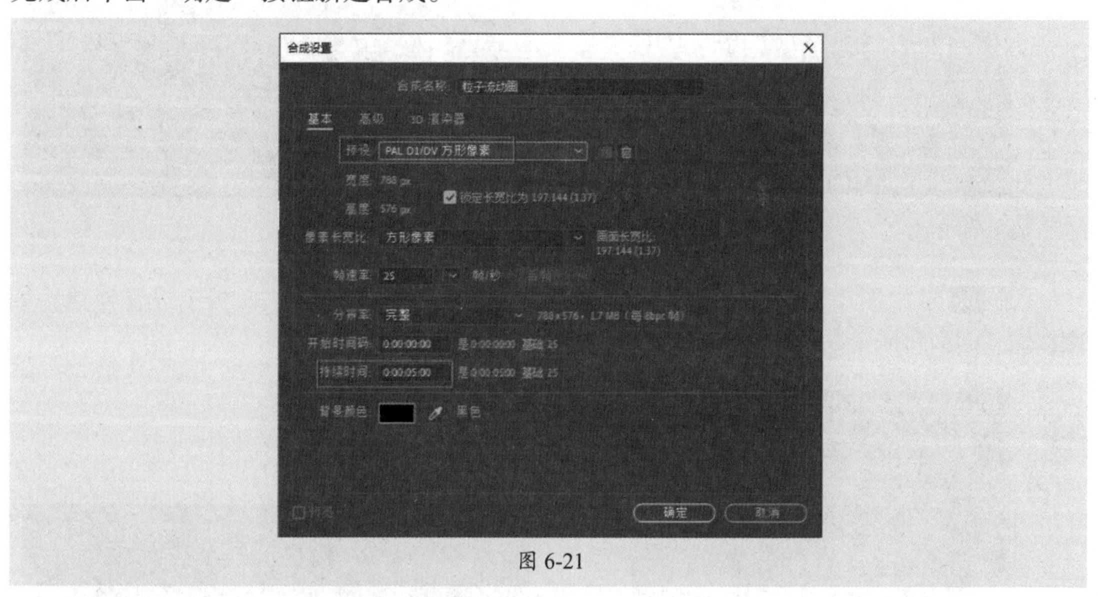

图 6-21

步骤02 新建一个纯黑色素材，在“效果和预设”面板中搜索“粒子运动场”特效并拖曳至该纯色素材上，在“效果控件”面板中单击“选项”按钮，打开“粒子运动场”对话框，如图6-22所示。

步骤03 单击“编辑发射文字”按钮，打开“编辑发射文字”对话框，输入文字并进行设置，如图6-23所示。设置完成后依次单击“确定”按钮关闭对话框。

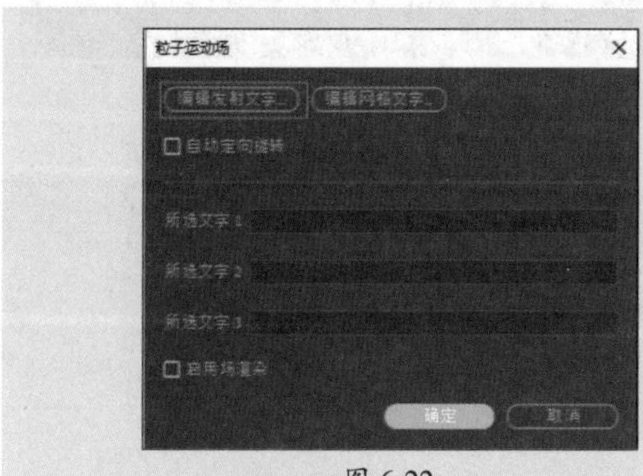

图 6-22

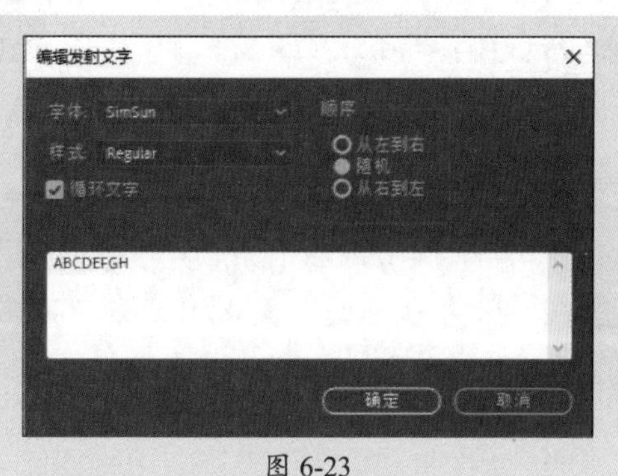

图 6-23

步骤 04 在“效果控件”面板中设置“发射”和”重力”属性组参数，如图6-24所示。

步骤 05 移动当前时间指示器预览粒子喷射效果，如图6-25所示。

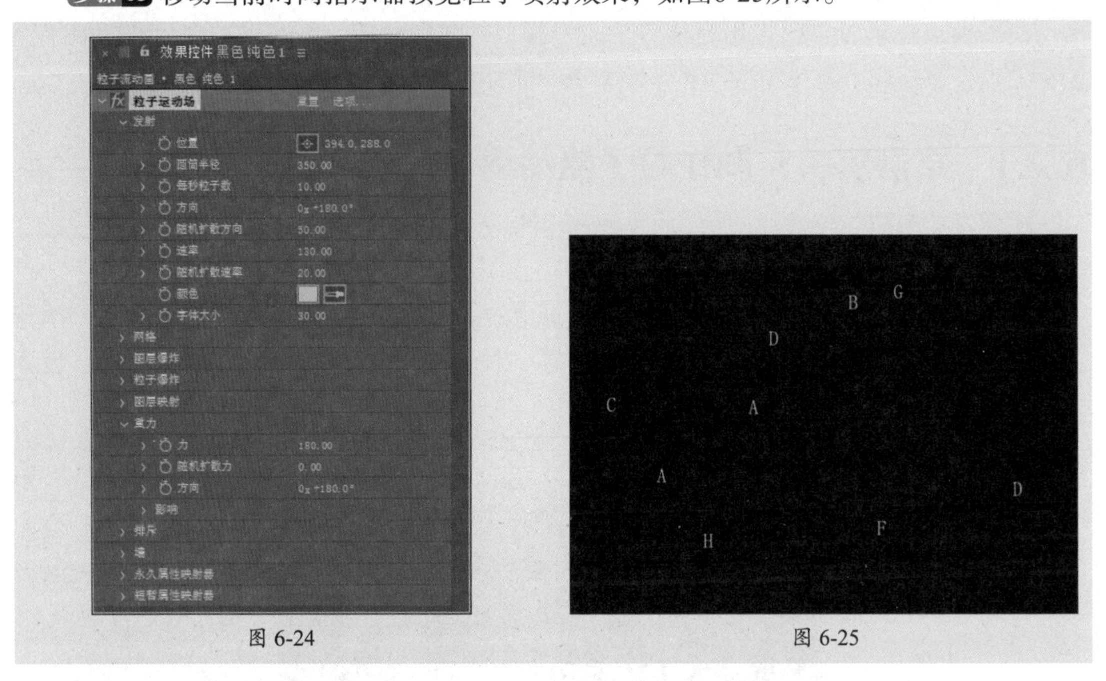

图 6-24　　图 6-25

步骤 06 选中图层后按Ctrl+D组合键复制图层，在“效果控件”面板中设置参数，如图6-26、图6-27所示。

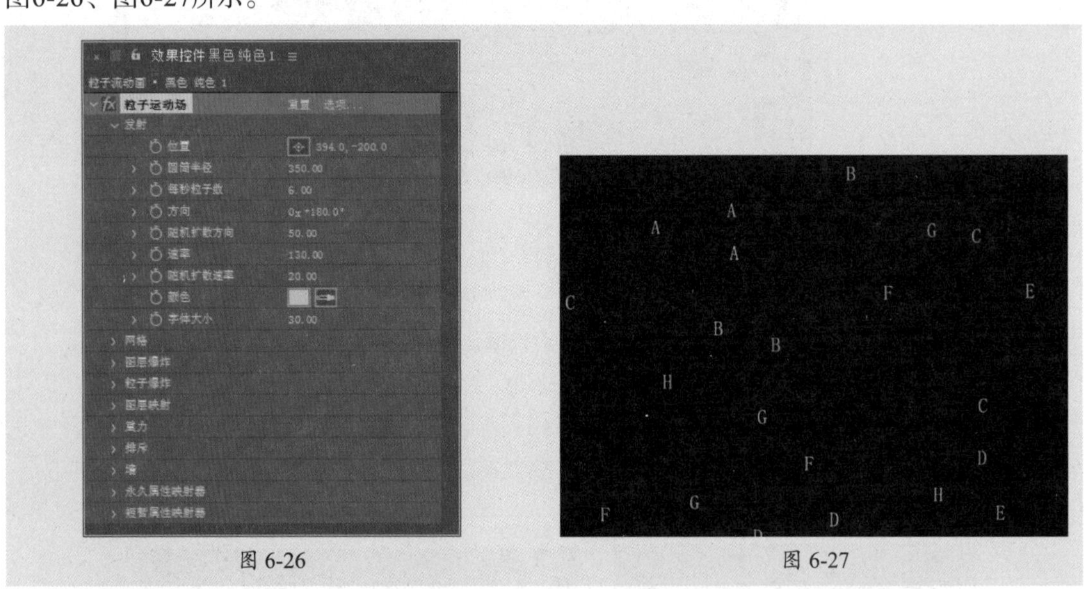

图 6-26　　图 6-27

步骤 07 选中两个图层后右击鼠标，在弹出的快捷菜单中执行“预合成”命令，在弹出的“预合成”对话框中将两个图层预合成，如图6-28所示。

步骤 08 在“效果和预设”面板中搜索“残影”特效并拖曳至预合成图层上，在“效果控件”面板中设置参数，如图6-29所示。

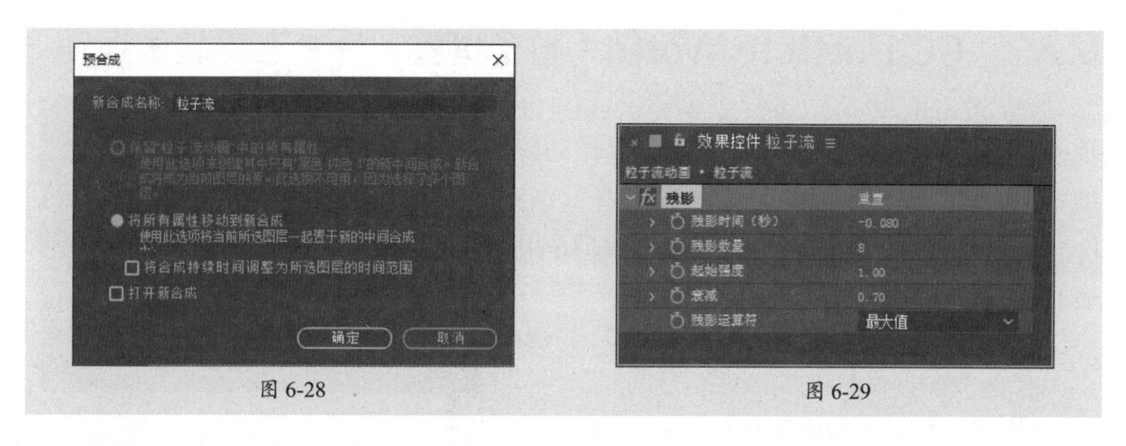

图 6-28　　图 6-29

步骤 09 至此完成粒子流动画制作。按空格键在“合成”面板中预览效果，如图6-30所示。

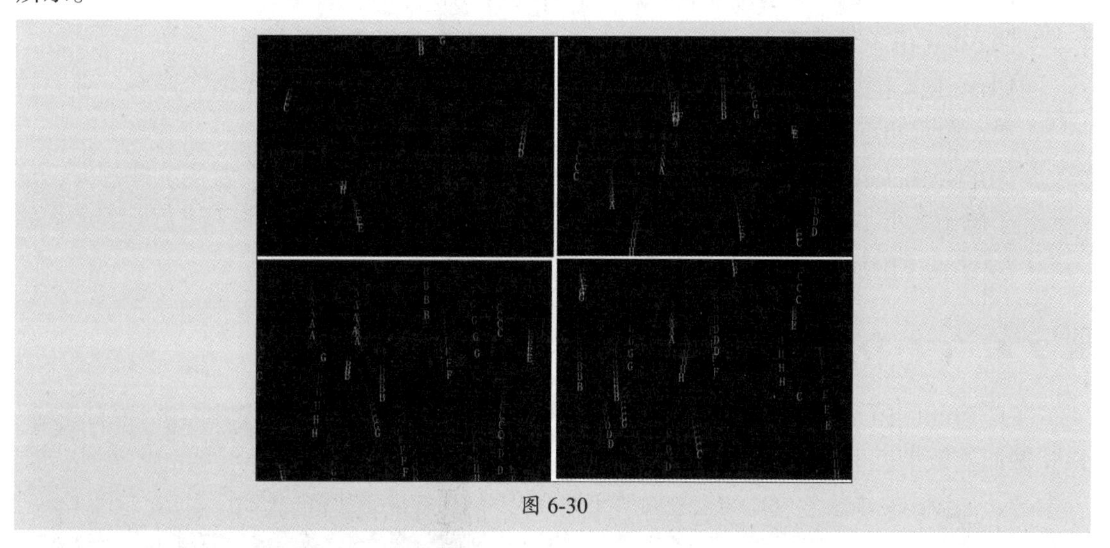

图 6-30

6.2.2 CC Drizzle（细雨）——雨滴涟漪效果

“CC Drizzle（细雨）”特效可以模拟雨滴落在水面上产生的涟漪效果。添加该效果后可以在“效果控件”面板中设置参数，如图6-31所示。“CC Drizzle（细雨）”特效常用属性的作用如下。

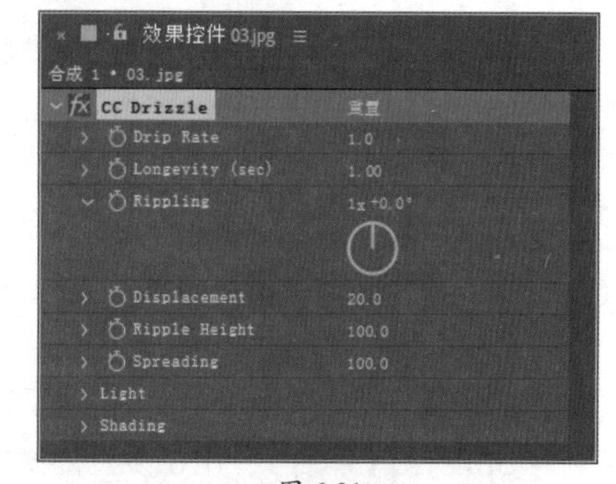

图 6-31

- **Drip Rate（雨滴速率）**：用于设置雨滴滴落的速度。
- **Longevity(sec)（寿命（秒））**：用于设置涟漪存在的时间。
- **Rippling（涟漪）**：用于设置涟漪扩散的角度。
- **Displacement（置换）**：用于设置涟漪位移的程度。
- **Ripple Height（波高）**：用于设置涟漪扩散的高度。
- **Spreading（传播）**：用于设置涟漪扩散的范围。

6.2.3 CC Particle World（粒子世界）——三维粒子运动

“CC Particle World（粒子世界）”特效可以产生三维粒子运动。添加该效果后可以在“效果控件”面板中设置参数，如图6-32所示。“CC Particle World（粒子世界）”特效常用属性的作用如下。

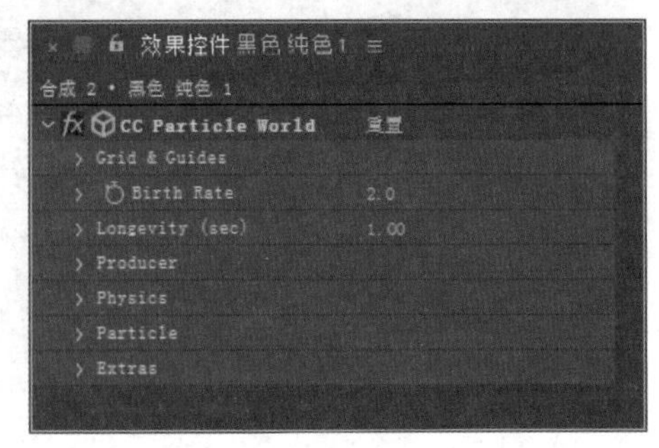

图 6-32

- **Grid & Guides（网格和参考线）**：用于设置网格的显示和大小参数。
- **Birth Rate（出生率）**：用于设置粒子数量。
- **Longevity(sec)（寿命（秒））**：用于设置粒子的存活寿命。
- **Producer（生产者）**：用于设置生产粒子的位置和半径相关属性。
- **Physics（物理）**：用于设置粒子的物理相关属性，包括动画类型、速率、重力效果、附加角度等。
- **Particle（粒子）**：用于设置粒子的相关属性，包括粒子类型、粒子纹理效果、粒子起始大小、结束大小等。
- **Extras（附加功能）**：用于设置粒子相关附加功能。

6.2.4 CC Rainfall（下雨）——降雨效果

“CC Rainfall（下雨）”特效可以模拟降雨效果。添加该效果后可以在“效果控件”面板中设置参数，如图6-33所示。“CC Rainfall（下雨）”特效常用属性的作用如下。

图 6-33

- **Drops（数量）**：用于设置降雨的雨量。数值越小，雨量越小。
- **Size（大小）**：用于设置雨滴的尺寸。
- **Scene Depth（场景深度）**：用于设置远近效果。景深越深，效果越远。
- **Speed（速度）**：用于设置雨滴移动的速度。数值越大，雨滴移动得越快。
- **Wind（风力）**：用于设置风速，会对雨滴产生一定的干扰。
- **Variation%(Wind)（变量%（风））**：用于设置风场的影响度。
- **Spread（伸展）**：用于设置雨滴的扩散程度。
- **Color（颜色）**：用于设置雨滴的颜色。
- **Opacity（不透明度）**：用于设置雨滴的透明度。

添加该特效并设置参数，效果对比如图6-34、图6-35所示。

图 6-34

图 6-35

6.2.5 碎片——粉碎和爆炸效果

应用“碎片”特效可以粉碎或爆炸处理图像，在“效果控件”面板中还可以对爆炸的位置、力量和半径等参数进行控制。图6-36所示为“碎片”特效的“效果控件”面板。“碎片”特效常用属性的作用如下。

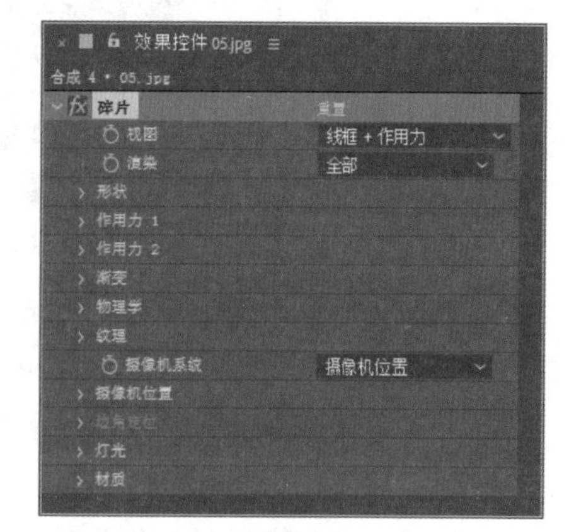

图 6-36

- **视图：**用于设置爆炸效果的显示方式。
- **渲染：**用于设置显示的目标对象，包括全部、图层和碎片三个选项。
- **形状：**用于设置碎片的图案类型、方向、厚度等。
- **作用力1/2：**用于设置力产生的位置、深度、半径大小、强度参数。
- **渐变：**用于设置爆炸碎片的界限和图层。
- **物理学：**用于设置碎片物理方面的属性，如旋转速度、重力等。
- **纹理：**用于设置纹理效果。
- **摄像机位置：**用于设置爆炸特效的摄像机系统。
- **边角定位：**当选择“边角定位”作为摄像机系统时，可激活该属性组的相关属性。
- **灯光：**用于设置与灯光相关的参数，包括灯光类型、照明强度、照明色等。
- **材质：**用于设置碎片的材质效果，包括漫反射、强度、高光。

添加该特效并设置参数，效果对比如图6-37、图6-38所示。

图 6-37　　图 6-38

6.2.6 粒子运动场——粒子运动效果

“粒子运动场”特效可以从物理学和数学角度对各类自然效果进行描述，模拟出现实世界中各种符合自然规律的粒子运动效果。选中图层后，执行“效果”|“模拟”|“粒子运动场”命令，即可为图层添加该特效。添加该效果后可以在“效果控件”面板中设置参数，如图6-39所示。“粒子运动场”特效常用属性的作用如下。

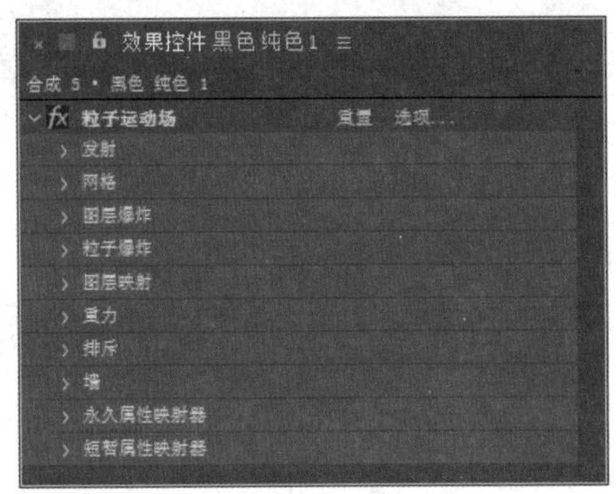

图 6-39

- **发射**：用于设置粒子发射的相关属性，包括粒子发射位置、半径、方向、速度等。
- **网格**：用于设置在一组网格的交叉点处生成一个连续的粒子面，包括网格中心坐标、宽度、高度、网格水平/垂直区域分布的粒子数等。
- **图层爆炸**：用于分裂一个层作为粒子模拟爆炸效果。
- **粒子爆炸**：用于把一个粒子分裂成很多新的粒子，迅速增加粒子数量。
- **图层映射**：用于设置合成图像中的任意图层作为粒子的贴图来替换粒子。
- **重力**：用于设置粒子的重力场，包括重力大小、速率、方向等。
- **排斥**：用于设置粒子间的排斥力，包括排斥力大小、排斥力半径范围、排斥源等。
- **墙**：用于设置粒子的边界属性。
- **永久属性映射器/短暂属性映射器**：用于设置持续性/短暂性的属性映射器。

6.3 “模糊和锐化”特效组

“模糊和锐化”效果组主要用于调整素材的清晰或模糊程度。该特效组中包括16个滤镜特效，本节将对常用的特效进行介绍。

6.3.1 案例解析：制作画中画效果

在学习“模糊和锐化”特效组之前，可以先看看以下案例，即使用“快速方框模糊”特效制作画中画效果。

步骤 01 打开After Effects软件，单击主页中的“新建项目”按钮新建空白项目。执行“合成”|“新建合成”命令，打开“合成设置”对话框，设置参数，如图6-40所示。设置完成后单击“确定”按钮新建合成。

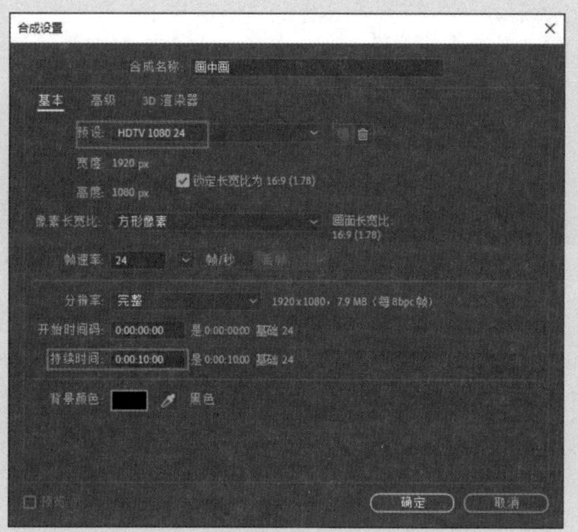

图 6-40

步骤 02 按Ctrl+I组合键导入本章素材文件，并将其拖曳至“时间轴”面板中，如图6-41所示。

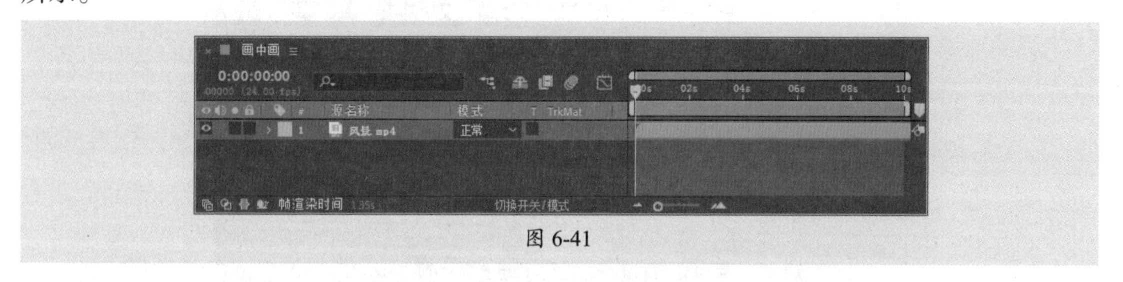

图 6-41

步骤 03 选中“时间轴”面板中的图层，按Ctrl+D组合键复制图层，隐藏复制图层，如图6-42所示。

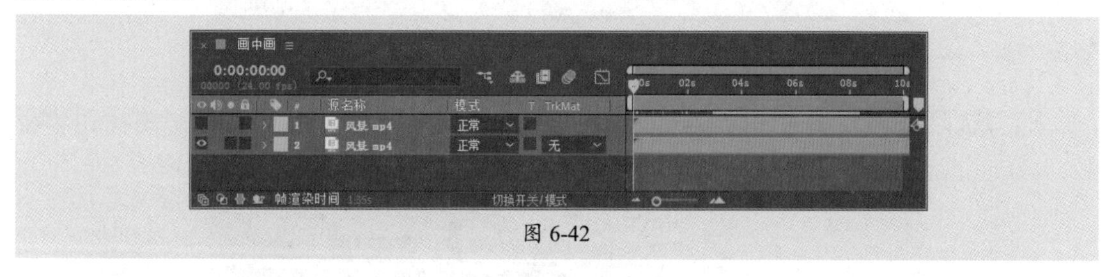

图 6-42

步骤 04 在“效果和预设”面板中搜索“快速方框模糊”特效并拖曳至原始图层上，在“效果控件”面板中设置参数，效果如图6-43所示。

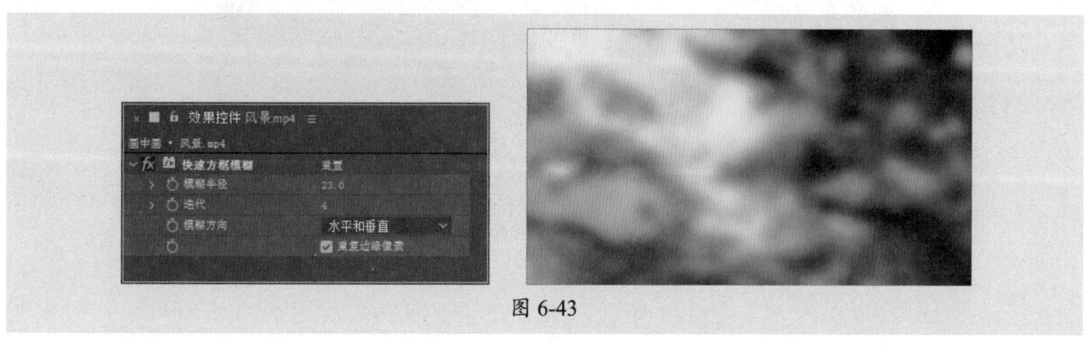

图 6-43

步骤 05 按Ctrl+I组合键导入本章素材文件，并拖曳至“时间轴”面板中的两个图层之间，在“合成”面板中调整素材的大小与位置，效果如图6-44所示。

图 6-44

步骤 06 显示隐藏图层并缩放，效果如图6-45所示。

图 6-45

步骤 07 隐藏缩放后的图层并选中图层，使用钢笔工具沿手机屏幕绘制路径创建蒙版，完成后显示缩放图层，效果如图6-46所示。

图 6-46

步骤 08 至此完成画中画效果的制作。按空格键在“合成”面板中预览效果，如图6-47所示。

图 6-47

6.3.2 径向模糊——径向模糊图像

“径向模糊”特效围绕自定义的一个点产生模糊效果，越靠外模糊程度越强，常用来模拟镜头的推拉和旋转效果。在图层高质量开关打开的情况下，可以指定抗锯齿的程度，在草图质量下没有抗锯齿的作用。添加该效果后可以在“效果控件”面板中设置参数，如图6-48所示。“径向模糊”特效常用属性的作用如下。

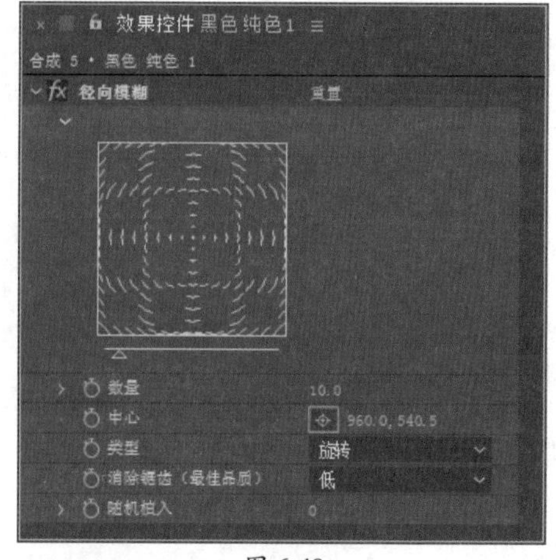

图 6-48

- **数量：** 用于设置径向模糊的强度。
- **中心：** 用于设置径向模糊的中心位置。
- **类型：** 用于设置径向模糊的样式，包括旋转、缩放两种。
- **消除锯齿（最佳品质）：** 用于设置图像的质量，包括低和高两种。

添加该特效并设置参数，效果对比如图6-49、图6-50所示。

图 6-49

图 6-50

6.3.3 快速方框模糊——模糊和柔化图像

“快速方框模糊”特效可以去除画面中的杂点，模糊和柔化图像，多用于处理大面积图像。添加该效果后可以在“效果控件”面板中设置参数，如图6-51所示。“快速方框模糊”特效常用属性的作用如下。

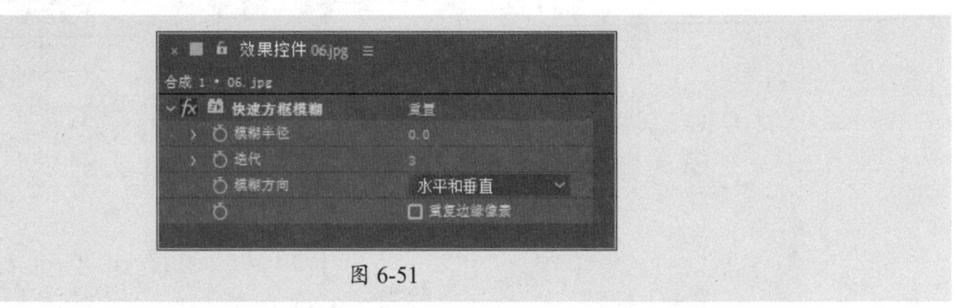

图 6-51

- **模糊半径：** 用于设置图像的模糊强度。
- **迭代：** 用于控制模糊质量。
- **模糊方向：** 用于设置图像模糊的方向，包括水平和垂直、水平、垂直三种。
- **复制图层边缘像素：** 用于设置图像边缘的模糊效果。

添加该特效并设置参数，效果对比如图6-52、图6-53所示。

图 6-52　　图 6-53

6.4 “生成”特效组

“生成”特效组可以为图像添加各种各样的填充或纹理，也可以通过添加音频来制作特效。该特效组中包括26个滤镜特效，本节将对常用的特效进行介绍。

6.4.1 案例解析：制作扫光文字动画

在学习“生成”特效组之前，可以先看看以下案例，即使用“CC Light Burst 2.5（光线缩放2.5）”特效制作扫光效果。

步骤 01 打开After Effects软件，单击主页中的“新建项目”按钮新建空白项目。执行“合成”|“新建合成”命令，打开“合成设置”对话框，设置参数，如图6-54所示。设置完成后单击“确定”按钮新建合成。

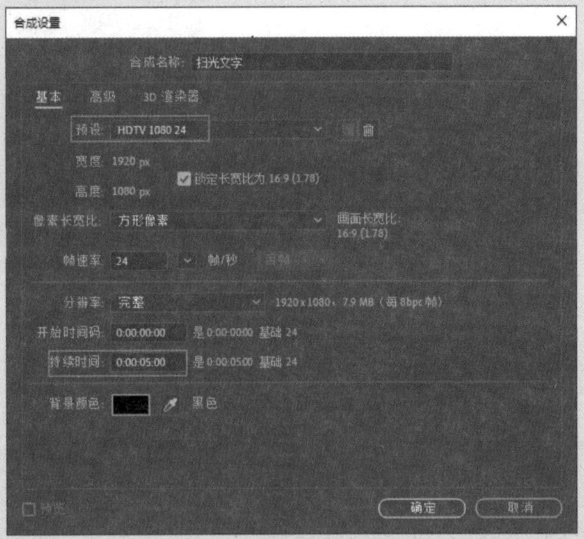

图 6-54

步骤 02 新建一个纯黑色素材，使用横排文字工具输入文字，在“字符”面板中设置参数，效果如图6-55所示。

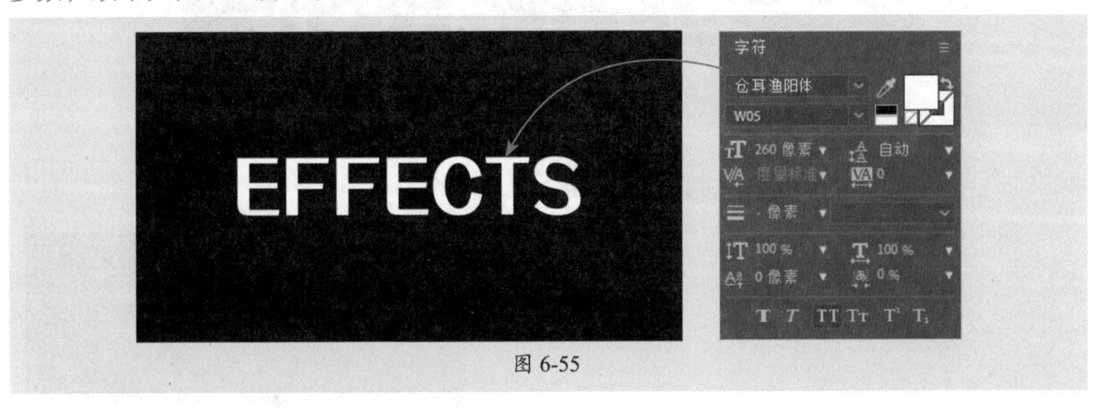

图 6-55

步骤 03 在“效果和预设”面板中搜索“CC Light Burst 2.5（光线缩放2.5）”特效并拖曳至文字图层上。移动当前时间指示器至0:00:00:00处，在“效果控件”面板中单击“Center（中心）”和“Ray Length（光线强度）”参数左侧的“时间变化秒表”按钮添加关键帧，并设置参数，如图6-56所示。

步骤 04 移动当前时间指示器至0:00:01:12处，设置“Ray Length（光线强度）”参数，软件将自动生成关键帧，如图6-57所示。

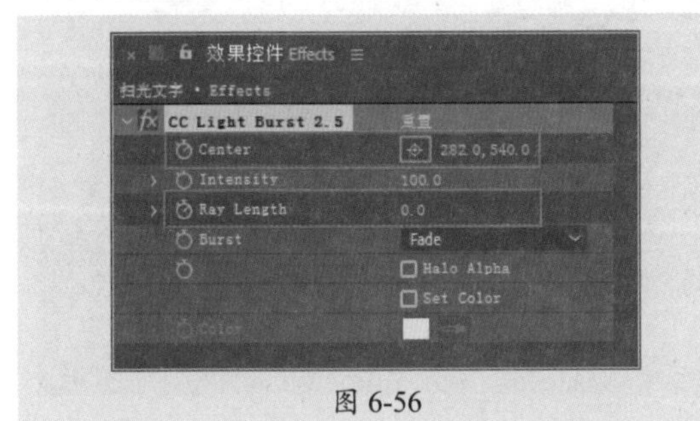

图 6-56

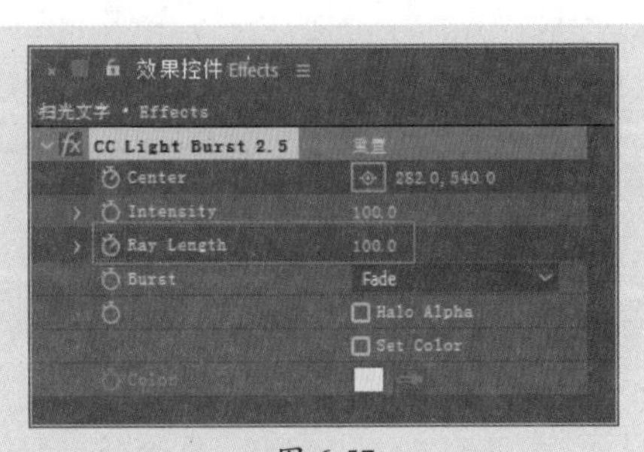

图 6-57

步骤 05 移动当前时间指示器至0:00:03:00处，设置“Center（中心）”和“Ray Length（光线强度）”参数，软件将自动生成关键帧，如图6-58所示。

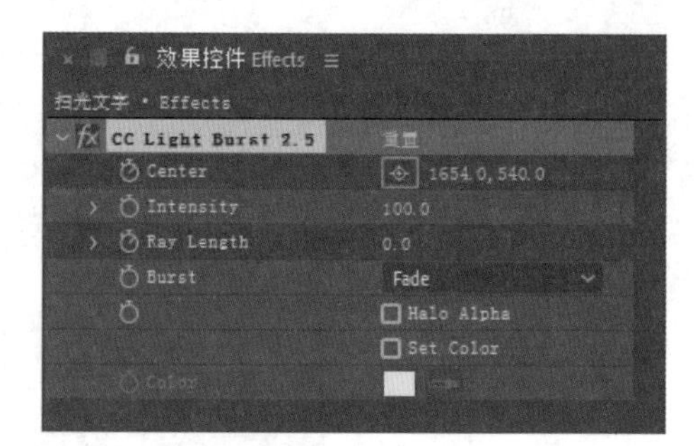

图 6-58

步骤 06 至此完成扫光文字动画的制作。按空格键在“合成”面板中预览效果，如图6-59所示。

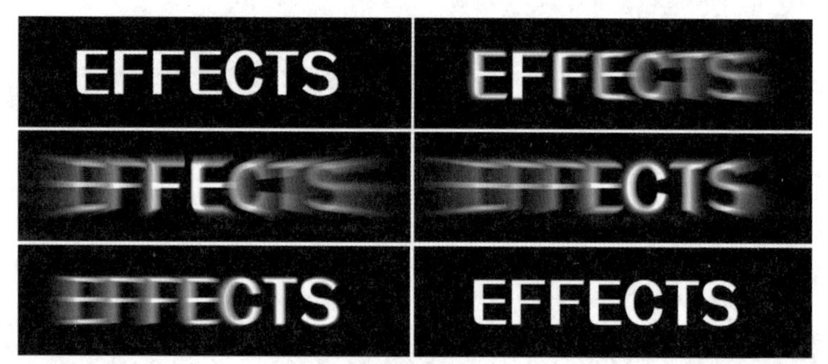

图 6-59

6.4.2 镜头光晕——合成镜头光晕

使用“镜头光晕”特效可以生成镜头光晕效果。添加该效果后在“效果控件”面板中设置参数，如图6-60所示。“镜头光晕”特效常用属性的作用如下。

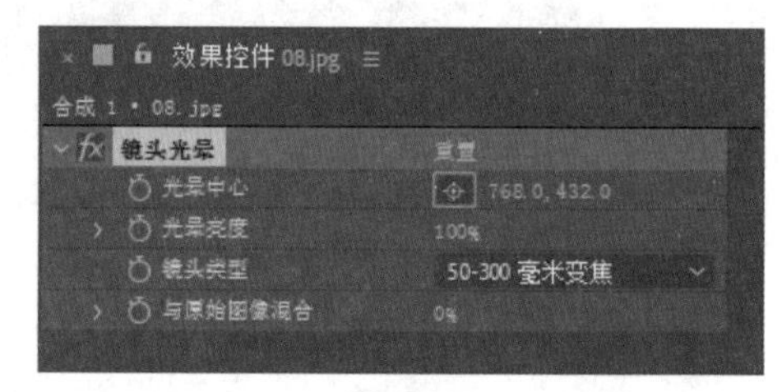

图 6-60

- **光晕中心：** 用于设置光晕中心点的位置。
- **光晕亮度：** 用于设置光源的亮度。
- **镜头类型：** 用于设置镜头光源类型，有50-300毫米变焦、35毫米定焦、105毫米定焦三种类型可供选择。
- **与原始图像混合：** 用于设置当前效果与原始图层的混合程度。

添加该特效并设置参数，效果对比如图6-61、图6-62所示。

图 6-61

图 6-62

6.4.3 CC Light Burst 2.5（光线缩放2.5）——局部产生强光放射效果

“CC Light Burst 2.5（光线缩放2.5）”特效类似于径向模糊，可以使图像局部产生强烈的光线放射效果。添加该效果后在“效果控件”面板中设置参数，如图6-63所示。“CC Light Burst 2.5（光线缩放2.5）”特效常用属性的作用如下。

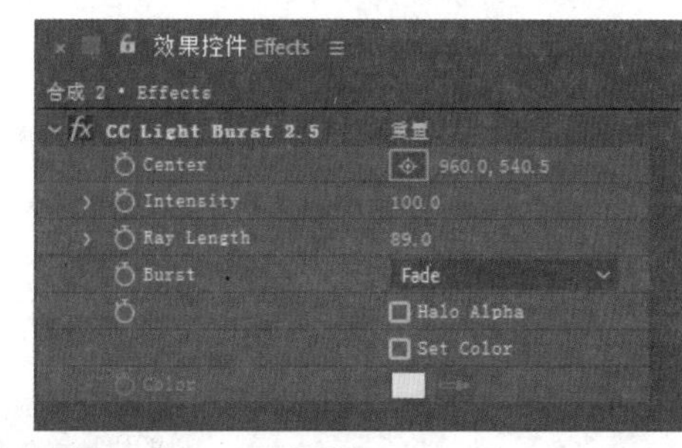

图 6-63

- **Center（中心）**：用于设置爆裂中心点的位置。
- **Intensity（强度）**：用于设置光线的亮度。
- **Ray Length（光线强度）**：用于设置光线的强度。
- **Burst（爆裂）**：用于设置爆裂的方式，包括Straight、Fade和Center三种。
- **Set Color（设置颜色）**：用于设置光线的颜色。

添加该特效并设置参数，效果对比如图6-64、图6-65所示。

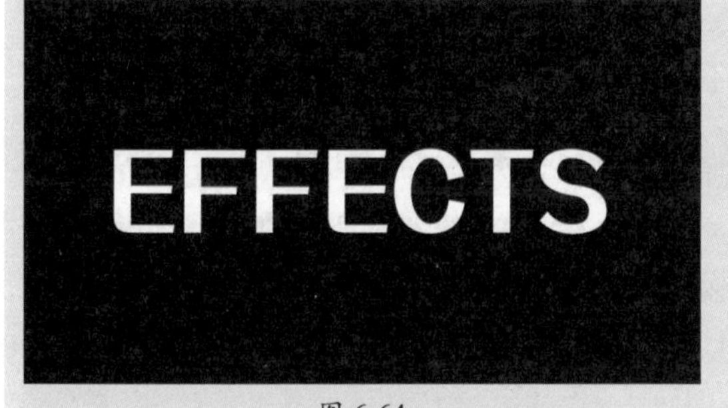

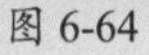

图 6-64

图 6-65

6.4.4 CC Light Rays（射线光）——放射光效果

“CC Light Rays（射线光）”特效可以利用图像的不同颜色产生不同的放射光，且具有变形效果，该特效在影视后期制作中较为常用。添加该效果后在“效果控件”面板中设置参数，如图6-66所示。“CC Light Rays（射线光）”特效常用属性的作用如下。

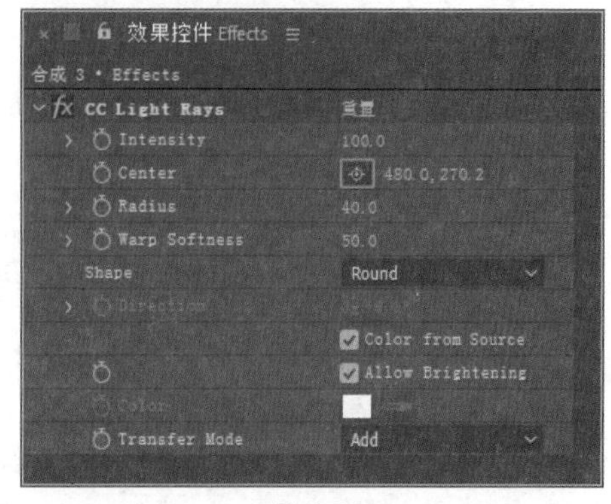

图 6-66

- **Intensity（强度）**：用于调整射线光的强度，数值越大，光线越强。
- **Center（中心）**：用于设置放射的中心点位置。
- **Radius（半径）**：用于设置射线光的半径。
- **Warp Softness（柔化光芒）**：用于设置射线光的柔化程度。

- **Shape（形状）**：用于调整射线光光源的发光形状，包括Round（圆形）和Square（方形）两种形状。
- **Direction（方向）**：用于调整射线光照射的方向。
- **Color from Source（颜色来源）**：选中该复选框，光芒会呈放射状。
- **Allow Brightening（中心变亮）**：选中该复选框，光芒的中心变亮。
- **Color（颜色）**：用于调整射线光的发光颜色。
- **Transfer Mode（转换模式）**：用于设置射线光与源图像的叠加模式。

添加该特效并设置参数，效果对比如图6-67、图6-68所示。

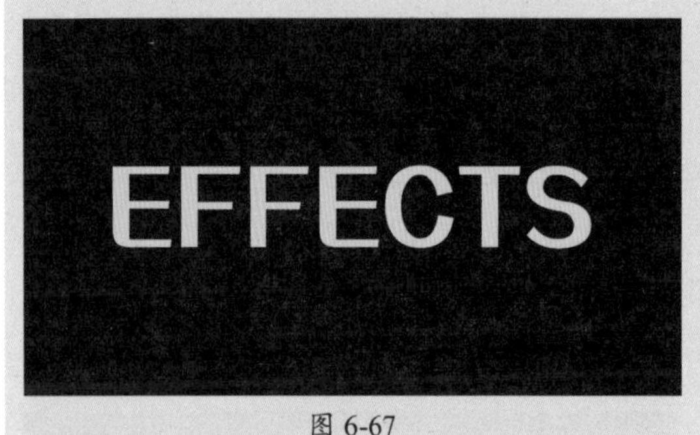

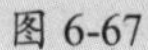
图 6-67

图 6-68

6.4.5 CC Light Sweep（CC光线扫描）——光线扫描效果

使用“CC Light Sweep（CC光线扫描）”特效可以在图像上制作出光线扫描的效果。添加该效果后，可以在“效果控件”面板中设置参数，如图6-69所示。“CC Light Sweep（CC光线扫描）”特效常用属性的作用如下。

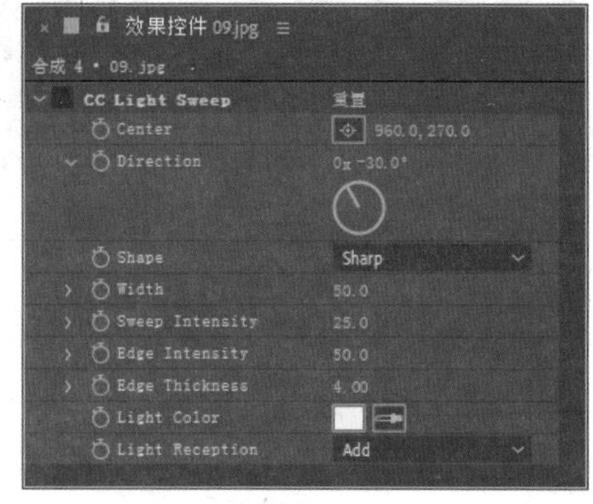

图 6-69

- **Center（中心）**：用于设置扫光的中心点位置。
- **Direction（方向）**：用于设置扫光的旋转角度。
- **Shape（形状）**：用于设置扫光的形状，包括Linear（线性）、Smooth（光滑）、Sharp（锐利）三种形状。
- **Width（宽度）**：用于设置扫光的宽度。
- **Sweep Intensity（扫光亮度）**：用于设置扫光的亮度。
- **Edge Intensity（边缘亮度）**：用于设置光线与图像边缘相接触时的明暗程度。
- **Edge Thickness（边缘厚度）**：用于设置光线与图像边缘相接触时的光线厚度。
- **Light Color（光线颜色）**：用于设置产生的光线颜色。
- **Light Reception（光线接收）**：用于设置光线与源图像的叠加方式，包括Add（叠加）、Composite（合成）和Cutout（切除）三种。

添加该特效并设置参数，效果对比如图6-70、图6-71所示。

图 6-70

图 6-71

6.4.6 写入——模拟书写效果

“写入”特效可以通过关键帧模拟书写效果。图6-72所示为“写入”特效的属性设置，其中常用属性的作用如下。

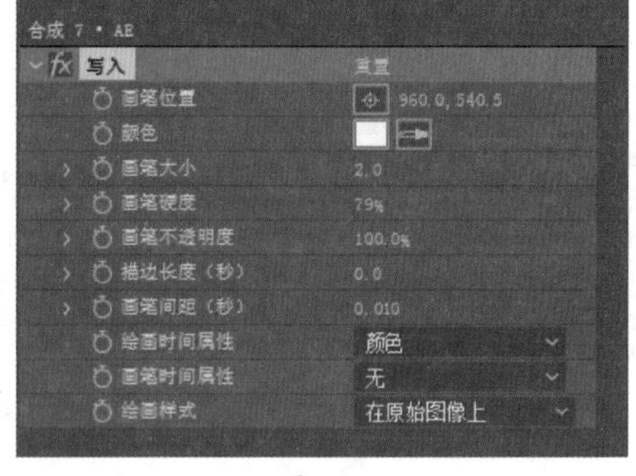

图 6-72

- **画笔位置**：用于设置笔刷的位置。为此属性设置关键帧可创建书写动画。
- **描边长度（秒）**：用于设置每个笔刷标记的持续时间，以秒为单位。
- **画笔间距（秒）**：用于设置笔刷标记之间的时间间隔，以秒为单位。
- **绘画样式**：用于设置写入与原始图像相互作用的方式。

6.4.7 勾画——刻画边缘

“勾画”特效可以在画面上刻画出物体的边缘，甚至可以按照蒙版路径的形状进行刻画。如果已经手动绘制出图像的轮廓，添加该特效后会直接刻画该图像。图6-73所示为“勾画”特效的属性设置，其中常用属性的作用如下。

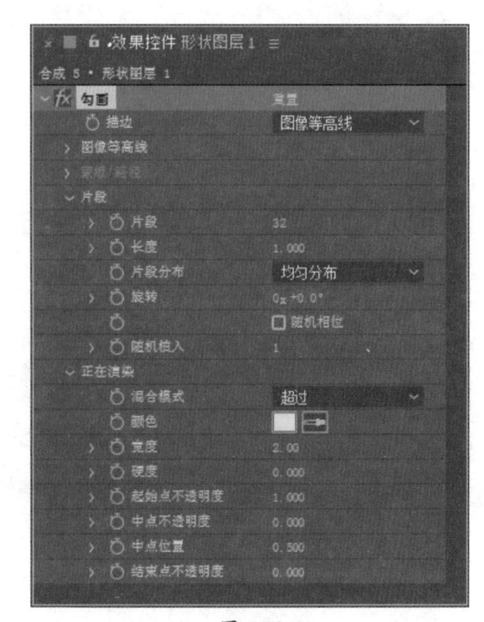

图 6-73

- **描边**：用于设置描边的方式，包括“图像等高线”和“蒙版/路径”两种。
- **图像等高线**：用于设置描边的细节，如描边对象、产生描边的通道等属性。选择描边方式为“图像等高线”时，会激活该属性组。
- **蒙版/路径**：选择“蒙版/路径”描边方式时，会激活该属性，用于选择蒙版/路径。
- **片段**：用于设置描边的分段信息，如描边长度、分布形式、旋转角度等。

- **正在渲染：**用于设置描边的渲染参数。

添加该特效并设置参数，效果对比如图6-74、图6-75所示。

图 6-74

图 6-75

6.4.8　四色渐变——四色渐变效果

“四色渐变”特效在一定程度上弥补了“渐变”滤镜在颜色控制方面的不足，使用该滤镜还可以模拟霓虹灯、流光溢彩等迷幻效果。图6-76所示为“四色渐变”特效的属性设置，其中常用属性的作用如下。

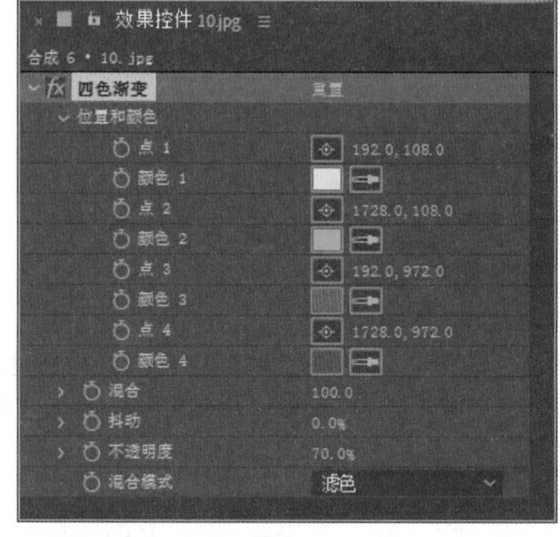

图 6-76

- **位置和颜色：**用于设置四色渐变的位置和颜色。
- **混合：**用于设置4种颜色之间的融合度。
- **抖动：**用于设置颜色的颗粒效果或扩展效果。
- **不透明度：**用于设置四色渐变的不透明度。
- **混合模式：**用于设置四色渐变与源图层的图层叠加模式。

添加该特效并设置参数，效果对比如图6-77、图6-78所示。

图 6-77

图 6-78

6.4.9 音频频谱——显示音频频谱效果

“音频频谱”特效可以显示包含音频（和可选视频）的图层的音频频谱。该效果可以以多种方式显示音频频谱，包括沿蒙版路径。图6-79所示为“音频频谱”特效的属性设置，其中常用属性的作用如下。

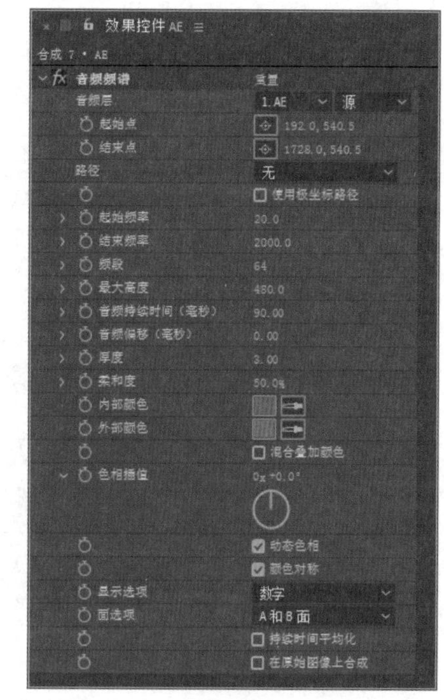

图 6-79

- **音频层**：要用作输入的音频图层。
- **起始点/结束点**：指定“路径”设置为“无”时，频谱开始或结束的位置。
- **路径**：显示音频频谱的蒙版路径。
- **使用极坐标路径**：路径从单点开始，并显示为径向图。
- **起始频率/结束频率**：要显示的最低和最高频率，以赫兹为单位。
- **频段**：显示的频率分成的频段的数量。
- **最大高度**：显示的频率的最大高度，以像素为单位。
- **音频持续时间（毫秒）**：用于计算频谱的音频的持续时间，以毫秒为单位。
- **音频偏移（毫秒）**：用于检索音频的时间偏移量，以毫秒为单位。
- **厚度**：频段的粗细。
- **柔和度**：频段的羽化或模糊程度。
- **内部颜色、外部颜色**：频段的内部和外部颜色。
- **混合叠加颜色**：指定混合叠加频谱。
- **色相插值**：数值越大，音频频谱颜色越丰富。
- **动态色相**：如果选中此复选框，并且“色相插值”大于0，则起始颜色在显示的频率范围内转移到最大频率。当此设置改变时，允许色相遵循显示的频谱的基频。
- **颜色对称**：如果选中此复选框，并且“色相插值”大于0，则起始颜色和结束颜色相同。此设置使闭合路径上的颜色紧密结合。
- **显示选项**：指定是以“数字”“模拟谱线”还是“模拟频点”的形式显示频率。

6.5 “过渡”特效组

使用“过渡”特效组中的特效可以制作出转场过渡的效果。该特效组中包括17个滤镜特效，本节将对常用的特效进行介绍。

6.5.1 案例解析：制作卡片擦除转场效果

在学习“过渡”效果组之前，可以先看看以下案例，即使用“卡片擦除”效果制作卡片擦除转场。

步骤 01 打开After Effects软件，单击主页中的“新建项目”按钮新建空白项目。按Ctrl+I组合键导入本章素材文件，选中素材文件后右击鼠标，在弹出的快捷菜单中执行“基于所选项新建合成”命令，打开“基于所选项新建合成”对话框，设置参数，如图6-80所示。设置完成后单击“确定”按钮新建合成。

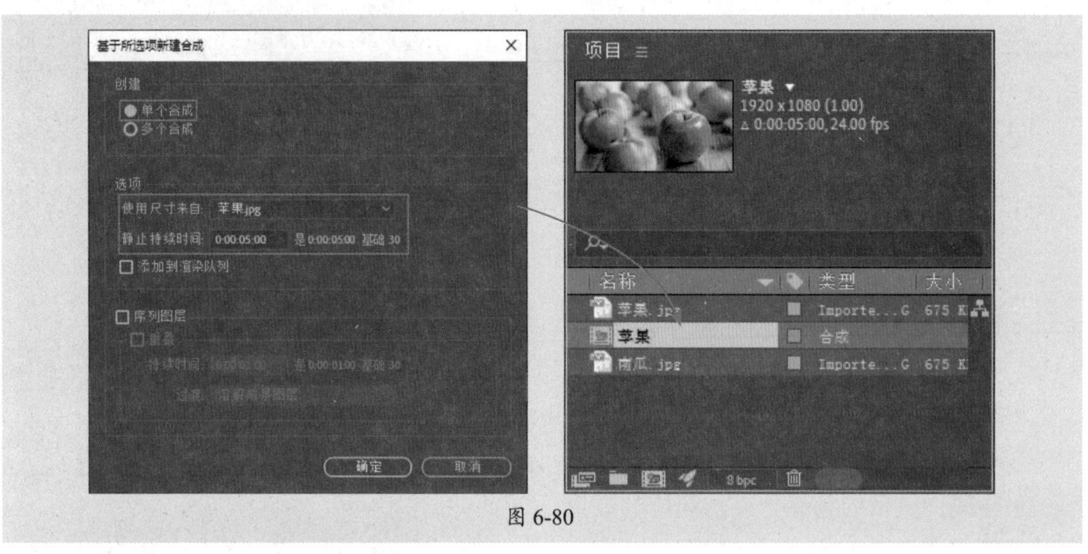

图 6-80

步骤 02 在“效果和预设”面板中搜索“卡片擦除”效果并拖曳至“苹果”图层上，移动当前时间指示器至0:00:00:00处，在“效果控件”面板中设置参数，单击“过渡完成”参数左侧的“时间变化秒表”按钮添加关键帧，如图6-81所示。

步骤 03 移动当前时间指示器至0:00:02:00处，在“效果控件”面板中设置“过渡完成”参数，软件将自动添加关键帧，如图6-82所示。

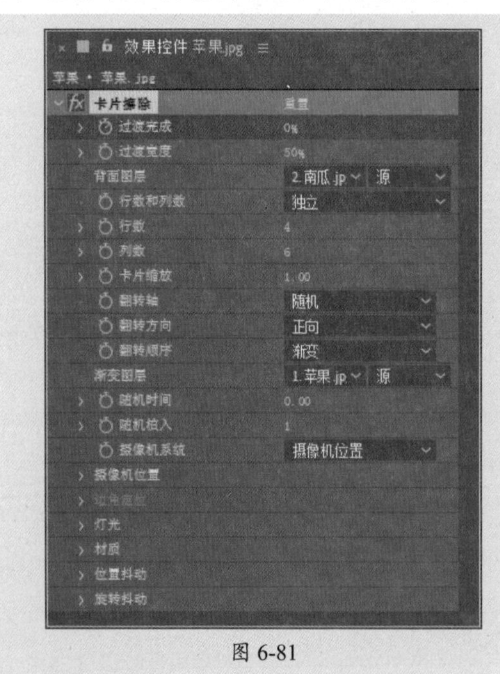

图 6-81

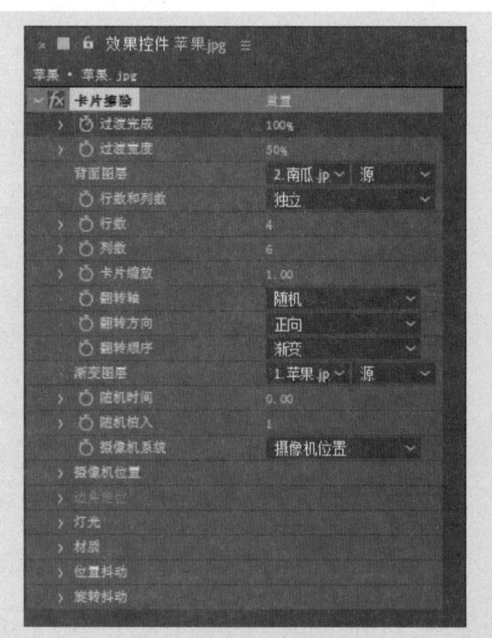

图 6-82

步骤 04 至此完成卡片擦除转场效果的制作。按空格键在“合成”面板中预览效果，如图6-83所示。

图 6-83

6.5.2 卡片擦除——卡片翻转擦除

使用“卡片擦除”特效可以模拟卡片翻转，切换画面的效果。添加该效果后可以在“效果控件”面板中设置参数，如图6-84所示。“卡片擦除”特效常用属性的作用如下。

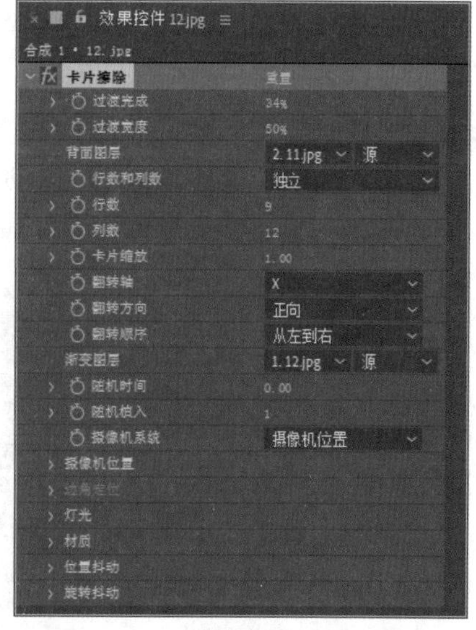

图 6-84

- **过渡完成：** 用于设置转场完成的百分比。
- **过渡宽度：** 用于设置卡片擦拭宽度。
- **背面图层：** 用于在下拉列表中选择一个与当前层进行切换的背景。
- **行数：** 设置卡片行的值。
- **列数：** 设置卡片列的值。
- **卡片缩放：** 用于设置卡片的尺寸大小。
- **翻转轴：** 设置卡片翻转的坐标轴方向。
- **翻转方向：** 设置卡片翻转的方向。
- **翻转顺序：** 设置卡片翻转的顺序。
- **渐变图层：** 设置一个渐变层影响卡片切换的效果。
- **随机时间：** 可以对卡片进行随机定时设置。
- **随机植入：** 设置卡片的随机切换。“随机时间”为0时该属性不起作用。
- **摄像机系统：** 用于设置滤镜的摄像机系统。
- **位置抖动：** 可以对卡片的位置进行抖动设置，使卡片产生颤动的效果。
- **旋转抖动：** 可以对卡片的旋转进行抖动设置。

添加该特效并设置参数，效果对比如图6-85、图6-86所示。

图 6-85
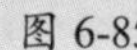

图 6-86

6.5.3 百叶窗——百叶窗闭合分割擦除

使用“百叶窗”特效可以模拟百叶窗闭合的效果，分割擦除图像，从而达到切换转场的效果。添加该效果后可以在“效果控件”面板中设置参数，如图6-87所示。“百叶窗”特效常用属性的作用如下。

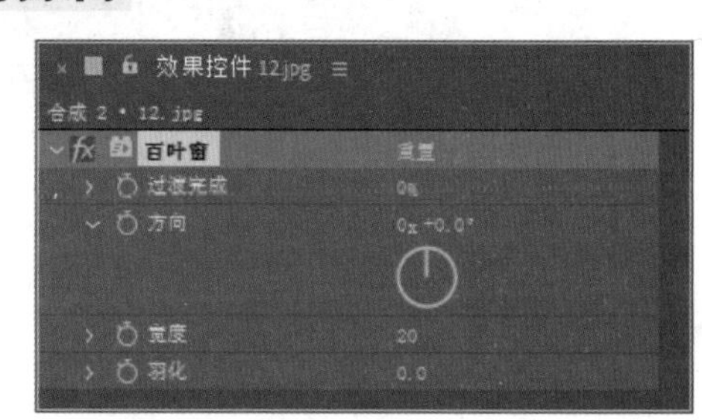

图 6-87

- **过渡完成：**用于设置转场完成的百分比。
- **方向：**用于设置擦拭的方向。
- **宽度：**用于设置分割的宽度。
- **羽化：**用于设置分割边缘的羽化。

添加该特效并设置参数，效果对比如图6-88、图6-89所示。

图 6-88

图 6-89

6.6 “透视”特效组

使用“透视”特效组中的效果可以制作透视效果，也可以为二维素材添加三维效果。该特效组中包括10个滤镜特效，本节将对常用的特效进行介绍。

6.6.1 径向阴影——制作阴影效果

“径向阴影”特效可以为图像添加阴影效果。添加该效果后可以在“效果控件”面板中设置参数，如图6-90所示。“径向阴影”特效常用属性的作用如下。

- **阴影颜色：** 设置阴影的颜色。
- **不透明度：** 设置阴影的透明程度。
- **光源：** 设置光源位置。
- **投影距离：** 设置投影与图像之间的距离。
- **柔和度：** 设置投影的柔和程度。
- **渲染：** 设置阴影的渲染方式为常规或玻璃边缘。
- **颜色影响：** 设置颜色对投影效果的影响程度。

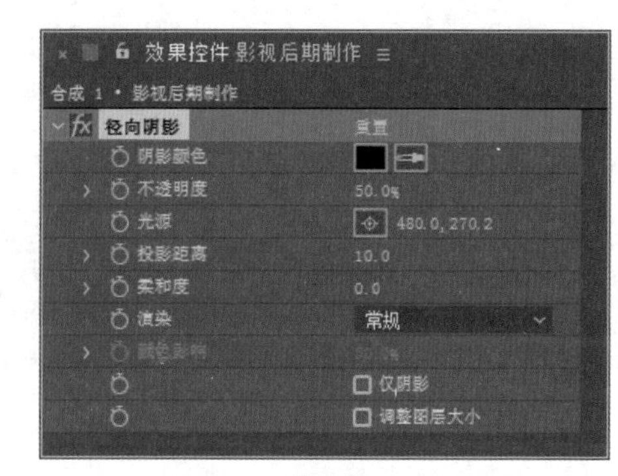

图 6-90

- **仅阴影：** 选中此复选框可以只显示阴影。
- **调整图层大小：** 选中此复选框可以调整图层大小。

添加该特效并设置参数，效果对比如图6-91、图6-92所示。

图 6-91

图 6-92

6.6.2 斜面Alpha——制作类似三维斜角效果

“斜面Alpha”特效可以通过二维的Alpha通道生成三维的斜角效果。添加该效果后可以在“效果控件”面板中设置参数，如图6-93所示。“斜面Alpha”特效常用属性的作用如下。

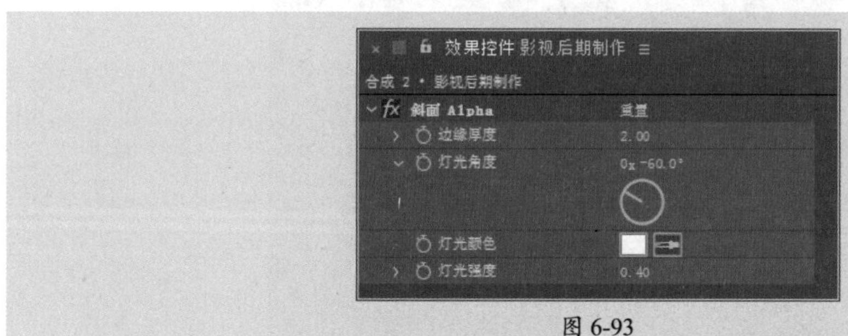

图 6-93

- **边缘厚度：** 用于设置图像边缘的厚度效果。
- **灯光角度：** 用于设置灯光照射的角度。
- **灯光颜色：** 用于设置灯光照射的颜色。
- **灯光强度：** 用于设置灯光照射的强度。

添加该特效并设置参数，效果对比如图6-94、图6-95所示。

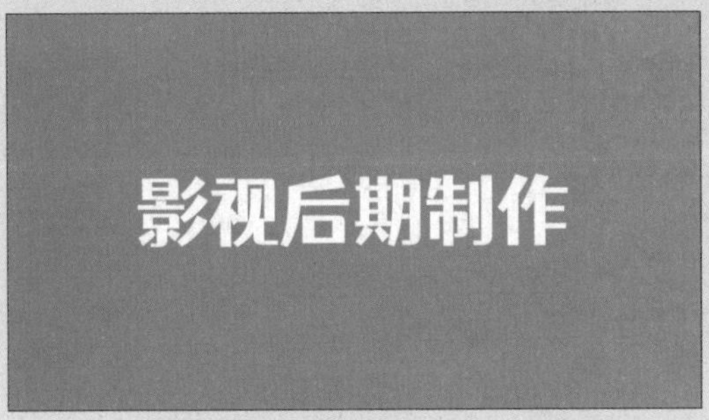

图 6-94

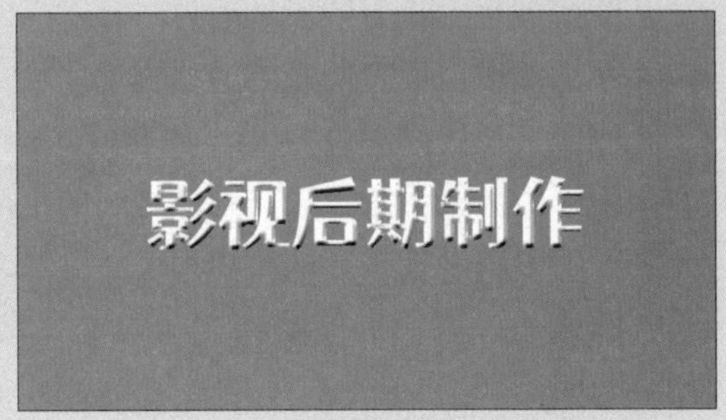

图 6-95

6.7 “风格化”特效组

“风格化”特效组中的效果可以通过修改、置换原图像像素和改变图像的对比度等操作艺术化处理图像。该特效组中包括25个滤镜特效，本节将对常用的特效进行介绍。

6.7.1 案例解析：制作渐发光效果

在学习“风格化”特效组之前，可以先看看以下案例，即使用“发光”和“查找边缘”特效制作渐发光效果。

步骤 01 打开After Effects软件，单击主页中的“新建项目”按钮新建空白项目。执行“合成”|“新建合成”命令，打开“合成设置”对话框，设置参数，如图6-96所示。设置完成后单击“确定”按钮新建合成。

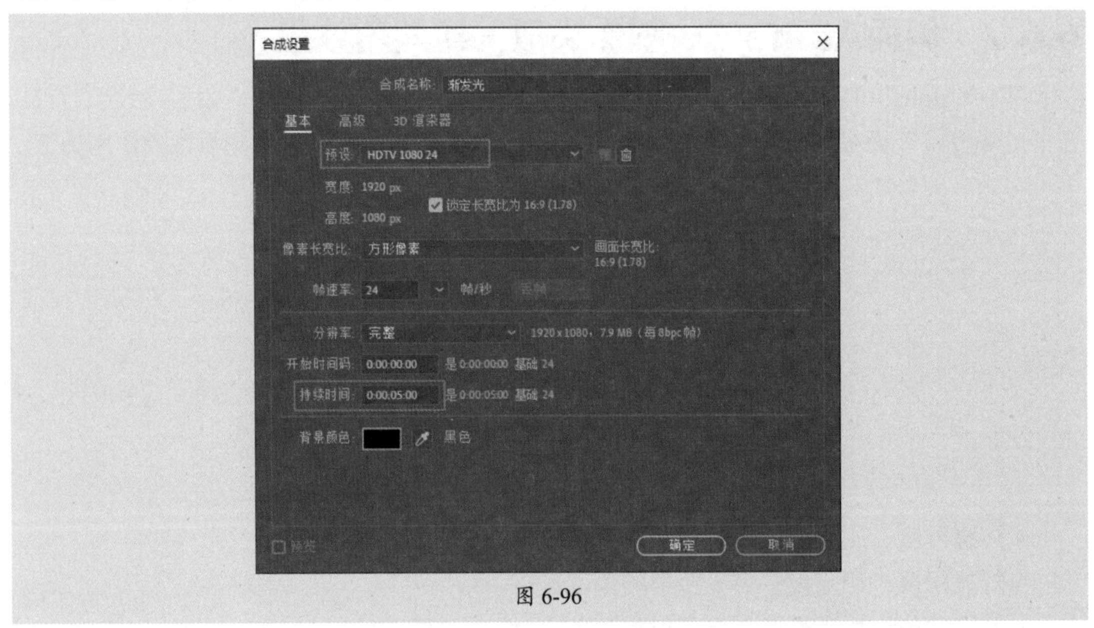

图 6-96

步骤 02 按Ctrl+I组合键导入本章素材文件，并将其拖曳至“时间轴”面板中，按Ctrl+D组合键复制图层，锁定原素材，如图6-97所示。

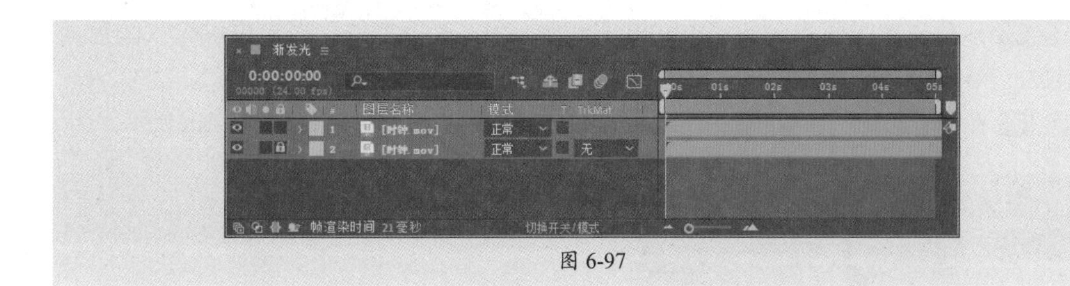

图 6-97

步骤 03 在“效果和预设”面板中搜索“查找边缘”效果，并将其拖曳至复制图层上，在“效果控件”面板中设置参数，此时“合成”面板中的效果如图6-98所示。

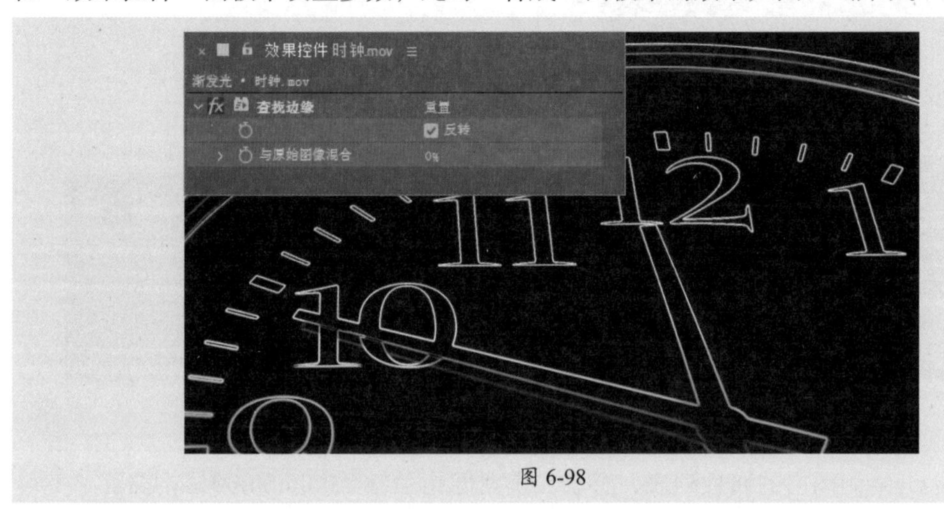

图 6-98

步骤 04 在“效果和预设”面板中搜索“发光”效果，并将其拖曳至复制图层上，移动当前时间指示器至0:00:00:00处，在“效果控件”面板中设置参数，单击“颜色循环”参数左侧的“时间变化秒表”按钮添加关键帧，如图6-99所示。

步骤 05 移动当前时间指示器至0:00:02:12处，在“效果控件”面板中设置“颜色循环”参数，软件将自动添加关键帧，如图6-100所示。

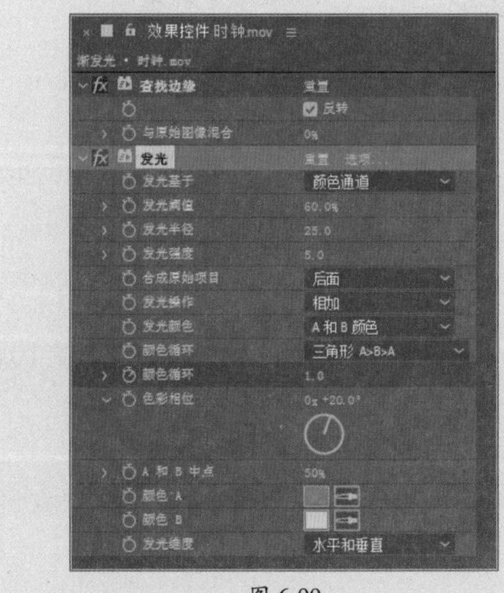

图 6-99

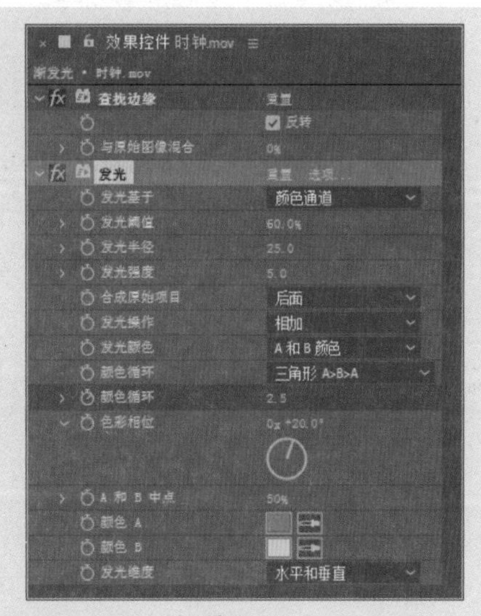

图 6-100

步骤 06 移动当前时间指示器至0:00:05:00处，在“效果控件”面板中设置“颜色循环”参数，软件将自动添加关键帧，如图6-101所示。

步骤 07 在“时间轴”面板中设置复制图层的混合模式为“变亮”，如图6-102所示。

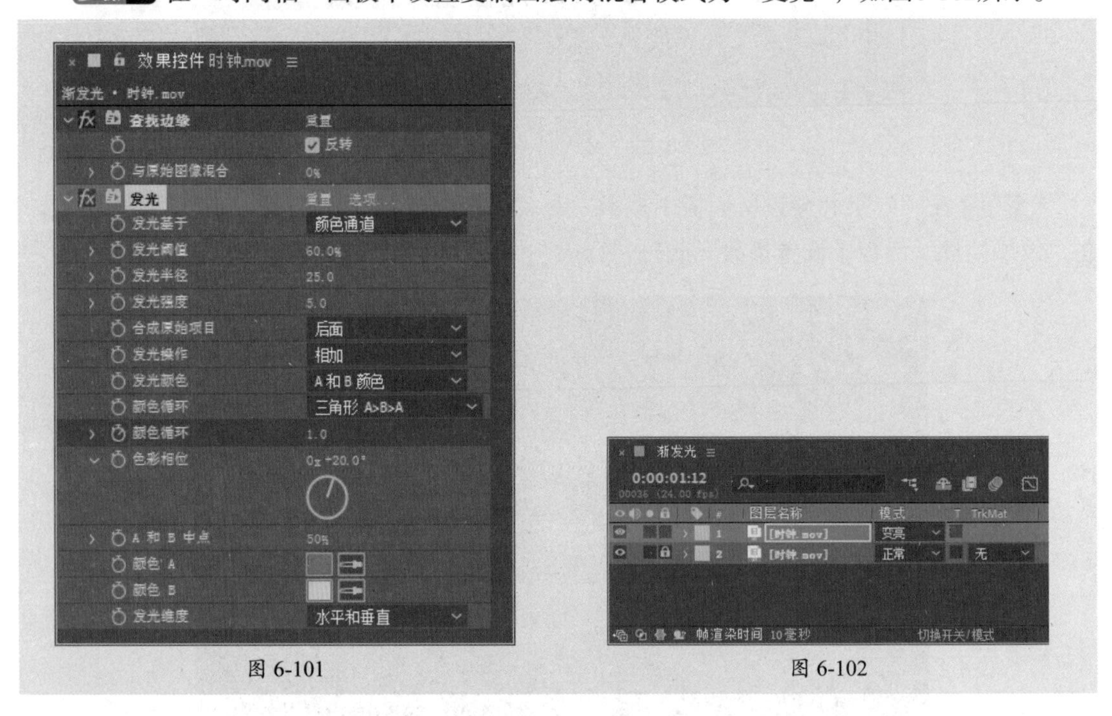

图 6-101　　图 6-102

步骤 08 展开复制图层的属性列表，移动当前时间指示器至0:00:00:00处，设置“不透明度”为0%，并单击“不透明度”参数左侧的“时间变化秒表”按钮添加关键帧，如图6-103所示。

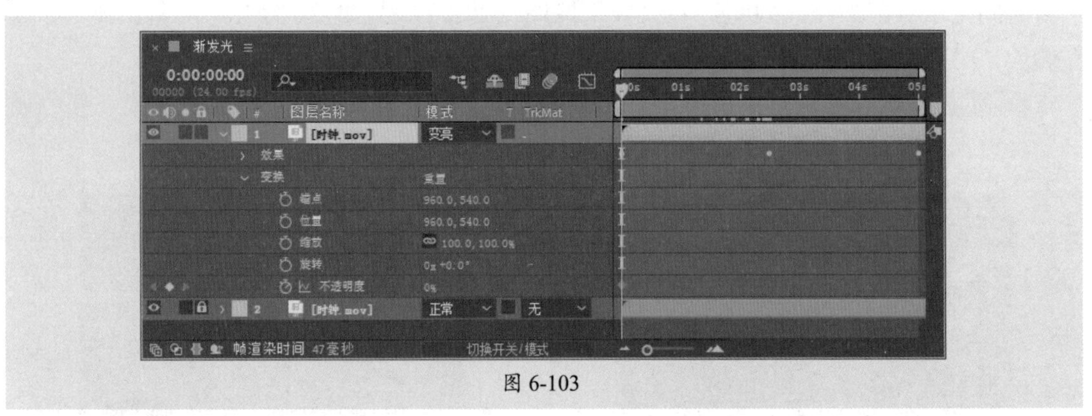

图 6-103

步骤 09 移动当前时间指示器至0:00:02:12处，设置“不透明度”为100%；移动当前时间指示器至0:00:05:00处，设置“不透明度”为0%。软件将自动添加关键帧，如图6-104所示。

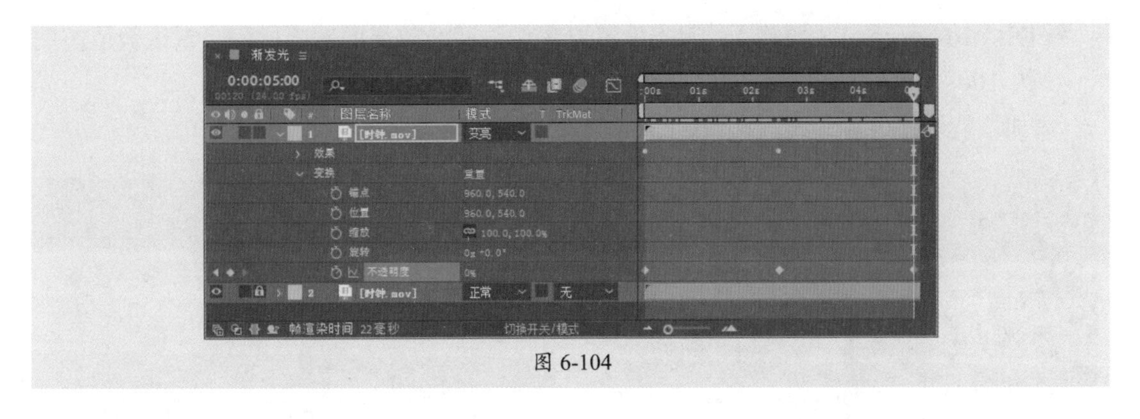

图 6-104

步骤 10 至此完成渐发光效果的制作。按空格键在“合成”面板中预览效果，如图6-105所示。

图 6-105

6.7.2 CC Glass（玻璃）——模拟玻璃效果

“CC Glass（玻璃）”特效可以通过对图像属性进行分析，添加高光、阴影以及一些微小的变形来模拟玻璃效果。添加该效果后可以在“效果控件”面板中设置参数，如图6-106所示。“CC Glass（玻璃）”特效常用属性的作用如下。

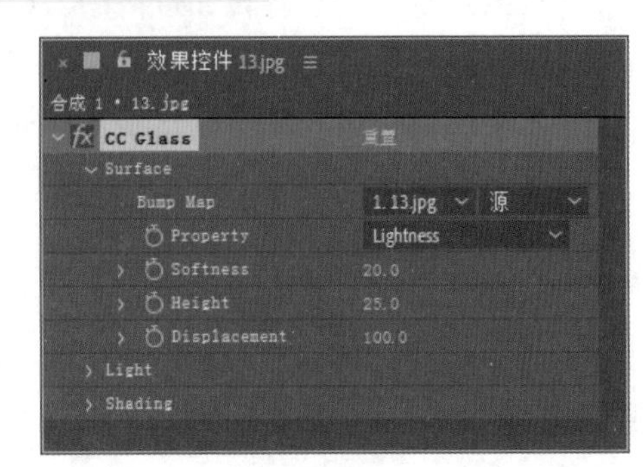

图 6-106

- **Bump Map（凹凸映射）**：用于设置在图像中出现的凹凸效果的映射图层，默认图层为1图层。
- **Property（特性）**：用于定义使用映射图层进行凹凸效果的方法，影响光影变化。在右侧的下拉列表中有6个选项可供选择。
- **Height（高度）**：用于定义凹凸效果中的高度。默认数值范围为-50~50，可用数值范围为-100~100。

- **Displacement（置换）**：用于设置原图像与凹凸效果的融合比例。默认数值范围为-100~100，可用数值范围为-500~500。

添加该特效并设置参数，效果对比如图6-107、图6-108所示。

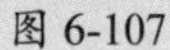

图 6-107

图 6-108

6.7.3 动态拼贴——复制拼贴图像

“动态拼贴”特效可以复制原图像并使其沿水平或垂直方向拼贴，制作出类似墙砖拼贴的效果。添加该效果后可以在“效果控件”面板中设置参数，如图6-109所示。“动态拼贴”特效常用属性的作用如下。

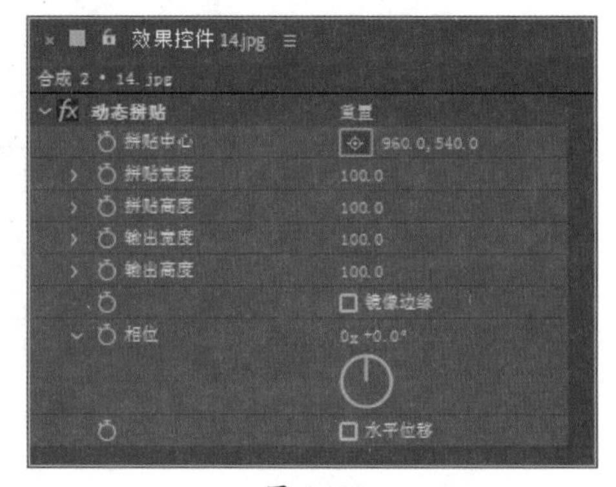

图 6-109

- **拼贴中心**：用于定义主要拼贴的中心。
- **拼贴宽度、拼贴高度**：用于设置拼贴尺寸，显示为输入图层尺寸的百分比。
- **输出宽度、输出高度**：用于设置输出图像的尺寸，显示为输入图层尺寸的百分比。
- **镜像边缘**：用于翻转邻近拼贴，以形成镜像图像。
- **相位**：用于设置拼贴的水平或垂直位移。
- **水平位移**：用于使拼贴水平（而非垂直）位移。

添加该特效并设置参数，效果对比如图6-110、图6-111所示。

图 6-110

图 6-111

6.7.4 发光——使图像较亮部分变亮

使用“发光”特效可以找到并变亮图像的较亮部分，以创建出漫反射的发光光环。添加该效果后可以在“效果控件”面板中设置参数，如图6-112所示。“发光”特效常用属性的作用如下。

- **发光基于：** 用于确定发光是基于颜色值还是透明度值。
- **发光阈值：** 用于设置不应用发光效果的亮度限值。
- **发光半径：** 用于设置发光效果从图像的明亮区域开始延伸的距离，以像素为单位。
- **发光强度：** 用于设置发光的亮度。
- **合成原始项目：** 用于指定如何将效果与原图层合成。
- **发光颜色：** 用于设置发光的颜色。
- **颜色循环：** 用于使用“颜色A”和“颜色B”控件指定的颜色，创建渐变发光。
- **色彩相位：** 用于设置在颜色周期中开始颜色循环的位置。
- **发光维度：** 用于指定发光方向是水平的、垂直的还是两者兼有的。

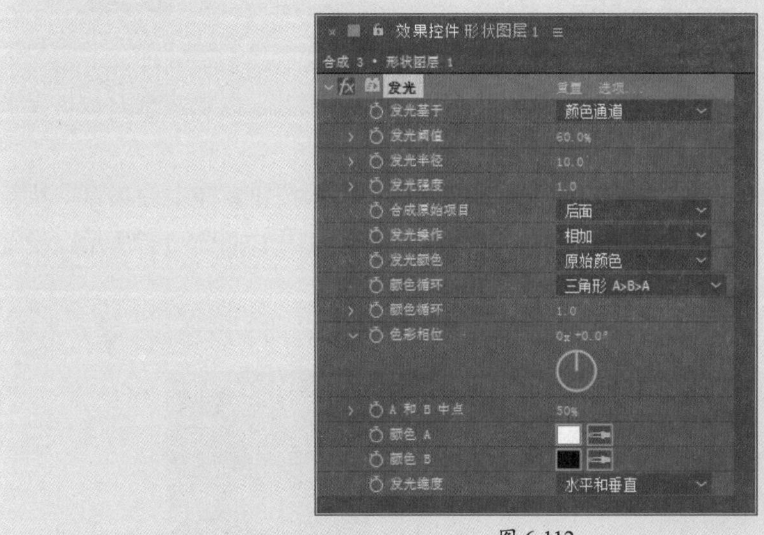

图 6-112

添加该特效并设置参数，效果对比如图6-113、图6-114所示。

图 6-113

图 6-114

6.7.5 查找边缘——强调边缘

使用“查找边缘”特效可以强调边缘，制作出原始图像草图的效果，多用于过渡明显的图像。添加该特效并设置参数，效果对比如图6-115、图6-116所示。

图 6-115

图 6-116

课堂实战 制作文字故障动画

本章课堂实战练习制作文字故障动画。综合练习本章的知识点，以熟练掌握和巩固素材的操作。下面介绍操作思路。

步骤 01 打开After Effects软件，单击主页中的“新建项目”按钮新建空白项目。执行“合成”|“新建合成”命令，打开“合成设置”对话框，设置参数，如图6-117所示。设置完成后单击“确定”按钮新建合成。

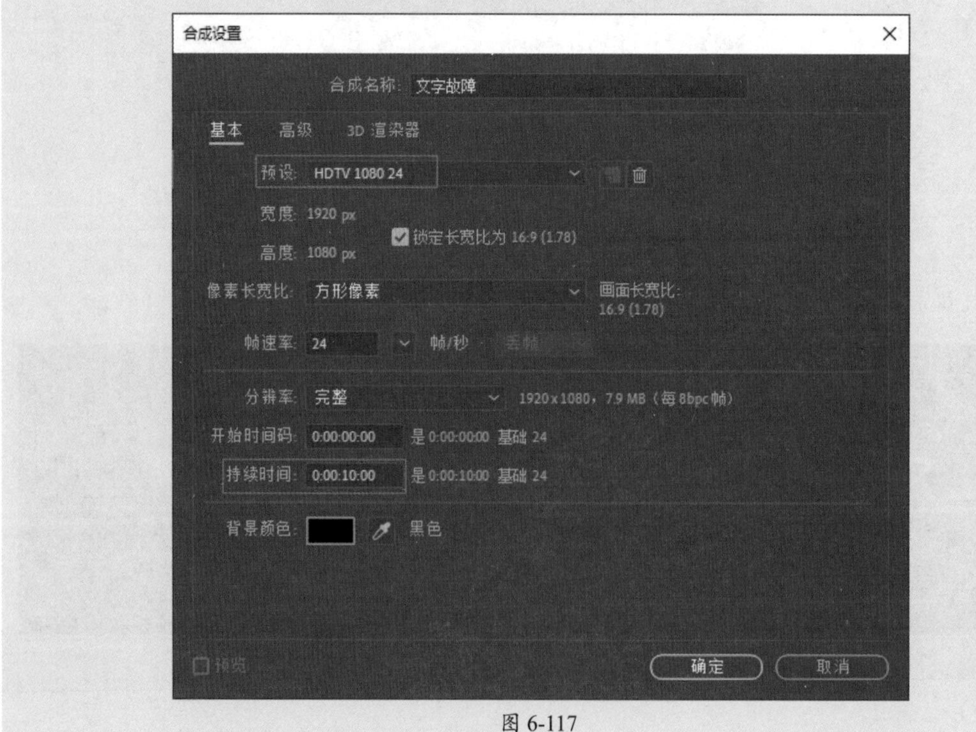

图 6-117

步骤 02 使用横排文字工具在“合成”面板中的合适位置单击并输入文字，在“字符”面板中设置参数，效果如图6-118所示。

图 6-118

步骤 03 选中文本图层并右击鼠标，在弹出的快捷菜单中执行“预合成”命令嵌套素材，如图6-119所示。

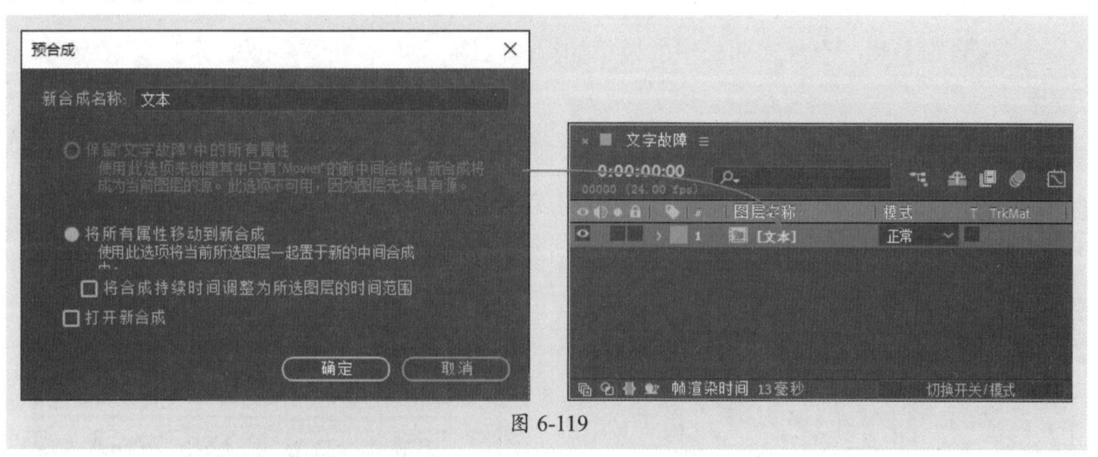

图 6-119

步骤 04 在“时间轴”面板的空白处右击鼠标，在弹出的快捷菜单中执行“新建”|“纯色”命令，打开“纯色设置”对话框，保持默认设置，单击“确定”按钮新建一个纯黑色的图层，如图6-120所示。

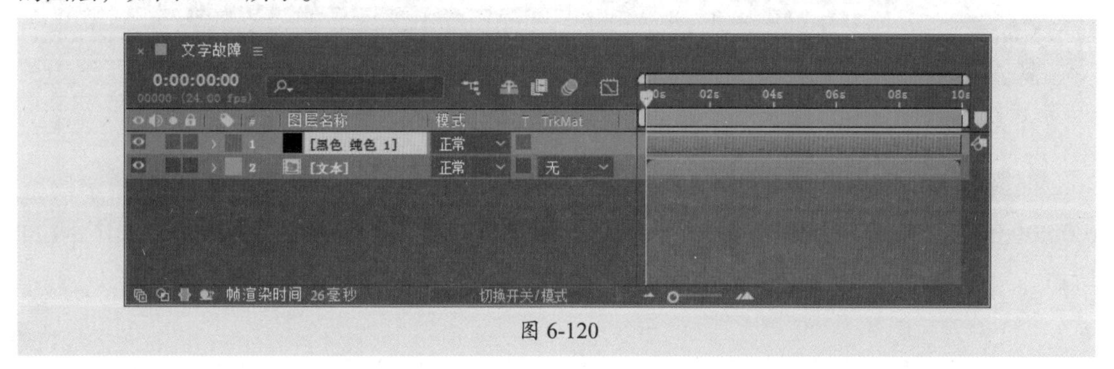

图 6-120

步骤05 在“效果和预设”面板中搜索“分形杂色”效果并拖曳至纯色图层上，此时“合成”面板中的效果如图6-121所示。

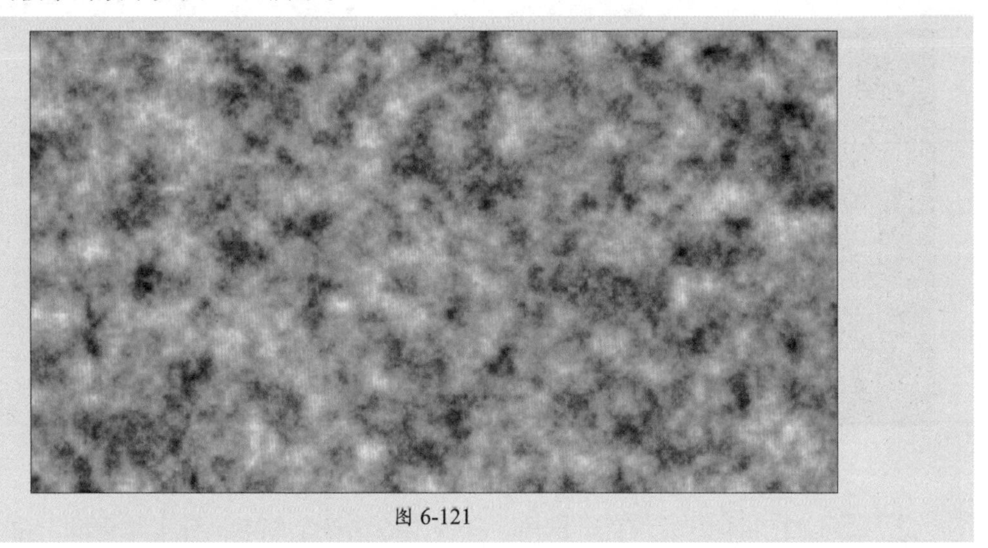

图 6-121

步骤06 在“效果控件”面板中设置参数，如图6-122所示。

步骤07 调整后“合成”面板中的效果如图6-123所示。

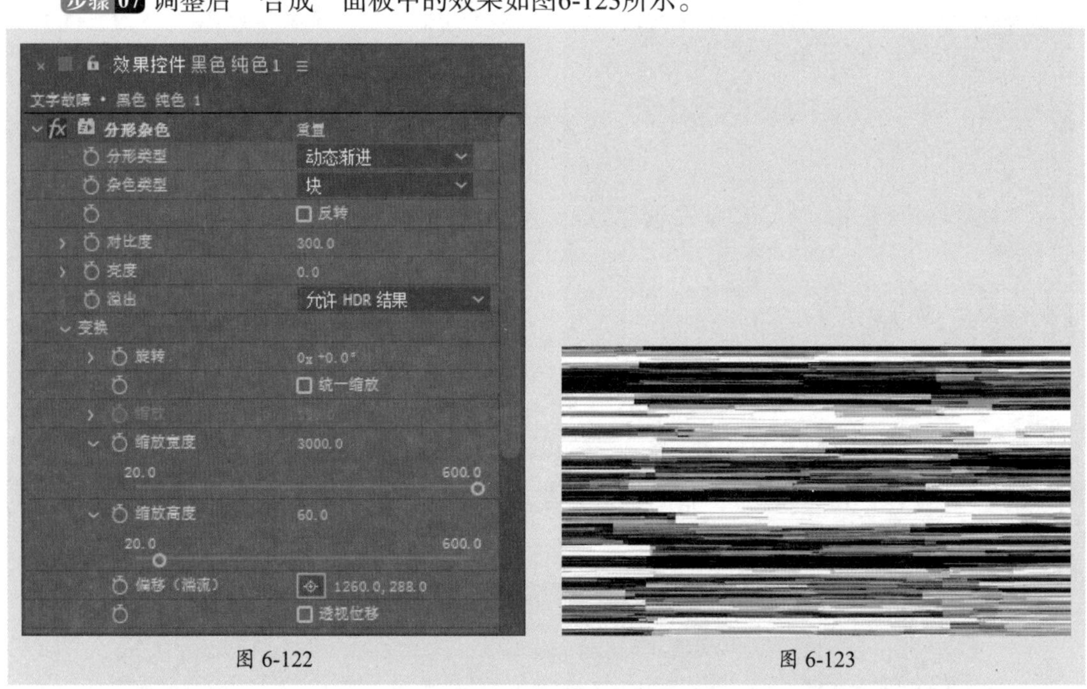

图 6-122　　图 6-123

步骤08 在“时间轴”面板中展开“分形杂色”属性列表，移动当前时间指示器至0:00:00:00处，单击“演化”属性左侧的“时间变化秒表”按钮添加关键帧，如图6-124所示。

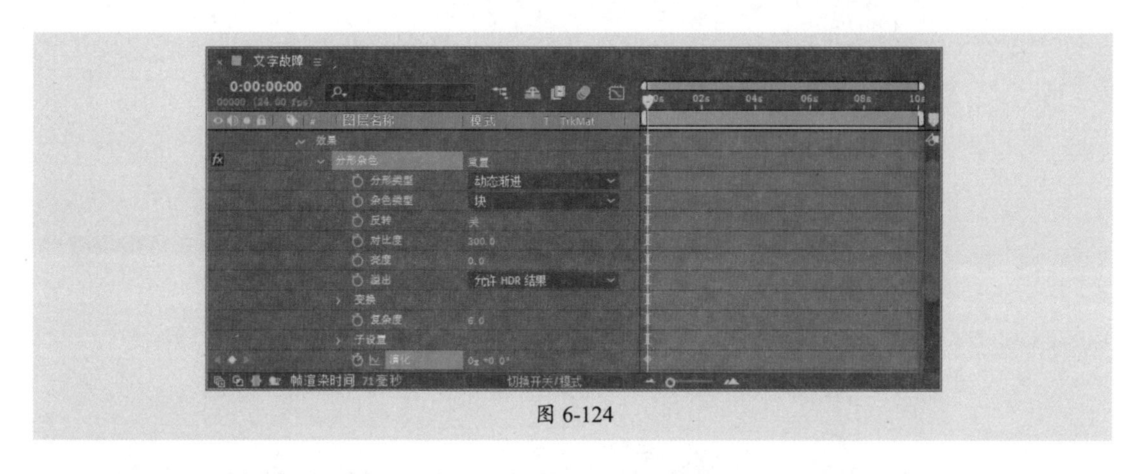

图 6-124

步骤 09 移动当前时间指示器至0:00:10:00处，设置“演化”参数，软件将自动生成关键帧，如图6-125所示。

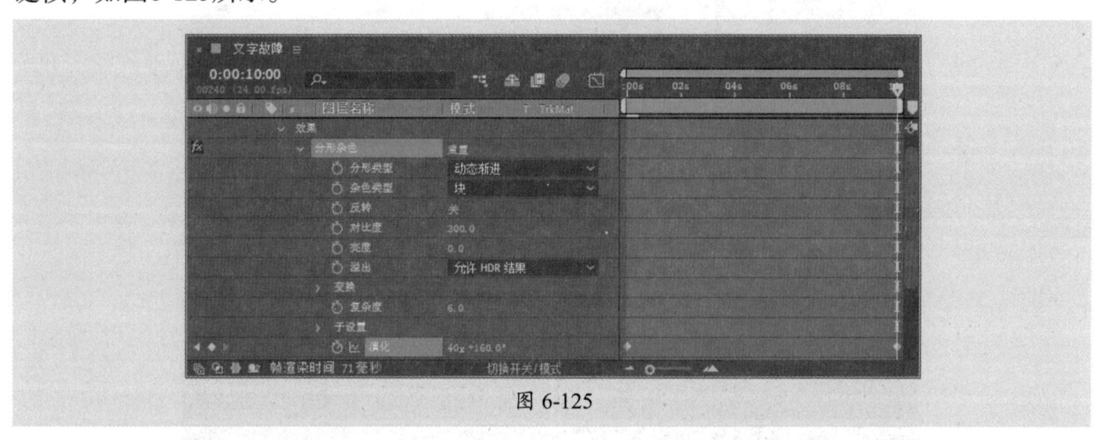

图 6-125

步骤 10 将纯色图层创建为预合成“纯色”，并按Ctrl+D组合键复制图层，调整图层顺序，如图6-126所示。

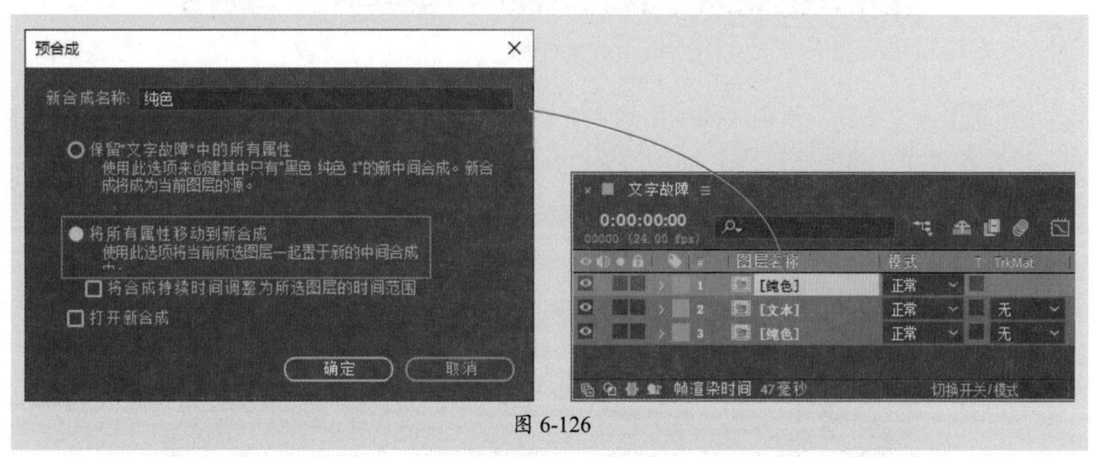

图 6-126

步骤 11 选择第1层的“纯色”预合成图层，双击进入，展开预合成的纯色图层属性列表，在起始处和结束处为“亮度”属性添加关键帧，如图6-127所示。

步骤 12 返回至“文字故障”合成，为“文本”预合成图层设置轨道遮罩为“亮度遮罩”，并隐藏最底部的预合成图层，如图6-128所示。

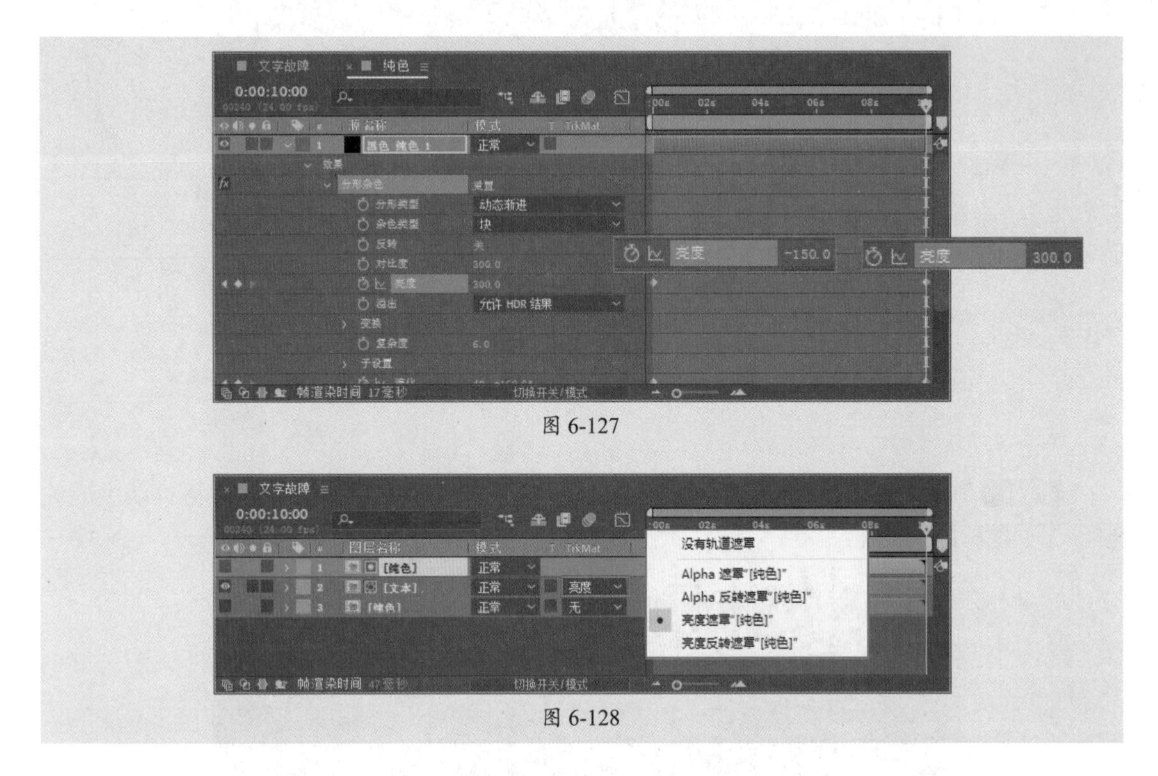

图 6-127

图 6-128

步骤13 按空格键在“合成”面板中预览效果，如图6-129所示。

图 6-129

步骤14 为“文本”预合成图层添加“置换图”效果，在“时间轴”面板中展开属性列表，设置参数并在起始处和结束处为“最大水平置换”属性添加关键帧，如图6-130所示。

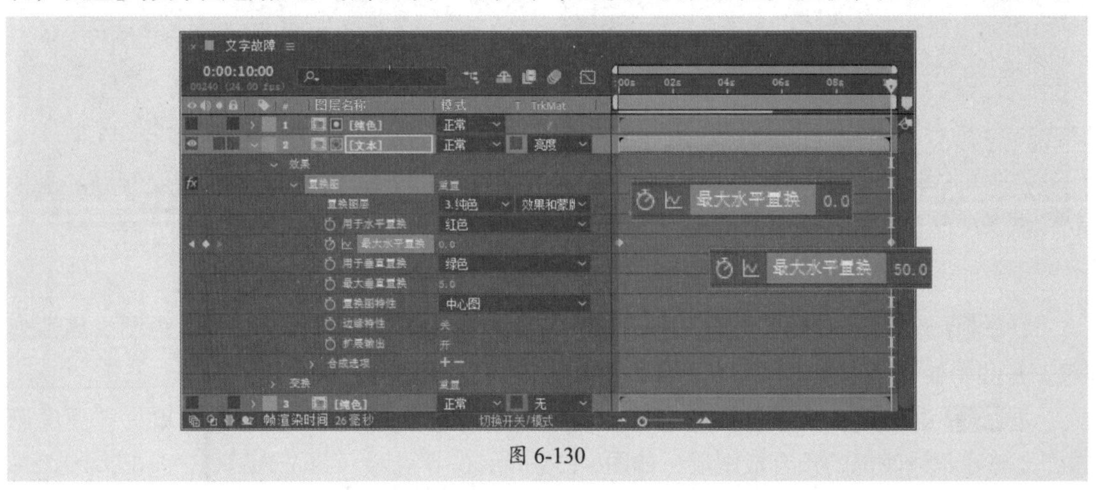

图 6-130

步骤 15 选择三个图层嵌套为“故障”预合成，如图6-131所示。

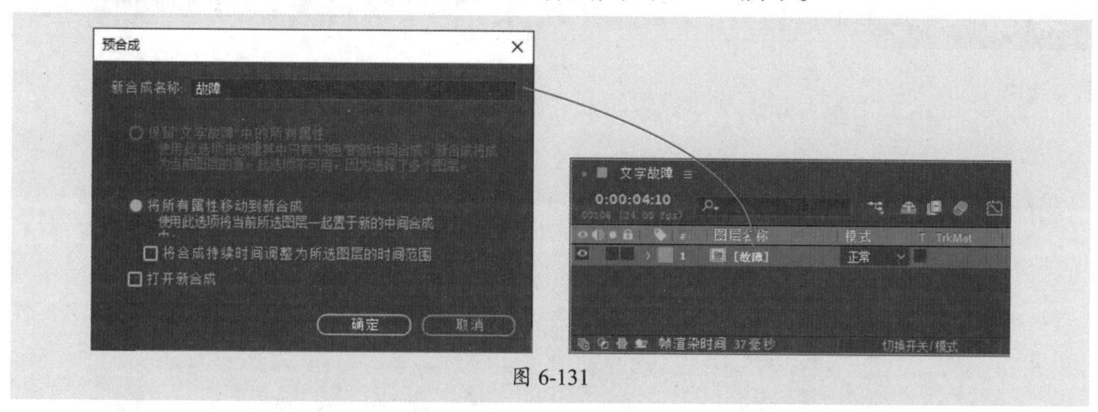

图 6-131

步骤 16 至此完成文字故障动画的制作。按空格键在“合成”面板中预览效果，如图6-132所示。

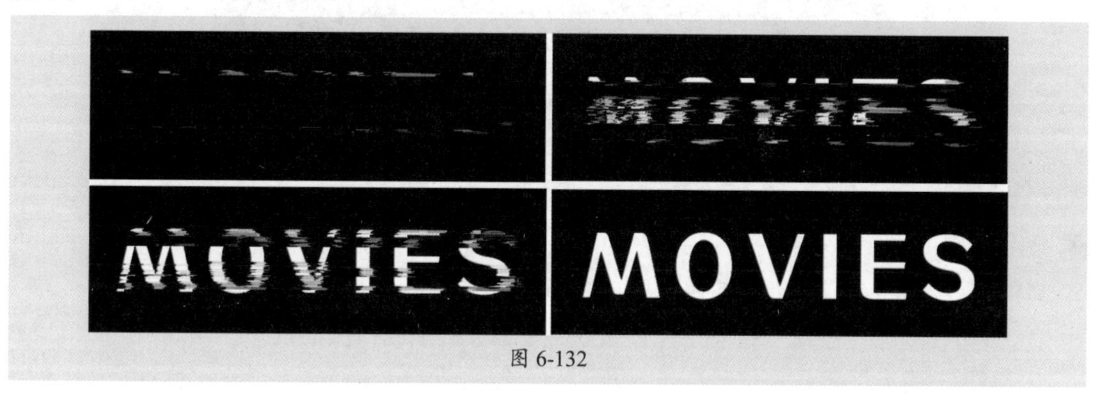

图 6-132

课后练习 制作光线游动效果

下面将综合本章学习知识制作光线游动效果，如图6-133所示。

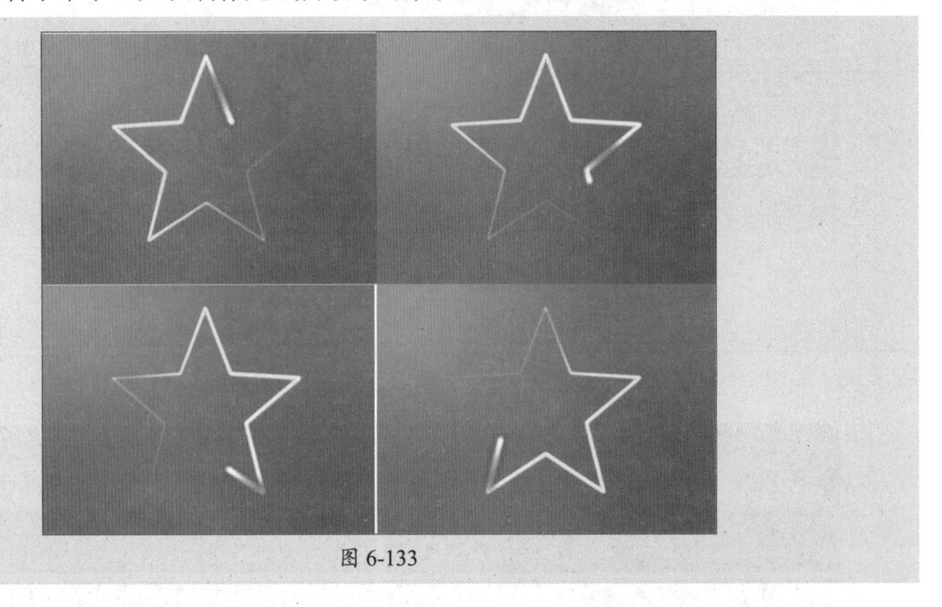

图 6-133

1. 技术要点

①新建项目与合成，创建纯色图层，绘制圆形路径。

②为路径添加“勾画”效果并设置参数，添加关键帧制作流动效果。

③添加“发光”效果。

④复制图层并设置参数，制作光线效果。

⑤添加背景。

2. 分步演示

本案例的分步演示效果如图6-134所示。

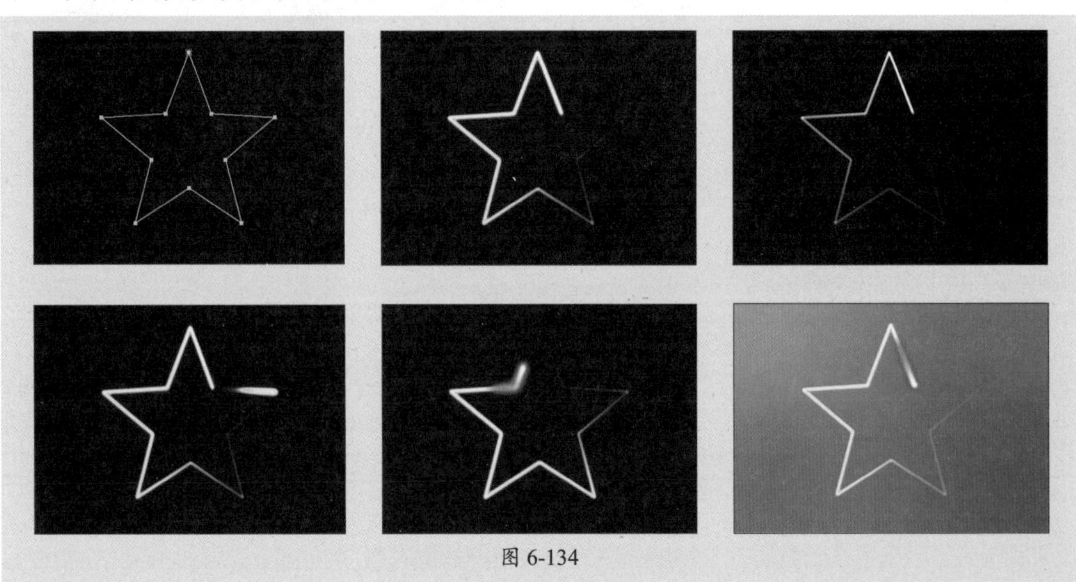

图 6-134

拓展赏析

《我这一辈子》

《我这一辈子》是中国文华影片公司摄制的剧情片，由石挥执导并主演，上映于1950年。该片由老舍的同名小说改编，讲述了一个奉公守法的北京老巡警在旧社会经历的悲惨遭遇，以及他对新世界新生活的希望，如图6-135所示。

这部电影通过剪辑使繁杂的内容以清晰的脉络呈现在银幕中，结合细腻的画面和音效处理，生动地表现了主角的苦难和无奈，如图6-136所示为该片剧照。

影片在原作的基础上发展升级，从小人物的视角切入，通过朴实平易、京味醇厚的语言和独具特色的幽默感，展现了个人的悲惨命运与时代的无奈，更增悲剧色彩。

图 6-135

图 6-136

第7章

影视后期制作之视频调色

内容导读

调色是影视后期制作中的一个重要的步骤。本章将对影视后期制作中的色彩调整与校正进行讲解，包括色彩及色彩三要素等色彩基础知识，色阶、曲线等基本调色效果，照片滤镜、颜色平衡等常用调色效果。

思维导图

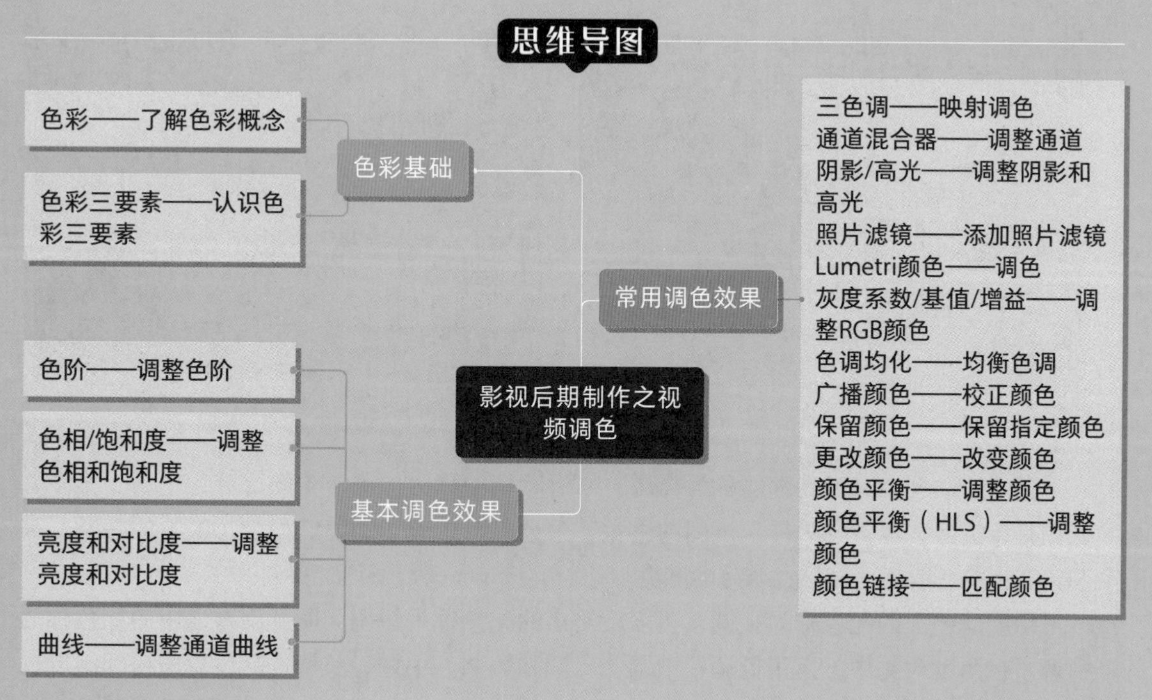

7.1 色彩基础

色彩是最具视觉表现力的元素之一，在影视后期制作中，可以通过不同的色彩刻画角色情感、烘托环境氛围等。本节将对色彩的基础知识进行介绍。

7.1.1 色彩——了解色彩概念

色彩是指颜色，是以色光为主体的客观存在，对于人来说是一种基于光、物体对光的反射、人的视觉器官——眼产生的视象感觉。即不同波长的可见光投射到物体上，有一部分波长的光被吸收，一部分波长的光被反射出来刺激人的眼睛，经过视神经传递到大脑，形成对物体的色彩信息。

7.1.2 色彩三要素——认识色彩三要素

色彩由色相、明度、纯度三种元素构成。在色彩学上，一般称这三种元素为色彩的三大要素。下面将对此进行说明。

1. 色相

色相是指每种色彩的相貌，如红、绿、黄、钴蓝等。色相是区分色彩的主要依据，是有彩色的最大特征。

2. 明度

明度是指色彩的明亮程度。色彩的明度分为两种情况：一是同一色相不同明度，如粉红、大红、深红，都是红，但一种比一种深。二是各种颜色的不同明度，如六标准色中黄最浅，紫最深，橙和绿、红和蓝处于相近的明度之间。图7-1、图7-2所示为不同明度的图像效果。

图 7-1

图 7-2

色彩从白到黑靠近亮端的称为高调，靠近暗端的称为低调，中间部分为中调。其中，低调具有沉静、厚重、迟钝、沉闷的感觉，中调具有柔和、甜美、稳定、舒适的感觉，高调具有优雅、明亮、轻松、寒冷的感觉。

明度反差大的配色称为长调，明度反差小的配色称为短调，明度反差适中的配色称为中调。在明度对比中，运用低调、中调、高调和短调、中调、长调进行色彩的搭配组合，构成9组明度基调的配色组合，称为“明度九调构成”，分别为高长调、高中调、高短调、中长调、中中调、中短调、低长调、低中调、低短调。

3. 纯度

纯度是指各色彩中包含的单种标准色成分的多少，是色彩感觉强弱的标志。不同色相所能达到的纯度是不同的，其中红色纯度最高，绿色纯度相对低些，其余色相居中。图7-3、图7-4所示为不同纯度的图像效果。

图 7-3

图 7-4

7.2 基本调色效果

在影视后期制作中，常常需要对影视作品的颜色进行调整。After Effects软件中的“颜色校正”效果组就可以实现这一功能。该效果组中包括34种特效，本节将对其中最为基础的四种特效进行讲解。

7.2.1 案例解析：蔚蓝海洋

在学习基本调色命令之前，可以先看看以下案例，即使用“色阶”和“色相/饱和度”效果制作蔚蓝海洋效果。

步骤 01 打开After Effects软件，单击主页中的“新建项目”按钮新建空白项目。按Ctrl+I组合键导入本章素材文件，选中素材文件后右击鼠标，在弹出的快捷菜单中执行“基于所选项新建合成”命令新建合成，如图7-5所示。

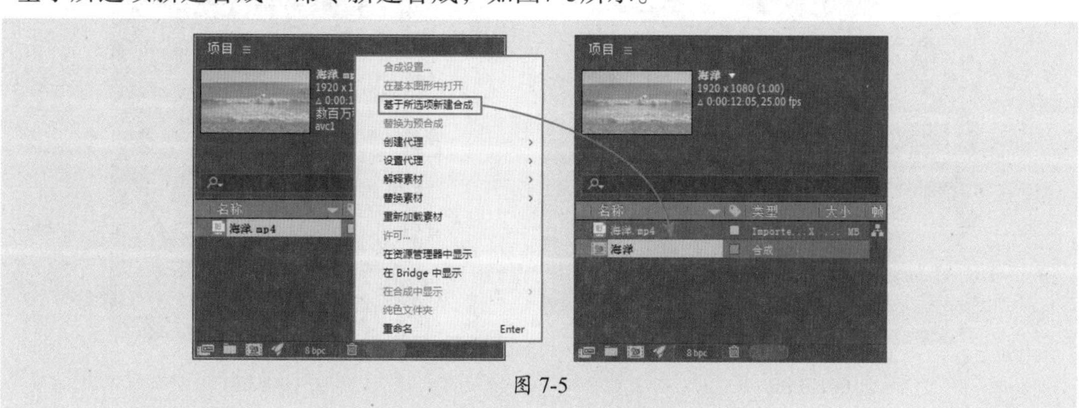

图 7-5

步骤 02 执行“图层”|“新建”|“调整图层”命令，新建一个调整图层，如图7-6所示。

步骤 03 在“效果和预设”面板中搜索“色阶”效果，将其拖曳至“时间轴”面板中的调整图层上，在“效果控件”面板中设置参数，如图7-7所示。

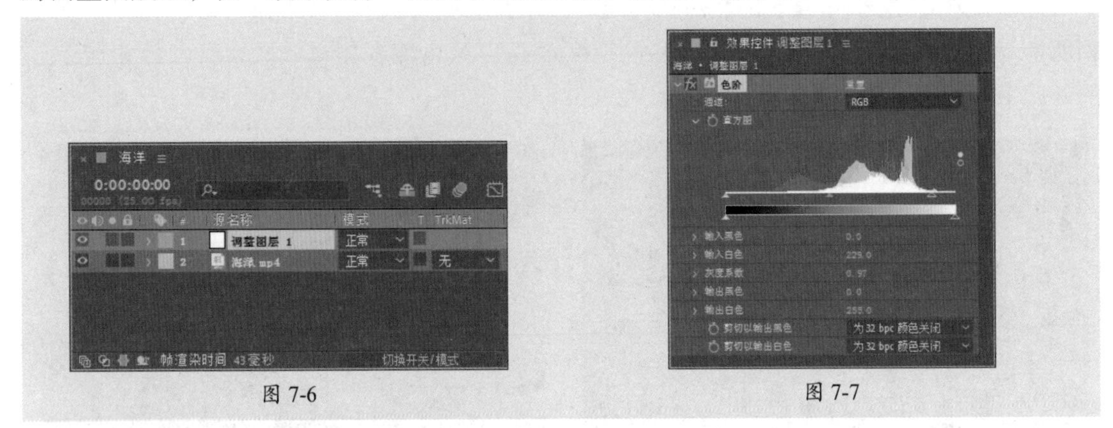

图 7-6　　图 7-7

步骤 04 此时“合成”面板中的效果如图7-8所示。

图 7-8

步骤 05 在“效果和预设”面板中搜索“色相/饱和度”效果，将其拖曳至“时间轴”面板中的调整图层上，在“效果控件”面板中设置参数，如图7-9、图7-10所示。

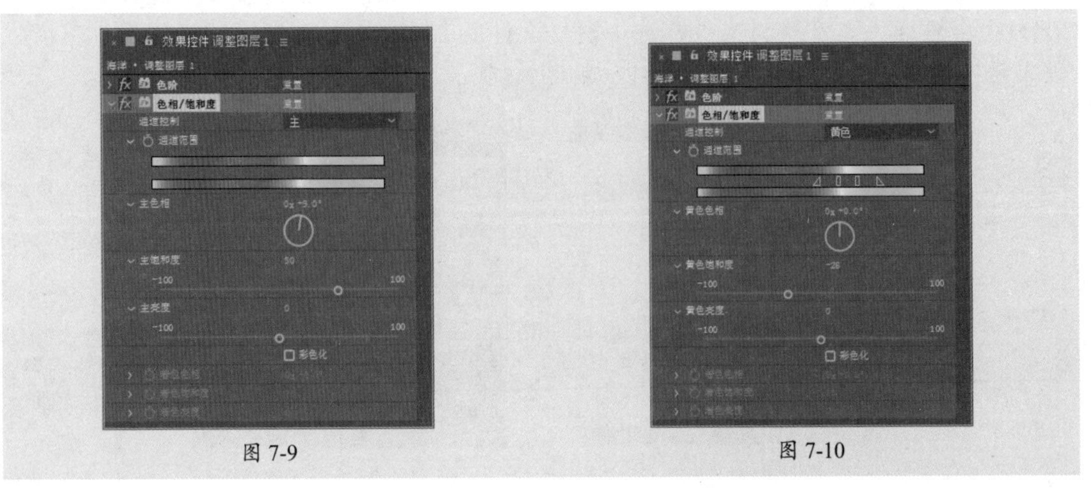

图 7-9　　图 7-10

步骤 06 此时“合成”面板中的效果如图7-11所示。至此完成蔚蓝海洋效果的调整。

图 7-11

7.2.2 色阶——调整色阶

“色阶”效果是通过重新分布输入颜色的级别来获取一个新的颜色输出范围，从而设置图像的亮度和对比度。使用该效果可以扩大图像的动态范围、查看和修正曝光，以及提高对比度等。

选中图层后执行“效果”|“颜色校正”|“色阶”命令或在“效果和预设”面板中搜索“色阶”效果并拖曳至图层上，即可为图层添加该效果。添加效果后可以在“效果控件”面板中设置参数，如图7-12所示。

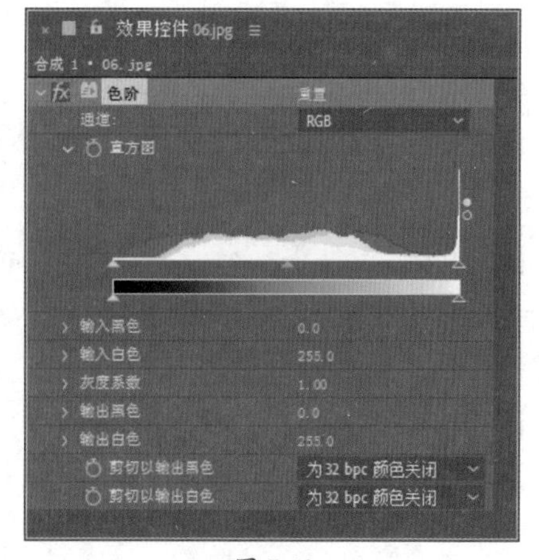

图 7-12

添加“色阶”效果并设置参数，效果对比如图7-13、图7-14所示。

图 7-13

图 7-14

7.2.3 色相/饱和度——调整色相和饱和度

“色相/饱和度”效果可以通过调整某个通道颜色的色相、饱和度及亮度，对图像的某个色域局部进行调节。选中图层后执行“效果”|“颜色校正”|“色相/饱和度”命令或在“效果和预设”面板中搜索“色相/饱和度”效果并拖曳至图层上，即可为图层添加该效果。添加效果后可以在“效果控件”面板中设置参数，如图7-15所示。

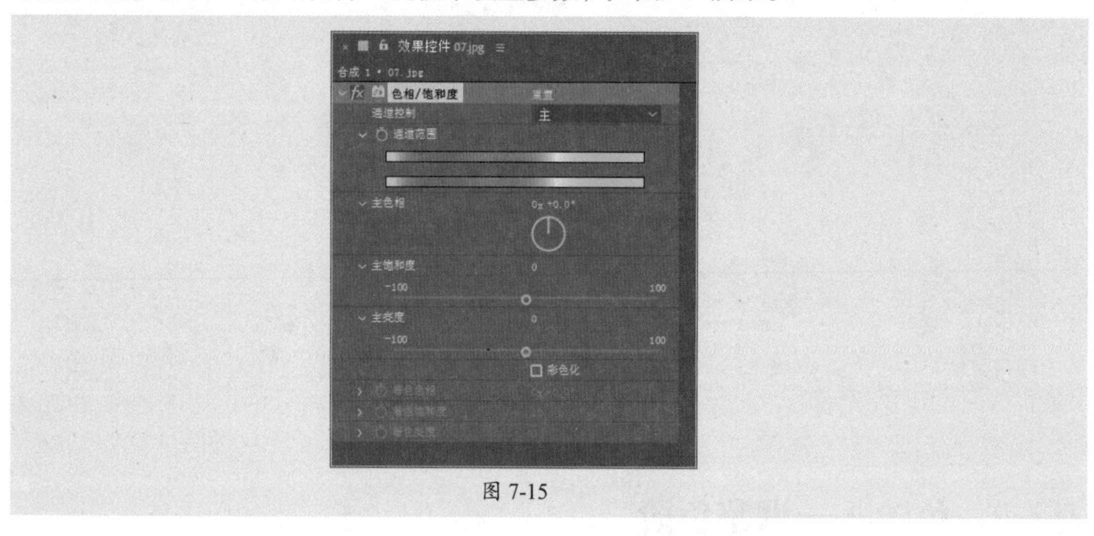

图 7-15

添加“色相/饱和度”效果并设置参数，效果对比如图7-16、图7-17所示。

图 7-16

图 7-17

7.2.4 亮度和对比度——调整亮度和对比度

“亮度和对比度”效果可以调整画面的亮度和对比度。选中图层后执行“效果”|“颜色校正”|“亮度和对比度”命令或在“效果和预设”面板中搜索“亮度和对比度”效果并拖曳至图层上，即可为图层添加该效果。添加效果后可以在“效果控件”面板中设置参数，如图7-18所示。

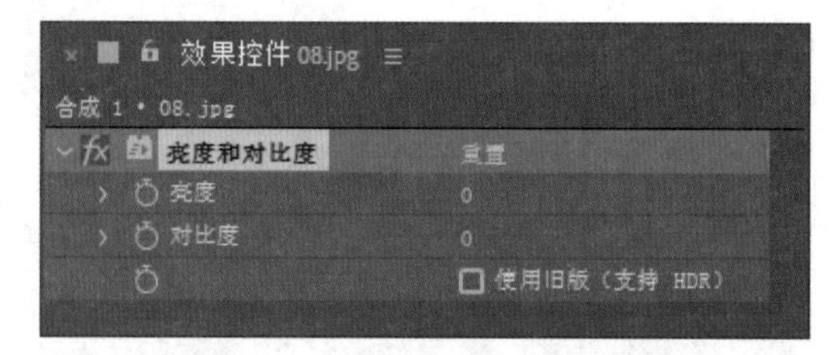

图 7-18

添加“亮度和对比度”效果并设置参数，效果对比如图7-19、图7-20所示。

图 7-19

图 7-20

7.2.5 曲线——调整通道曲线

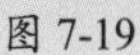

“曲线”效果可以通过曲线精确控制画面整体或单独颜色通道的色调范围。选中图层后执行“效果”|“颜色校正”|“曲线”命令或在“效果和预设”面板中搜索“曲线”效果并拖曳至图层上，即可为图层添加该效果。添加效果后可以在“效果控件”面板中设置参数，如图7-21所示。

添加“曲线”效果并设置参数，效果对比如图7-22、图7-23所示。

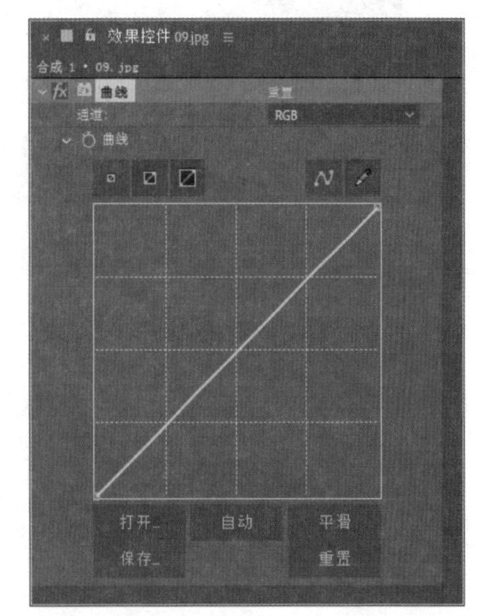

图 7-21

图 7-22

图 7-23

7.3 常用调色效果

“颜色校正”效果组中除了基本的四种调色效果外，还包括一些其他的常用调色效果。本节将对此进行说明。

7.3.1 案例解析：季节变换效果

在学习常用调色效果之前，可以先看看以下案例，使用“可选颜色”“照片滤镜”等效果制作季节变换效果。

步骤 01 打开After Effects软件，单击主页中的“新建项目”按钮新建空白项目。按Ctrl+I组合键导入本章素材文件，选中素材文件后右击鼠标，在弹出的快捷菜单中执行“基于所选项新建合成”命令新建合成，如图7-24所示。

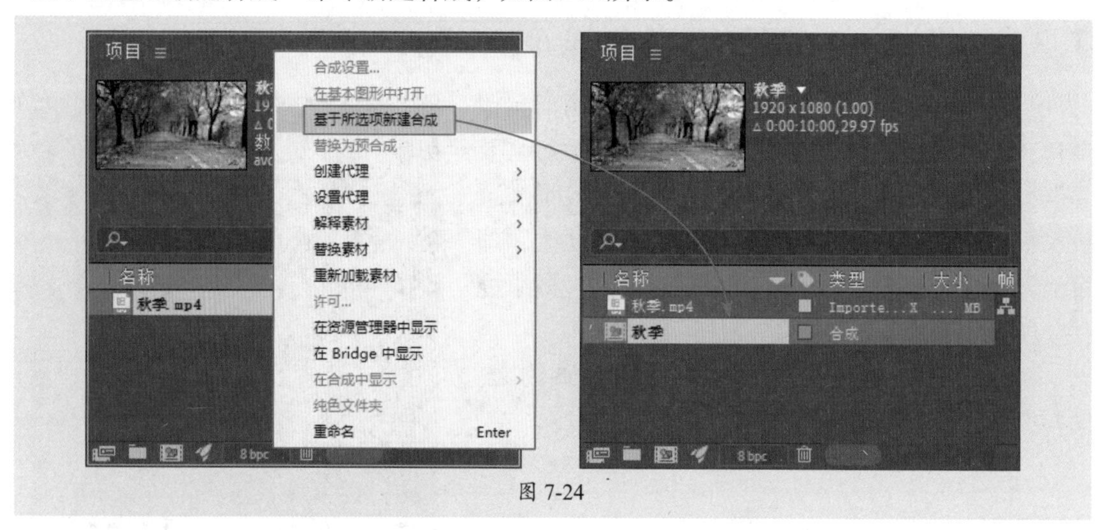

图 7-24

步骤 02 执行“图层”|“新建”|“调整图层”命令，新建一个调整图层，如图7-25所示。

步骤 03 在“效果和预设”面板中搜索“色调均化”效果并拖曳至调整图层上，在“效果控件”面板中设置参数，如图7-26所示。

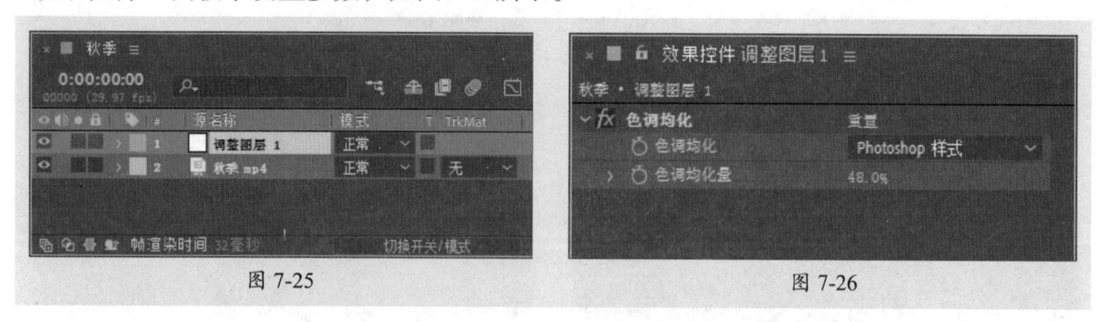

图 7-25　　图 7-26

步骤 04 此时“合成”面板中的效果如图7-27所示。

图 7-27

步骤 05 在“效果和预设”面板中搜索“照片滤镜”效果并拖曳至调整图层上。移动当前时间指示器至0:00:00:00处，在“效果控件”面板中设置参数，并单击“密度”参数左侧的“时间变化秒表”按钮添加关键帧，如图7-28所示。

步骤 06 移动当前时间指示器至结尾处，设置“密度”参数，软件将自动生成关键帧，如图7-29所示。

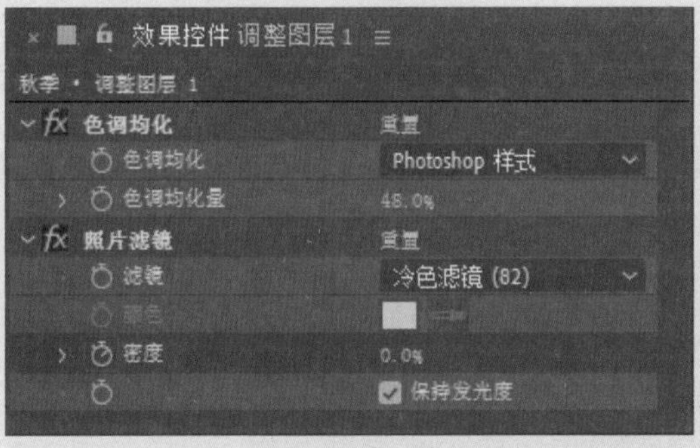

图 7-28

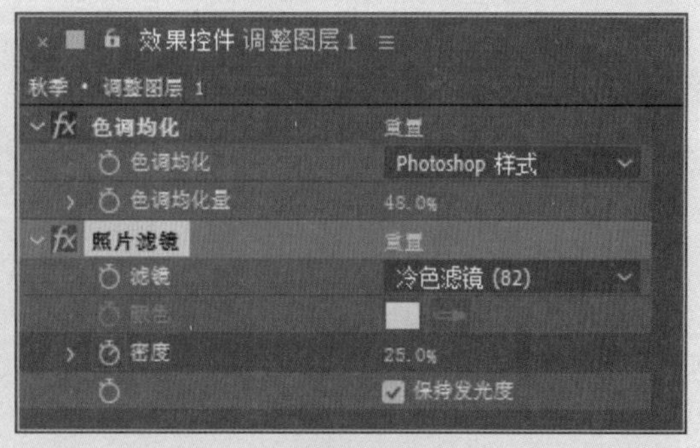

图 7-29

步骤 07 此时“合成”面板中的效果如图7-30所示。

图 7-30

步骤08 再次新建调整图层，并调整入点，如图7-31所示。

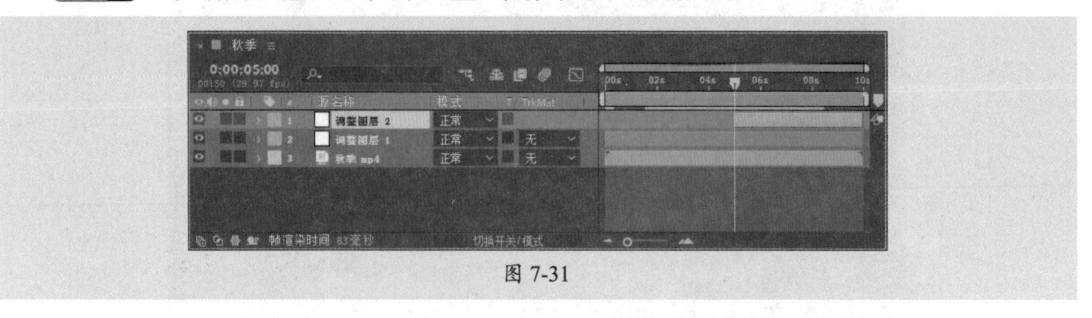

图 7-31

步骤09 在“效果和预设”面板中搜索“可选颜色”效果并拖曳至新建的调整图层上，在“效果控件”面板中设置参数，如图7-32、图7-33所示。

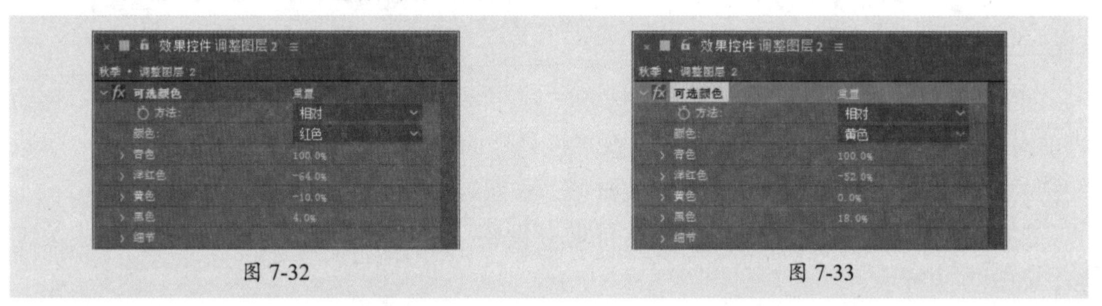

图 7-32　　　　图 7-33

步骤10 此时“合成”面板中的效果如图7-34所示。

图 7-34

步骤11 在“时间轴”面板中展开“调整图层2”属性列表，移动当前时间指示器至0:00:05:00处，为“不透明度”参数添加关键帧并设置参数，如图7-35所示。

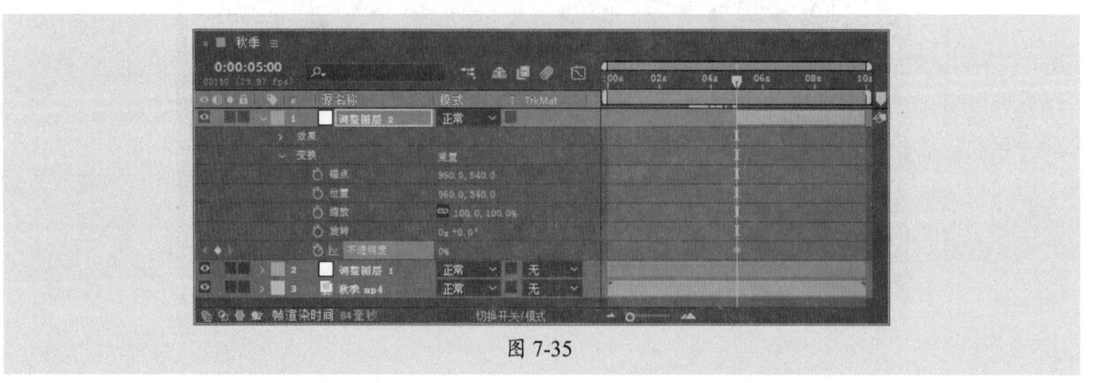

图 7-35

步骤 12 移动当前时间指示器至结尾处，设置“不透明度”参数，软件将自动添加关键帧，如图7-36所示。

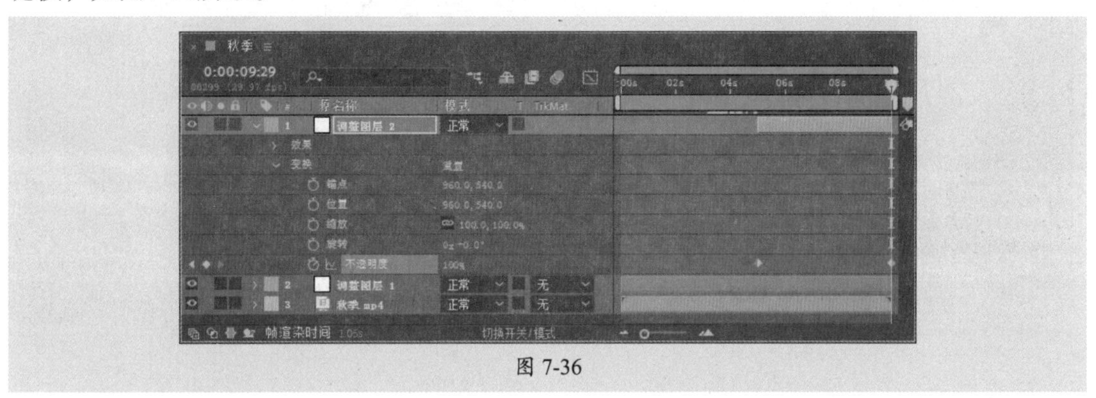

图 7-36

步骤 13 至此完成季节变换效果的制作。按空格键在“合成”面板中预览效果，如图7-37所示。

图 7-37

7.3.2 三色调——映射调色

“三色调”效果可以使用色彩映射画面中的阴影、中间调和高光，从而使画面色调发生改变。选中图层后执行“效果”|“颜色校正”|“三色调”命令或在“效果和预设”面板中搜索“三色调”效果并拖曳至图层上，即可为图层添加该效果。添加效果后可以在“效果控件”面板中设置参数，如图7-38所示。

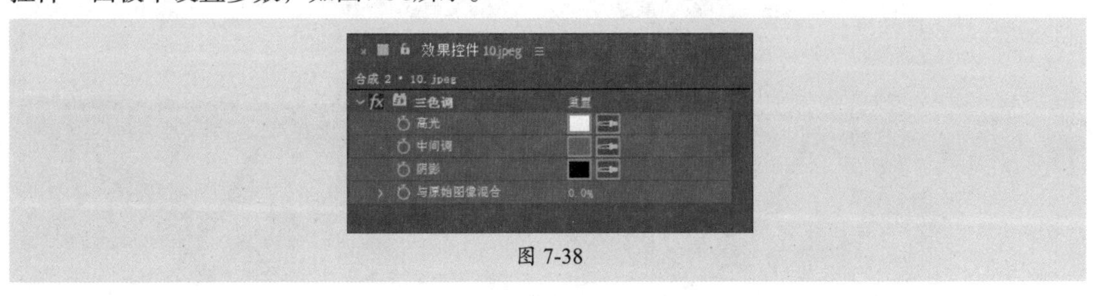

图 7-38

添加“三色调”效果并设置参数，效果对比如图7-39、图7-40所示。

图 7-39

图 7-40

7.3.3 通道混合器——调整通道

“通道混合器”效果可以混合当前的颜色通道。选中图层后执行“效果”|“颜色校正”|“通道混合器”命令或在“效果和预设”面板中搜索“通道混合器”效果并拖曳至图层上，即可为图层添加该效果。添加效果后可以在“效果控件”面板中设置参数，如图7-41所示。

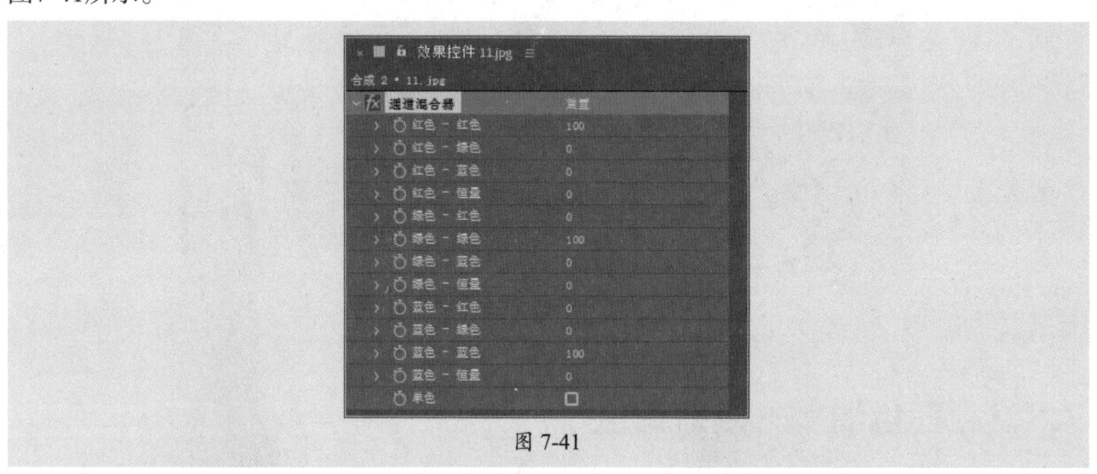

图 7-41

添加“通道混合器”效果并设置参数，效果对比如图7-42、图7-43所示。

图 7-42

图 7-43

7.3.4 阴影/高光——调整阴影和高光

“阴影/高光”效果可以根据周围的像素单独调整阴影和高光，多用于修复有逆光问题的影像。选中图层后执行“效果”|“颜色校正”|“阴影/高光”命令或在“效果和预设”面板中搜索“阴影/高光”效果并拖曳至图层上，即可为图层添加该效果。添加效果后可以在“效果控件”面板中设置参数，如图7-44所示。

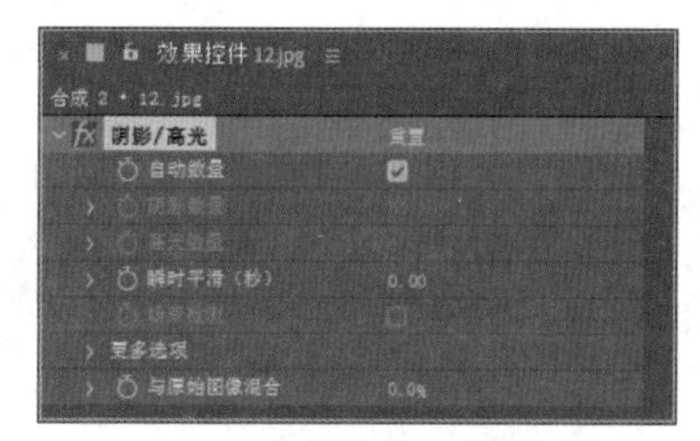

图 7-44

添加“阴影/高光”效果并设置参数，效果对比如图7-45、图7-46所示。

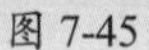

图 7-45

图 7-46

7.3.5 照片滤镜——添加照片滤镜

“照片滤镜”效果可以模拟为素材添加彩色滤镜的效果，对图像进行加温或减温的操作，并快速校正白平衡。选中图层后执行“效果”|“颜色校正”|“照片滤镜”命令或在“效果和预设”面板中搜索“照片滤镜”效果并拖曳至图层上，即可为图层添加该效果。添加效果后可以在“效果控件”面板中设置参数，如图7-47所示。

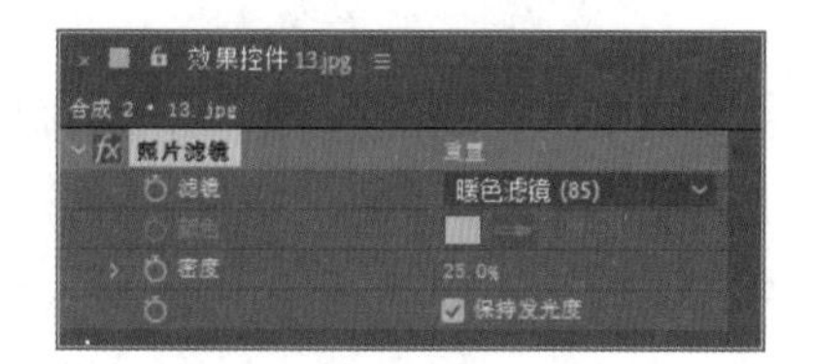

图 7-47

添加“照片滤镜”效果并设置参数，效果对比如图7-48、图7-49所示。

图 7-48

图 7-49

7.3.6 Lumetri颜色——调色

“Lumetri颜色”效果是一款非常强大的颜色特效，它具备专业品质的颜色分级和颜色校正功能。添加该效果后，在“效果控件”面板中可以进行全面而精准的颜色调整，图7-50所示为该效果可设置的参数。用户可以根据需要展开相应的参数组进行设置。

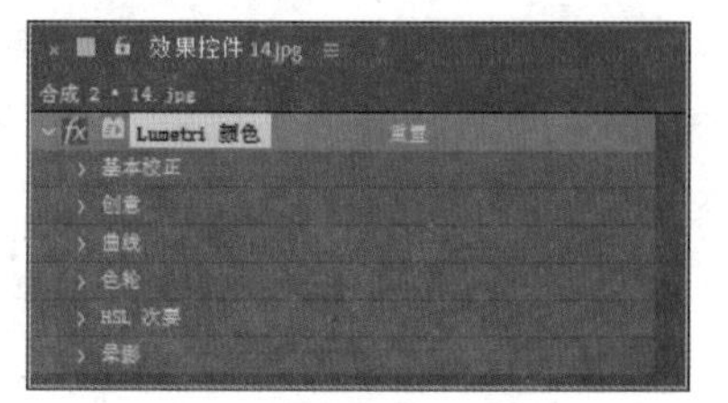

图 7-50

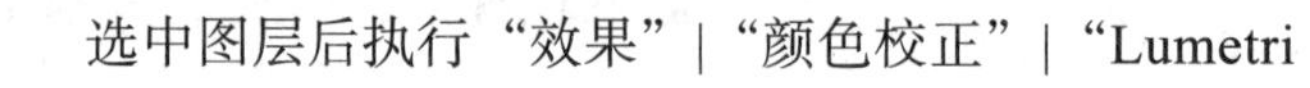

选中图层后执行“效果”|“颜色校正”|“Lumetri颜色”命令或在“效果和预设”面板中搜索“Lumetri颜色”效果并拖曳至图层上，即可为图层添加该效果。添加Lumetri颜色效果并设置参数，效果对比如图7-51、图7-52所示。

图 7-51

图 7-52

7.3.7 灰度系数/基值/增益——调整RGB颜色

“灰度系数/基值/增益”效果可以调整每个RGB独立通道的还原曲线值。选中图层后执行“效果”|“颜色校正”|“灰度系数/基值/增益”命令或在“效果和预设”面板中搜索“灰度系数/基值/增益”效果并拖曳至图层上，即可为图层添加该效果。添加效果后可以在“效果控件”面板中设置参数，如图7-53所示。

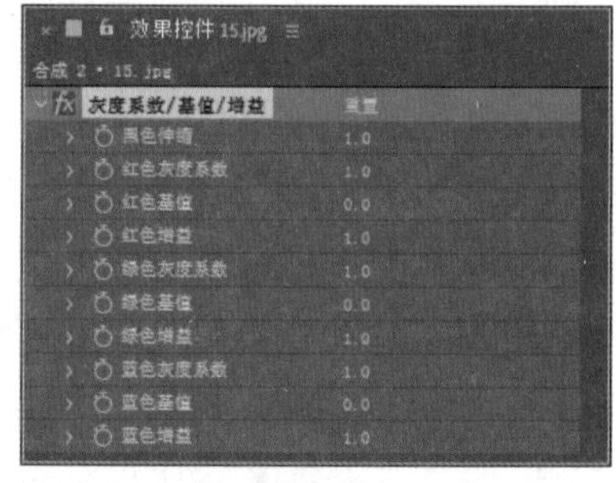

图 7-53

添加“灰度系数/基值/增益”效果并设置参数，效果对比如图7-54、图7-55所示。

图 7-54

图 7-55

7.3.8 色调均化——均衡色调

“色调均化”效果可以重新分布像素值，以使亮度和颜色分布更加均衡。选中图层后执行“效果”|“颜色校正”|“色调均化”命令或在“效果和预设”面板中搜索“色调均化”效果并拖曳至图层上，即可为图层添加该效果。添加效果后可以在“效果控件”面板中设置参数，如图7-56所示。

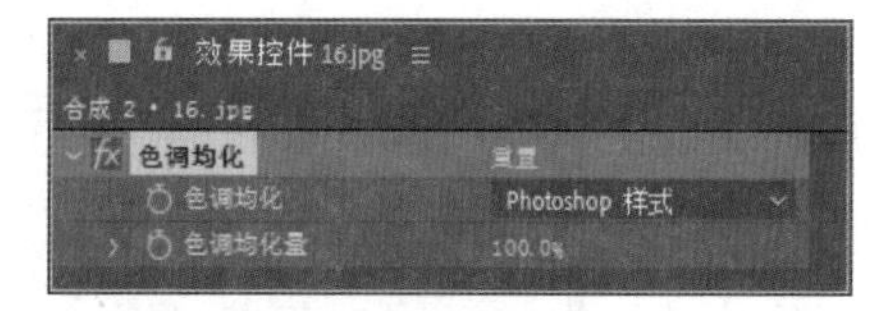

图 7-56

添加“色调均化”效果并设置参数，效果对比如图7-57、图7-58所示。

图 7-57

图 7-58

7.3.9 广播颜色——校正颜色

“广播颜色”效果可以改变像素的颜色，使影像的颜色位于广播安全范围内。选中图层后执行“效果”|“颜色校正”|“广播颜色”命令或在“效果和预设”面板中搜索“广播颜色”效果并拖曳至图层上，即可为图层添加该效果。添加效果后可以在“效果控件”面板中设置参数，如图7-59所示。

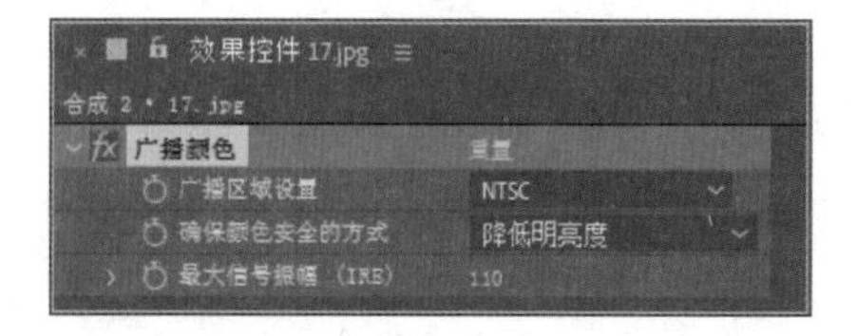

图 7-59

添加“广播颜色”效果并设置参数，效果对比如图7-60、图7-61所示。

图 7-60

图 7-61

7.3.10 保留颜色——保留指定颜色

“保留颜色”效果可以保留指定的颜色，并通过脱色量去除其他颜色。选中图层后执行“效果”|“颜色校正”|“保留颜色”命令或在“效果和预设”面板中搜索“保留颜色”效果并拖曳至图层上，即可为图层添加该效果。添加效果后可以在“效果控件”面板中设置参数，如图7-62所示。

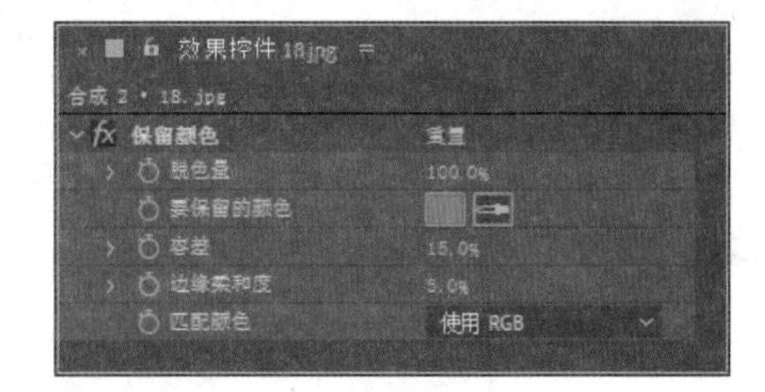

图 7-62

添加“保留颜色”效果并设置参数，效果对比如图7-63、图7-64所示。

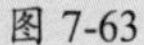
图 7-63

图 7-64

7.3.11 更改颜色——改变颜色

“更改颜色”效果可以更改指定颜色的色相、饱和度和亮度，从而改变画面效果。选中图层后执行“效果”|“颜色校正”|“更改颜色”命令或在“效果和预设”面板中搜索“更改颜色”效果并拖曳至图层上，即可为图层添加该效果。添加效果后可以在“效果控件”面板中设置参数，如图7-65所示。

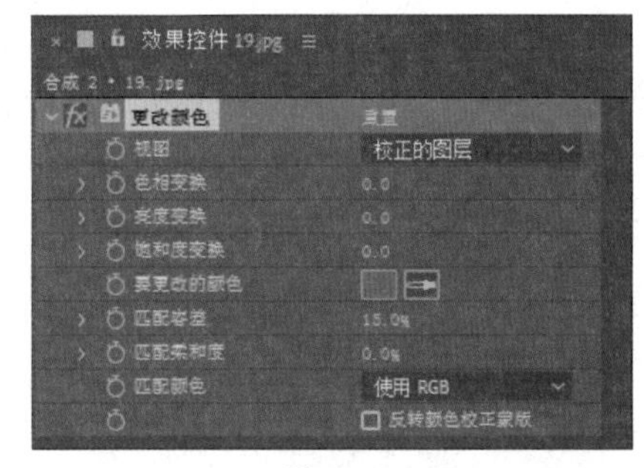

图 7-65

添加“更改颜色”效果并设置参数，效果对比如图7-66、图7-67所示。

图 7-66

图 7-67

7.3.12 颜色平衡——调整颜色

“颜色平衡”效果可以分别调整图像的暗部、中间调和高光部分的红、绿、蓝通道。选中图层后执行“效果”|“颜色校正”|“颜色平衡”命令或在“效果和预设”面板中搜索“颜色平衡”效果并拖曳至图层上，即可为图层添加该效果。添加效果后可以在“效果控件”面板中设置参数，如图7-68所示。

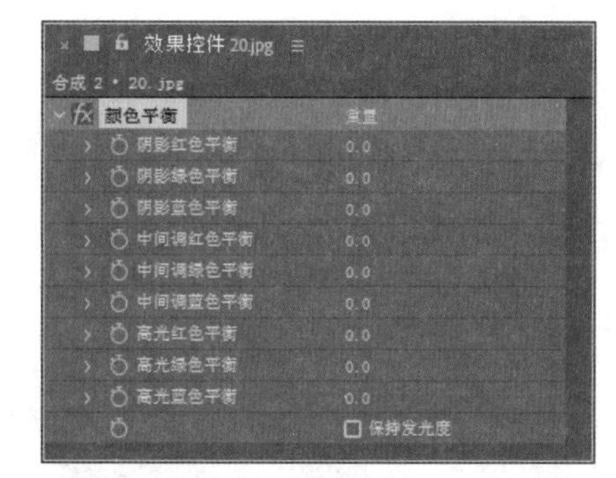

图 7-68

添加“颜色平衡”效果并设置参数，效果对比如图7-69、图7-70所示。

图 7-69

图 7-70

7.3.13 颜色平衡（HLS）——调整颜色

“颜色平衡（HLS）”效果可以通过改变图像的色相、亮度和饱和度来调整图像的颜色。选中图层后执行“效果”|“颜色校正”|“颜色平衡（HLS）”命令或在“效果和预设”面板中搜索“颜色平衡（HLS）”效果并拖曳至图层上，即可为图层添加该效果。添加效果后可以在“效果控件”面板中设置参数，如图7-71所示。

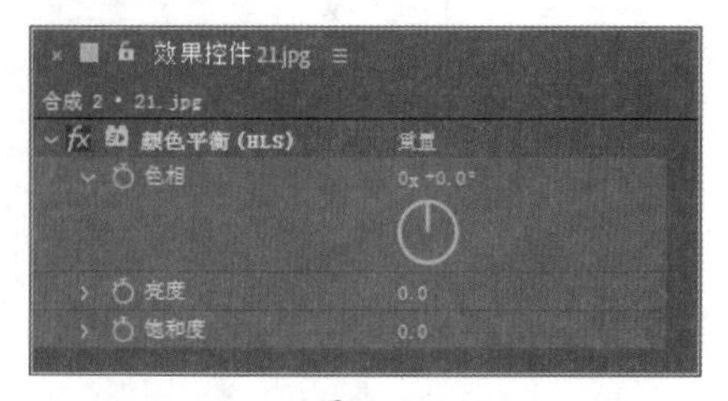

图 7-71

添加“颜色平衡（HLS）”效果并设置参数，效果对比如图7-72、图7-73所示。

图 7-72

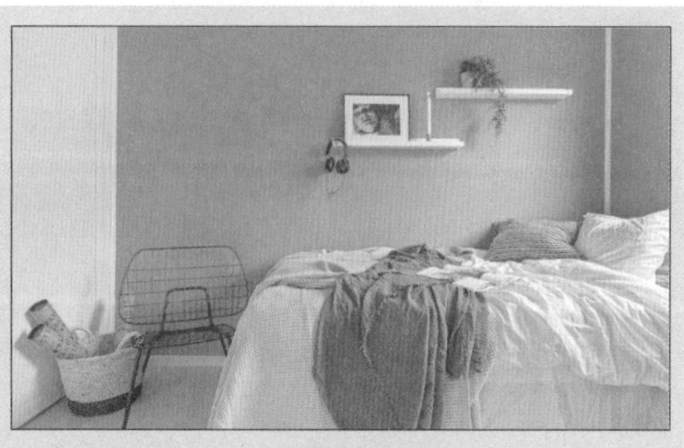

图 7-73

7.3.14 颜色链接——匹配颜色

“颜色链接”效果可以使用一个图层的平均像素值为另一个图层着色。选中图层后执行“效果”|“颜色校正”|“颜色链接”命令或在“效果和预设”面板中搜索“颜色链接”效果并拖曳至图层上，即可为图层添加该效果。添加效果后可以在“效果控件”面板中设置参数，如图7-74所示。

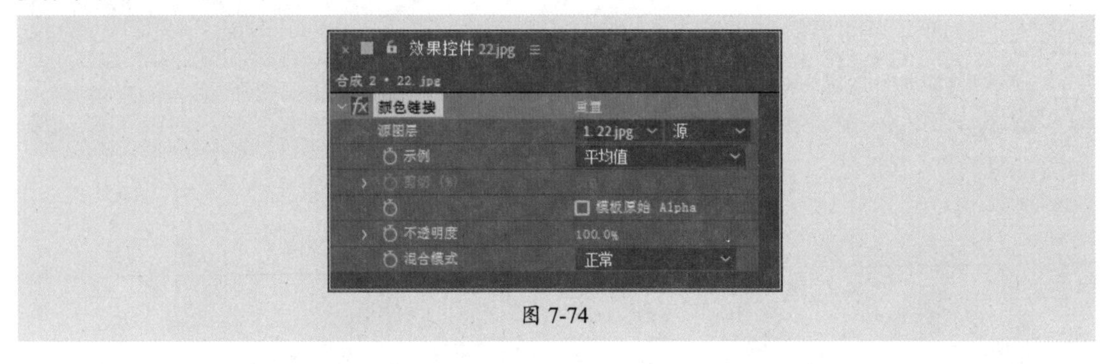

图 7-74

添加“颜色链接”效果并设置参数，效果对比如图7-75、图7-76、图7-77所示。

图 7-75

图 7-76

图 7-77

课堂实战 青绿色调效果

本章课堂实战练习制作青绿色调效果。综合练习本章的知识点，以熟练掌握和巩固素材的操作。下面介绍操作思路。

步骤 01 打开After Effects软件，单击主页中的“新建项目”按钮新建空白项目。按Ctrl+I组合键导入本章素材文件，选中素材文件后右击鼠标，在弹出的快捷菜单中执行“基于所选项新建合成”命令新建合成，如图7-78所示。

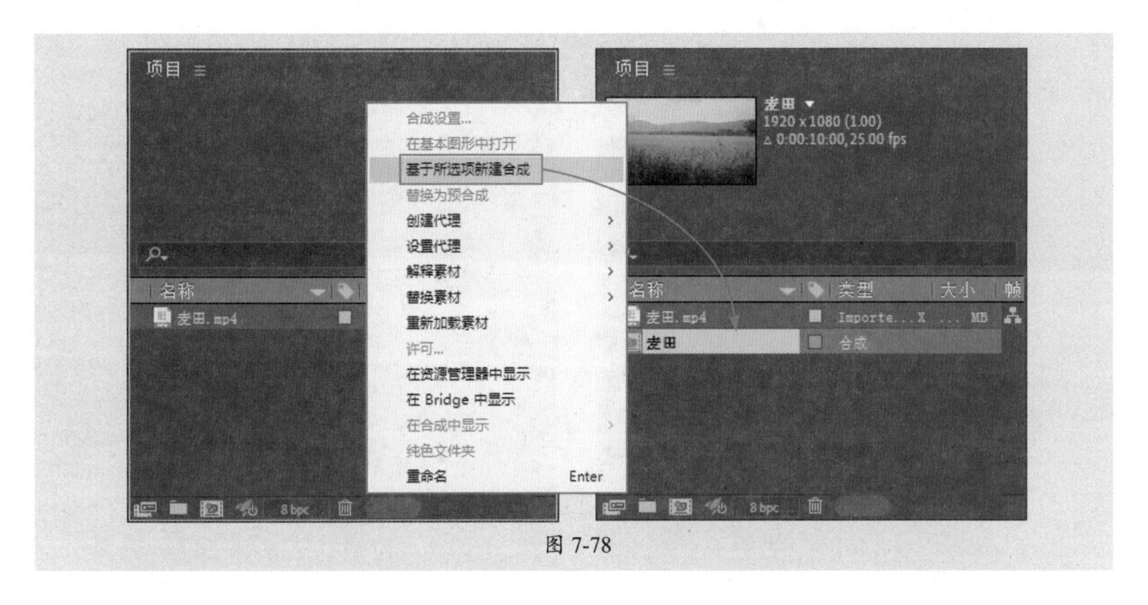

图 7-78

步骤02 执行“图层”|“新建”|“调整图层”命令，新建一个调整图层，如图7-79所示。

步骤03 在“效果和预设”面板中搜索“亮度和对比度”效果并拖曳至调整图层上，在“效果控件”面板中设置参数，如图7-80所示。

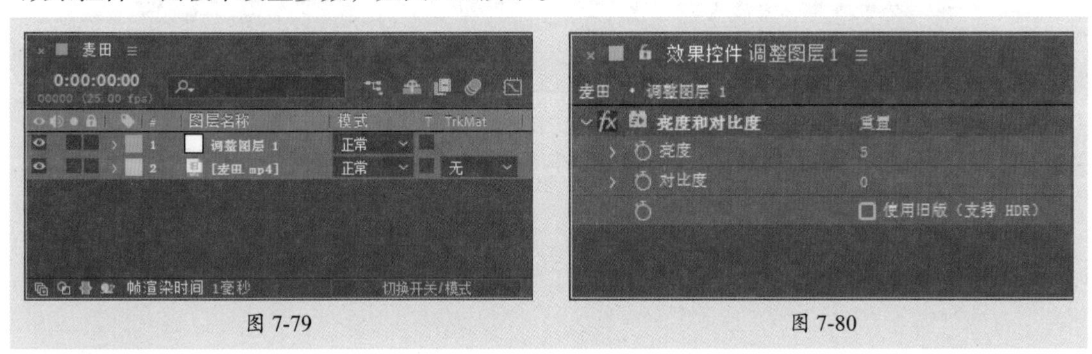

图 7-79　　图 7-80

步骤04 此时“合成”面板中的效果如图7-81所示。

图 7-81

步骤05 在“效果和预设”面板中搜索“色阶”效果并拖曳至调整图层上，在“效果控件”面板中设置各通道的参数，如图7-82所示。

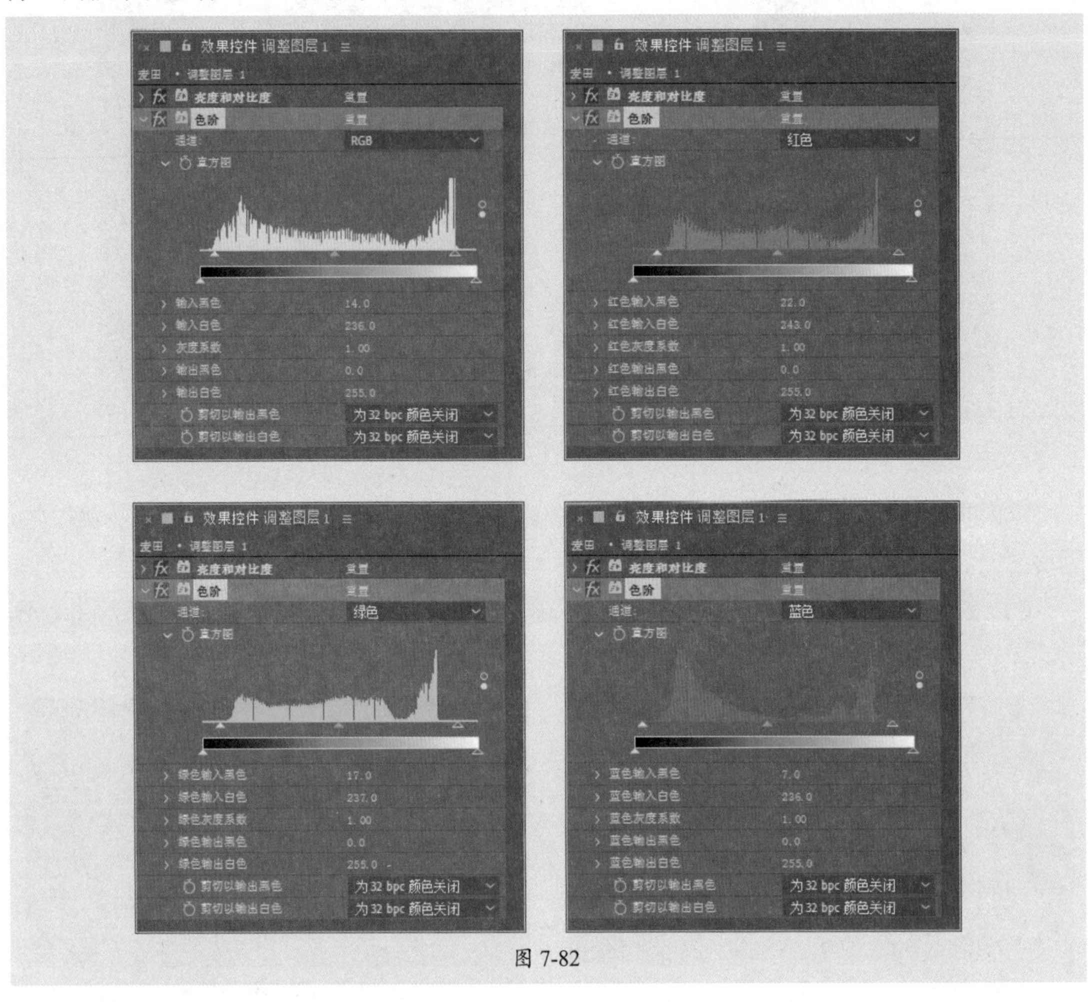

图 7-82

步骤06 此时“合成”面板中的效果如图7-83所示。

图 7-83

步骤 07 在“效果和预设”面板中搜索“可选颜色”效果并拖曳至调整图层上，在“效果控件”面板中设置“红色”“黄色”和“绿色”参数，如图7-84所示。

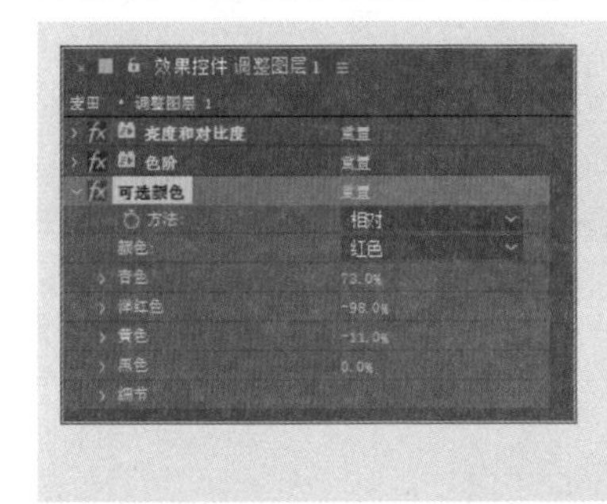

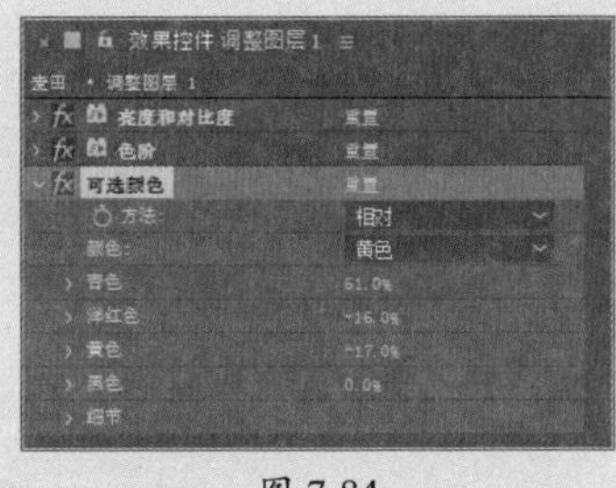

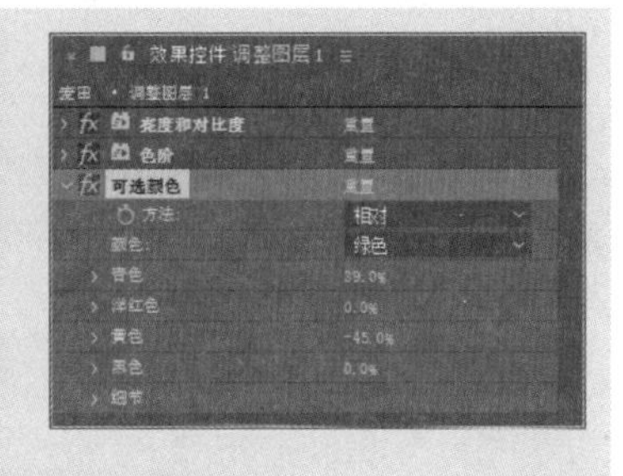

图 7-84

步骤 08 此时“合成”面板中的效果如图7-85所示。

图 7-85

步骤 09 在“效果和预设”面板中搜索“照片滤镜”效果并拖曳至调整图层上，在“效果控件”面板中设置参数，如图7-86所示。

步骤 10 此时“合成”面板中的效果如图7-87所示。至此完成青绿色调效果的制作。

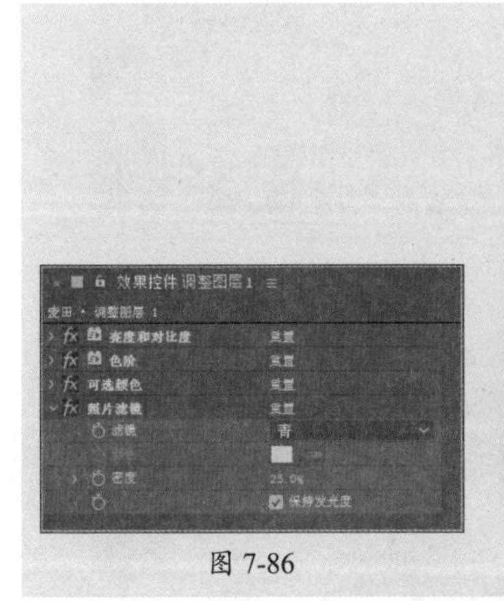

图 7-86

图 7-87

课后练习 调整暖色调效果

下面将综合运用本章学习知识调整暖色调效果，如图7-88所示。

图 7-88

1. 技术要点

①新建项目，导入素材，并基于素材新建合成。

②新建调整图层，添加“亮度和对比度”“色相/饱和度”和“照片滤镜”效果并设置参数。

2. 分步演示

本案例的分步演示效果如图7-89所示。

图 7-89

拓展赏析

《青春之歌》

《青春之歌》改编自杨沫的同名长篇小说，讲述了知识女性林道静几经周折与磨难最终走上革命道路的故事，如图7-90所示。该片由北京电影制片厂出品，由崔嵬、陈怀皑执导，谢芳主演，于1959年上映。2021年该片被列入庆祝中国共产党成立100周年优秀影片展映活动的片单。

图 7-90

《青春之歌》是国庆十周年献礼片之一，它以20世纪30年代日本侵华过程中发生的“九·一八事变”到“一二·九运动”的爱国学生运动为背景，通过女主人公的成长故事，展现了那个时代的人们对自由和美好生活的渴望及对祖国的爱和责任感，揭示了知识分子成长道路的历史必然性。

影片以富有概括力和表现力的艺术手法，塑造了生动鲜明的群像人物。在剪辑手法上则一改50年代中较为静止的习惯，大胆地运用了许多推拉摇移和变焦镜头，展现出角色的情感变化和情节的发展，多种镜头和拍摄手法的结合，使观众获得更加震撼的视觉体验。

素材文件

第 8 章 影视后期制作之抠像与跟踪

内容导读

本章将对影视后期制作中的抠像与跟踪操作进行讲解，包括抠像的含义，线性颜色键、颜色范围等常用抠像效果，Keylight（1.2）专业品质抠像效果，运动跟踪与稳定等。

思维导图

影视后期制作之抠像与跟踪

- 认识抠像
  - “抠像”效果组
    - Advanced Spill Suppressor（高级颜色溢出抑制）——消除溢出色
    - CC Simple Wire Removal（简单金属丝移除）——擦除线
    - 线性颜色键——去除指定颜色
    - 颜色范围——根据颜色范围抠像
    - 颜色差值键——根据颜色差值抠像
  - Keylight（1.2）
- 运动跟踪与稳定
  - 运动跟踪与稳定——动态跟踪与平稳画面
  - 跟踪器——跟踪器工具

8.1 认识抠像

抠像又被称为键控，它是通过将某些画面中的图像抠取出来合成到一个新的场景中，制作出更加神奇的影视效果。如影视花絮中常见的演员在绿幕或蓝幕前表演，都可以通过抠像技术抠除绿幕或蓝幕，再与其他场景合成，就会呈现出我们在影视剧中实际观看的效果。

8.2 “抠像”效果组

After Effects中的“抠像”效果组可以帮助用户轻松实现抠像的效果，该效果组中包括9种特效，本节将对常用的特效进行说明。

8.2.1 案例解析：替换动物背景

在学习“抠像”效果组之前，可以先看看以下案例，即使用“线性颜色键”效果替换动物背景。

步骤 01 打开After Effects软件，单击主页中的“新建项目”按钮新建空白项目。按Ctrl+I组合键导入本章素材文件，选中素材文件后右击鼠标，在弹出的快捷菜单中执行“基于所选项新建合成”命令新建合成，如图8-1所示。

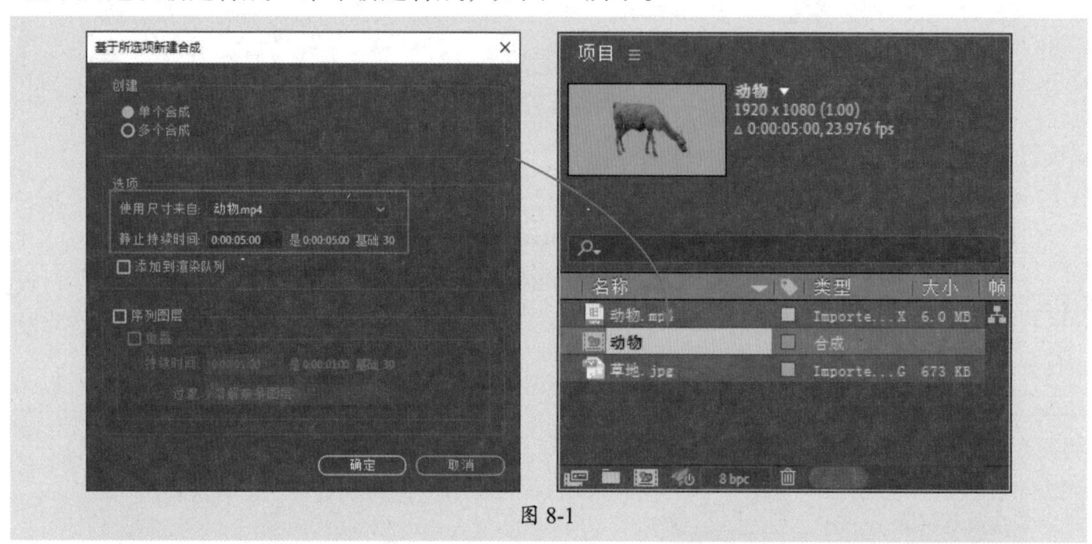

图 8-1

步骤 02 选中“动物”图层，执行“效果”|“抠像”|“线性颜色键”命令，添加“线性颜色键”效果，在“效果控件”面板中设置参数，如图8-2所示。

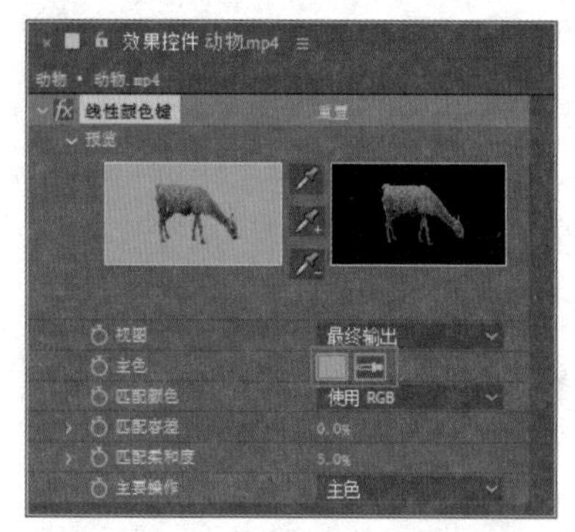

图 8-2

步骤03 此时“合成”面板中的效果如图8-3所示。

步骤04 继续选中“动物”图层，执行“效果”|“抠像”| Advanced Spill Suppressor命令，在“效果控件”面板中设置参数，去除溢出色，如图8-4所示。

图 8-3

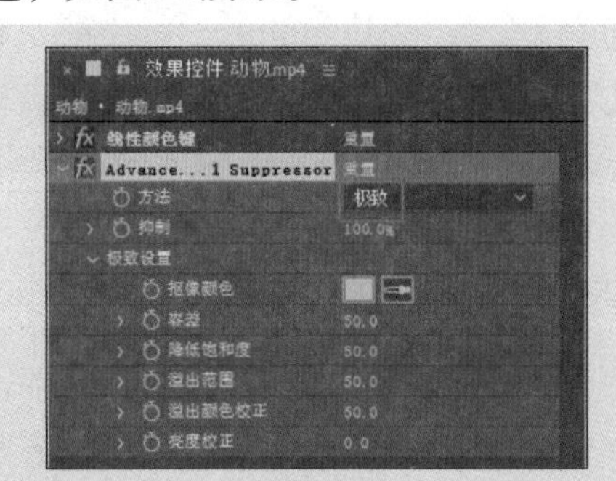

图 8-4

步骤05 此时“合成”面板中的效果如图8-5所示。

步骤06 使用选取工具在“合成”面板中调整动物的大小与位置，效果如图8-6所示。

图 8-5

图 8-6

步骤07 新建一个调整图层，执行“效果”|“颜色校正”|“自动对比度”命令，调整对比度，如图8-7所示。

图 8-7

至此完成动物背景的替换。

8.2.2 Advanced Spill Suppressor（高级颜色溢出抑制）——消除溢出色

Advanced Spill Suppressor（高级颜色溢出抑制）效果可以消除图像边缘残留的溢出色。抠像后执行“效果”|“抠像”| Advanced Spill Suppressor命令，在“效果控件”面板中可以设置相应参数，如图8-8所示。Advanced Spill Suppressor效果部分选项的作用如下。

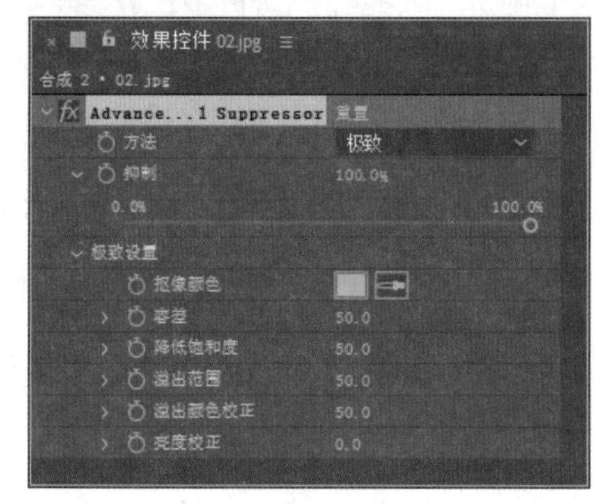

图 8-8

- **方法**：用于选择抑制类型，包括标准和极致两种。其中，“标准”方法较为简单，可自动检测主要的抠像颜色；“极致”方法可以更加精确地设置抑制效果。
- **抑制**：用于设置颜色的抑制程度。
- **极致设置**：当选择“极致”类型时，“极致设置”属性组可用，包括抠像颜色、容差、降低饱和度、溢出范围、溢出颜色校正、亮度校正等参数。

素材抠像后添加Advanced Spill Suppressor（高级颜色溢出抑制）效果去除溢出色，效果对比如图8-9～图8-11所示。

图 8-9

图 8-10

图 8-11

8.2.3 CC Simple Wire Removal（简单金属丝移除）——擦除线

CC Simple Wire Removal（简单金属丝移除）效果可以模糊或替换简单的线性形状，多用于去除拍摄过程中出现的威亚钢丝或一些悬吊道具的绳子。选中图层后执行“效果”|“抠像”| CC Simple Wire Removal命令，在“效果控件”面板中可以设置相应参数，如图8-12所示。CC Simple Wire Removal效果部分选项的作用如下。

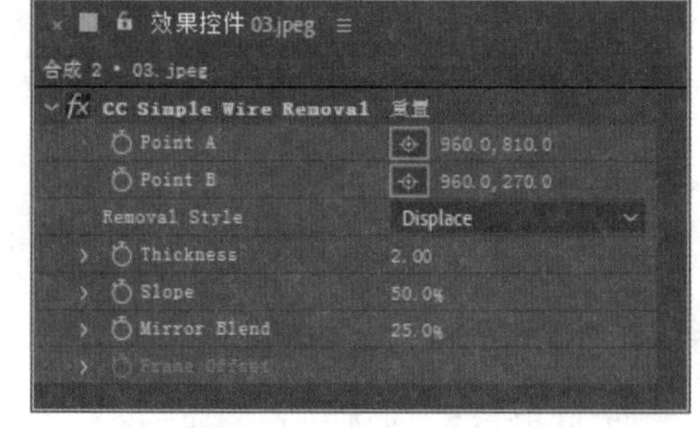

图 8-12

- **Point A/B（点A/B）**：用于设置金属丝的两个移除点。
- **Removal Style（移除风格）**：用于设置金属丝移除风格。
- **Thickness（厚度）**：用于设置金属丝移除的密度。
- **Slope（倾斜）**：用于设置水平偏移程度。
- **Mirror Blend（镜像混合）**：用于对图像进行镜像或混合处理。
- **Frame Offset（帧偏移）**：用于设置帧偏移程度。

添加效果并设置参数，效果对比如图8-13、图8-14所示。

图 8-13

图 8-14

操作提示

该特效只能进行简单处理，且只能处理直线，对于弯曲的线是没有办法的。

8.2.4 线性颜色键——去除指定颜色

“线性颜色键”效果可以使用RGB、色相或色度信息来创建指定主色的透明度，抠除指定颜色的像素。选中图层后执行“效果”|“抠像”|“线性颜色键”命令，在“效果控件”面板中可以设置相应参数，如图8-15所示。“线性颜色键”效果部分选项的作用如下。

图 8-15

- **预览**：用于直接观察抠像选取效果。
- **视图**：设置“合成”面板中的观察效果。
- **主色**：设置抠像基本色。
- **匹配颜色**：设置匹配颜色空间。
- **匹配容差**：设置匹配范围。
- **匹配柔和度**：设置匹配的柔和程度。
- **主要操作**：设置主要操作方式为主色或者保持颜色。

添加效果并设置参数，效果对比如图8-16、图8-17所示。

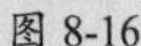

图 8-16

图 8-17

8.2.5 颜色范围——根据颜色范围抠像

“颜色范围”效果可以指定颜色范围产生透明效果，该效果应用的色彩空间包括Lab、YUV和RGB。这种键控方式可以应用在背景包含多个颜色、背景亮度不均匀且包含同一颜色的不同阴影的蓝屏或绿屏上。选中图层后执行“效果”|“抠像”|“颜色范围”命令，在“效果控件”面板中可以设置相应的参数，如图8-18所示。“颜色范围”效果部分选项的作用如下。

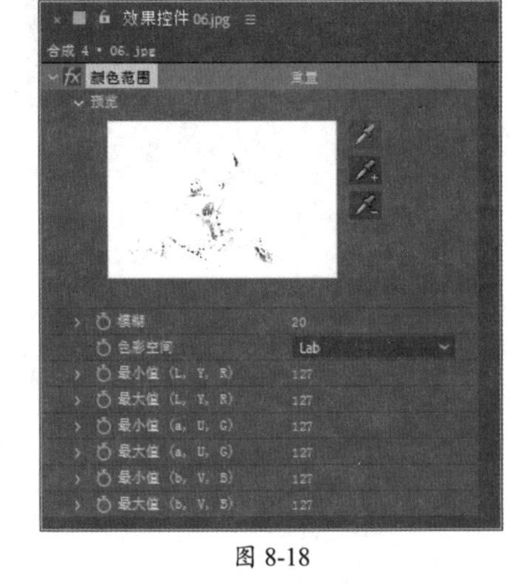

图 8-18

- **键控滴管**：该工具可以从蒙版缩略图中吸取键控色，用于在遮罩视图中选择开始键控的颜色。
- **加滴管**：该工具可增加键控色的颜色范围。
- **减滴管**：该工具可以减少键控色的颜色范围。
- **模糊**：对边界进行柔和模糊，用于调整边缘柔化度。
- **色彩空间**：设置键控颜色范围的颜色空间，包括Lab、YUV和RGB 3种。
- **最小值/最大值**：对颜色范围的开始和结束颜色进行精细调整，精确调整颜色空间参数，（L，Y，R）、（a，U，G）和（b，V，B）代表颜色空间的3个分量。最小值调整颜色范围的开始，最大值调整颜色范围的结束。

添加效果并设置参数，效果对比如图8-19、图8-20所示。

图 8-19

图 8-20

8.2.6 颜色差值键——根据颜色差值抠像

“颜色差值键”效果通过将图像分为“遮罩部分A”和“遮罩部分 B”两个遮罩，在相对的起始点创建透明度。“遮罩部分 B”使透明度基于指定的主色，而“遮罩部分 A”使透明度基于不含第二种不同颜色的图像区域，通过将这两个遮罩合并为第三个遮罩（称为“Alpha 遮罩”），创建明确定义的透明度值。选中图层后执行“效果”|“抠像”|“颜色差值键”命令，在“效果控件”面板中可以设置相应参数，如图8-21所示。“颜色差值键”效果部分选项的作用如下。

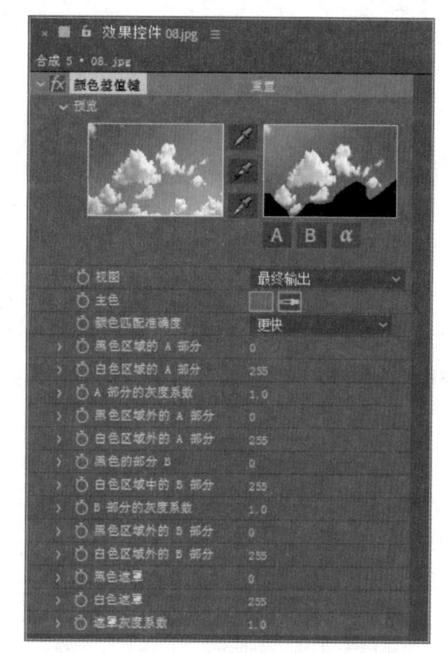

图 8-21

- **滴管：** 分为键控滴管、黑滴管和白滴管3种。
- **颜色匹配准确度：** 指定用于抠像的颜色类型。绿色、红色和蓝色一般选择“更快”选项，其他颜色选择“更精确”选项。
- **部分黑/白：** 精确控制抠像精度。黑可以调节每个蒙版的透明度，白可以调节蒙版的不透明度。

添加效果并设置参数，效果对比如图8-22、图8-23所示。

图 8-22

图 8-23

8.3 Keylight（1.2）

Keylight（1.2）效果是一款工业级别的插件，在制作专业品质的抠色效果方面格外出色。该插件可以精确地抠除残留在前景对象中的蓝幕或绿幕反光，并将其替换为新合成背景的环境光，还可以帮助用户轻松抠出所需的人像等内容，极大地提高了影视后期制作的工作效率。

选择图层后执行“效果”| Keying | Keylight（1.2）命令，即可为素材添加该效果。添加效果后可在“效果控件”面板中设置参数，如图8-24所示。

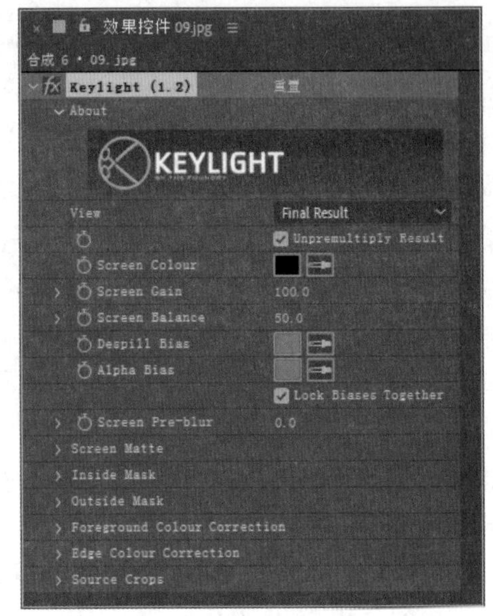

图 8-24

Keylight（1.2）效果各选项的作用如下。

- **View（视图）**：用于设置图像在合成窗口中的显示方式，包括11种。
- **Unpremultiply Result（非预乘结果）**：选中该复选框，将设置图像为不带Alpha通道显示效果，反之为带Alpha通道显示效果。
- **Screen Colour（屏幕颜色）**：用于设置需要抠除的颜色。一般在原图像中用吸管直接选取颜色。
- **Screen Gain（屏幕增益）**：用于设置屏幕抠除效果的强弱程度。数值越大，抠除程度就越强。
- **Screen Balance（屏幕均衡）**：用于设置抠除颜色的平衡程度。数值越大，平衡效果越明显。
- **Despill Bias（反溢出偏差）**：用于恢复过多抠除区域的颜色。
- **Alpha Bias（Alpha偏差）**：用于恢复过多抠除Alpha部分的颜色。
- **Lock Biases Together（同时锁定偏差）**：选中该复选框，在抠除时，设定偏差值。
- **Screen Pre-blur（屏幕预模糊）**：用于设置抠除部分边缘的模糊效果。数值越大，模糊效果越明显。
- **Screen Matte（屏幕蒙版）**：用于设置抠除区域影像的属性参数。其中，Clip Black/ White（修剪黑色/白色）属性可去除抠像区域的黑/白色；Clip Rollback（修剪回滚）参数用于恢复修剪部分的影像；Screen Shrink/Grow（屏幕收缩/扩展）参数用于设置抠像区域影像的收缩或扩展；Screen Softness（屏幕柔化）参数用于柔化抠像区域的影像；Screen Despot Black/ White（屏幕独占黑色/白色）参数用于显示图像中的黑色/白色区域；Replace Method（替换方式）参数用于设置屏幕蒙版的替换方式；Replace Colour（替换色）参数用于设置蒙版的替换颜色。
- **Inside Mask（内侧遮罩）**：用于为图像添加并设置抠像内侧的遮罩属性。
- **Outside Mask（外侧遮罩）**：用于为图像添加并设置抠像外侧的遮罩属性。
- **Foreground Colour Correction（前景色校正）**：用于设置蒙版影像的色彩属性。其中Enable Colour Correction（启用颜色校正）复选框启用后将校正蒙版影像颜色；Saturation（饱和度）参数用于设置抠像影像的色彩饱和度；Contrast（对比度）参数用于设置抠像影像的对比程度；Brightness（亮度）参数用于设置抠像影像的明暗程度；Colour Suppression（颜色抑制）参数可通过设定抑制类型，来抑制某一颜色的色彩平衡和数量；Colour Balancing（颜色平衡）参数可通过Hue和Sat两个属性，控制蒙版的色彩平衡效果。

- **Edge Colour Correction（边缘色校正）**：用于设置抠像边缘色，属性参数与“前景色校正”属性基本类似。其中，Enable Edge Colour Correction（启用边缘色校正）复选框启用后将校正蒙版影像边缘色；Edge Hardness（边缘锐化）参数用于设置抠像蒙版边缘的锐化程度；Edge Softness（边缘柔化）参数用于设置抠像蒙版边缘的柔化程度；Edge Grow（边缘扩展）参数用于设置抠像蒙版边缘的大小。
- **Source Crops（源裁剪）**：用于设置裁剪影响的属性类型以及参数。

8.4 运动跟踪与稳定

运动跟踪和运动稳定技术在影视后期制作中应用非常广泛，用户可以通过运动跟踪和运动稳定将画面中的一部分进行替换和跟随，或是将晃动的视频变得平稳。本节将对此进行介绍。

8.4.1 案例解析：遮挡车牌信息

在学习运动跟踪与稳定之前，可以先看看以下案例，即使用跟踪器遮挡汽车车牌信息。

步骤 01 打开After Effects软件，单击主页中的“新建项目”按钮新建空白项目。按Ctrl+I组合键导入本章素材文件，选中素材文件后右击鼠标，在弹出的快捷菜单中执行“基于所选项新建合成”命令新建合成，如图8-25所示。

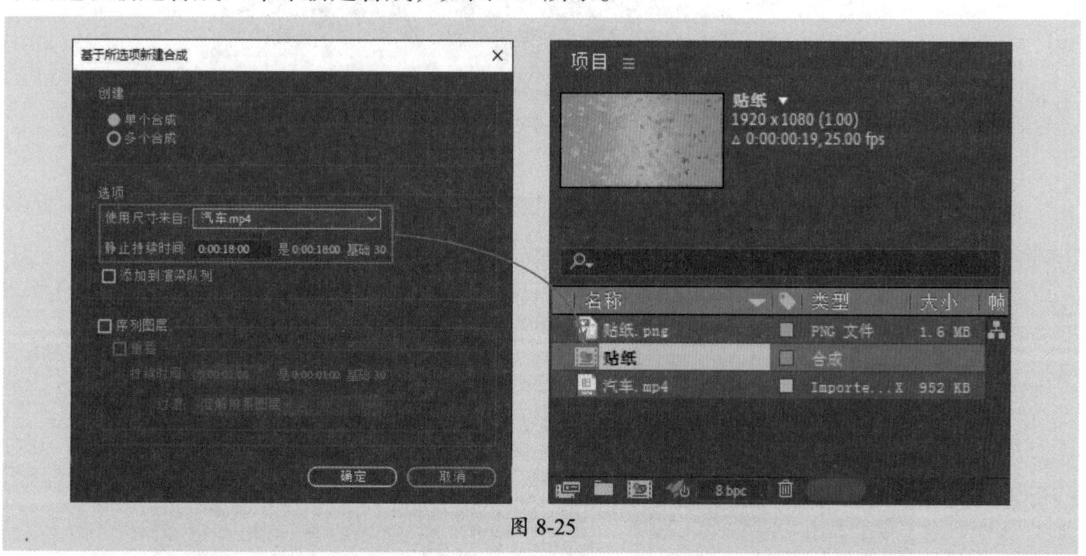

图 8-25

步骤 02 选中“汽车”图层，执行“动画”|“跟踪运动”命令，打开“图层”面板和“跟踪器”面板，在“跟踪器”面板中设置“跟踪类型”为“透视边角定位”，如图8-26所示。

步骤 03 在“图层”面板中调整跟踪点位置，如图8-27所示。

图 8-26　　图 8-27

步骤04 在“跟踪器”面板中单击“向前分析”按钮▶，系统会自动分析并创建关键帧，如图8-28所示。

图 8-28

步骤05 在“跟踪器”面板中单击“编辑目标”按钮，打开“运动目标”对话框，选择“贴纸”图层，如图8-29所示。设置完成后单击“确定”按钮。

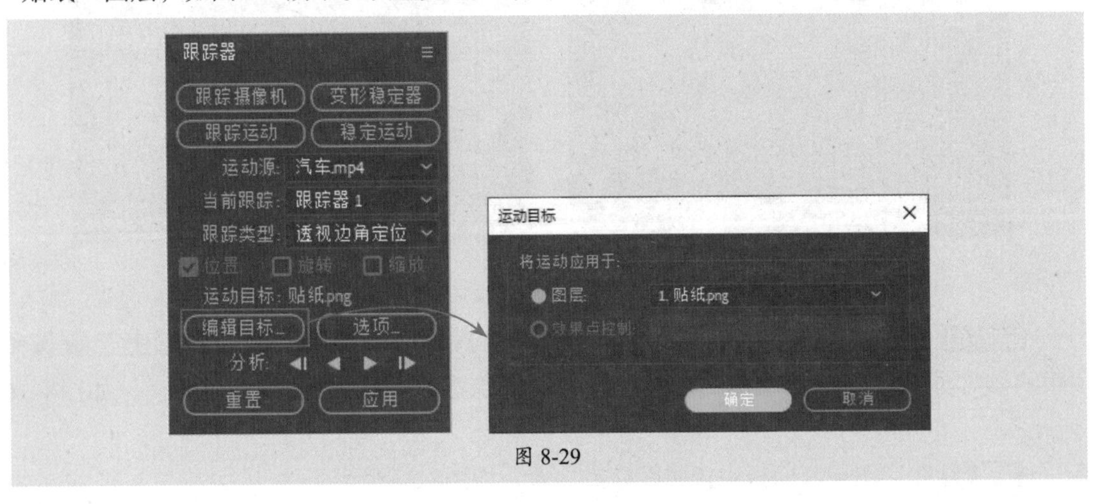

图 8-29

步骤 06 单击“跟踪器”面板中的“应用”按钮，在“合成”面板中预览效果，如图8-30所示。

图 8-30

至此完成车牌信息的遮挡。

8.4.2 运动跟踪与稳定——动态跟踪与平稳画面

1. 运动跟踪

运动跟踪是根据对指定区域进行动态的跟踪分析，并自动创建关键帧，将跟踪结果应用到其他层或效果上，从而制作出动画效果。比如使文字跟随运动的人物、为运动的汽车添加一个物品并使其随之运动、为移动的镜框加上照片效果等。运动跟踪可以跟踪运动过程比较复杂的路径，如加速和减速以及变化复杂的曲线等。

操作提示

在对影片进行运动跟踪时，合成图像中至少要有两个层，一个作为跟踪层，另一个作为被跟踪层，二者缺一不可。

2. 运动稳定

运动稳定是指对前期拍摄的影片素材进行画面稳定处理，用于消除前期拍摄过程中出现的画面抖动问题，使画面变得平稳。

8.4.3 跟踪器——跟踪器工具

运动跟踪又被称为点跟踪，就是跟踪一个点或多个点得到跟踪区域的位移数据。在设置追踪路径时，“合成”面板中会出现跟踪器，包括两个方框和一个交叉点。交叉点叫作跟踪点，是运动跟踪的中心；内层的方框叫作特征区域，可以精确跟踪目标物体的特征，记录目标物体的亮度、色相和饱和度等信息，在后面的合成中匹配该信息而起到最终效果；外层的方框叫作搜索区域，其作用是跟踪下一帧的区域。

操作提示

搜索区域的大小与跟踪对象的运动速度有关。一般来说，跟踪对象的运动速度较快时，可以适当放大搜索区域。但搜索区域和特征区域越大，跟踪分析花费的时间越长，在设置时应综合考虑。

After Effects软件中的运动跟踪包括一点跟踪、两点跟踪和四点跟踪三种。下面将对常用的两种进行介绍。

1. 一点跟踪

选中需要跟踪的图层，执行“动画”|“跟踪运动”命令，打开“跟踪器”面板，如图8-31所示。选择目标对象，在“图层”面板中调整跟踪点和跟踪框，如图8-32所示。

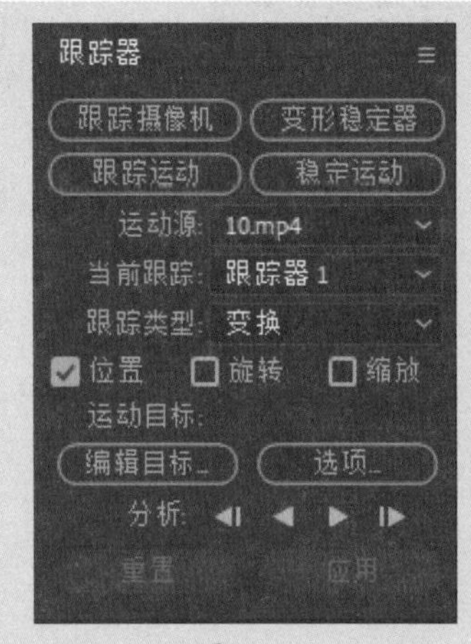

图 8-31

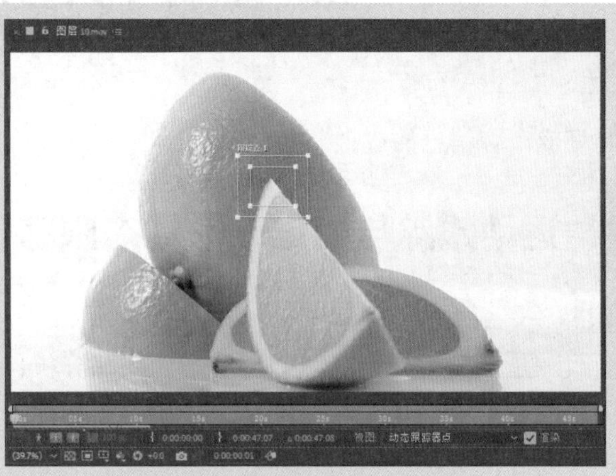

图 8-32

在“跟踪器”面板中单击“向前分析”按钮▶，系统会自动分析并创建关键帧，如图8-33所示。

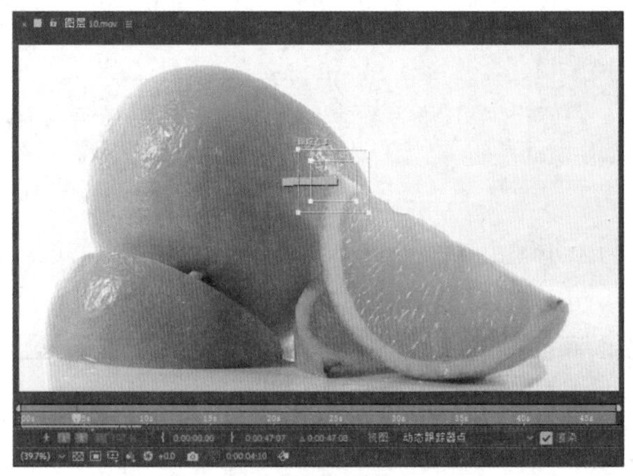

图 8-33

2. 四点跟踪

选中需要跟踪的图层，执行“动画”|“跟踪运动”命令，在打开的“跟踪器”面板中单击“跟踪运动”按钮，并设置“跟踪类型”为“透视边角定位”，如图8-34所示。在“图层”面板中调整四个跟踪点的位置，如图8-35所示。设置完成后单击“向前分析”按钮▶即可预览跟踪效果。

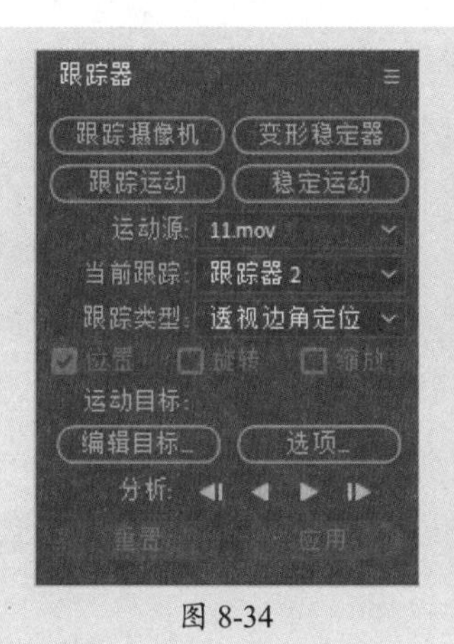

图 8-34

图 8-35

操作提示

视频中的对象移动时，常伴随灯光、周围环境以及对象角度的变化，有可能使原本明显的特征不可识别。因此在追踪时需要及时地重新调整特征区域和搜索区域、改变跟踪选项以及再次重试。

课堂实战 替换手机显示内容

本章课堂实战练习替换手机显示内容。综合练习本章的知识点，以熟练掌握和巩固素材的操作。下面介绍操作思路。

步骤 01 打开After Effects软件，单击主页中的“新建项目”按钮新建空白项目。按Ctrl+I组合键导入本章素材文件，选中素材文件后右击鼠标，在弹出的快捷菜单中执行“基于所选项新建合成”命令新建合成，如图8-36所示。

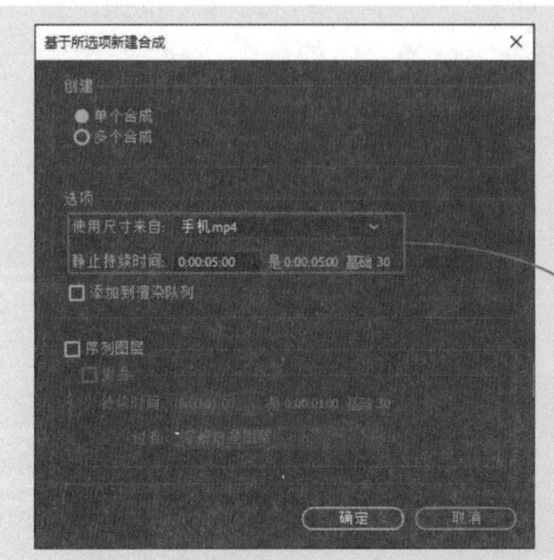

图 8-36

步骤 02 选中“手机”图层，执行“动画”|“跟踪运动”命令打开“图层”面板和“跟踪器”面板，在“跟踪器”面板中设置“跟踪类型”为“透视边角定位”，如图8-37所示。

步骤 03 在“图层”面板中调整跟踪点的位置，如图8-38所示。

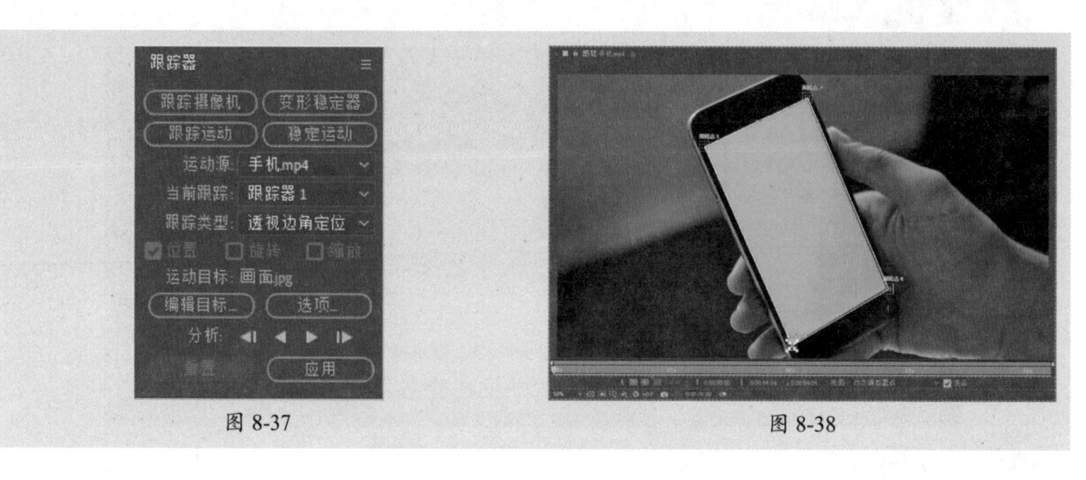

图 8-37　　　　图 8-38

步骤 04 在“跟踪器”面板中单击“向前分析”按钮▶，系统会自动分析并创建关键帧，如图8-39所示。

步骤 05 按PageUp快捷键反向移动关键帧，逐帧调整跟踪点的位置，如图8-40所示。

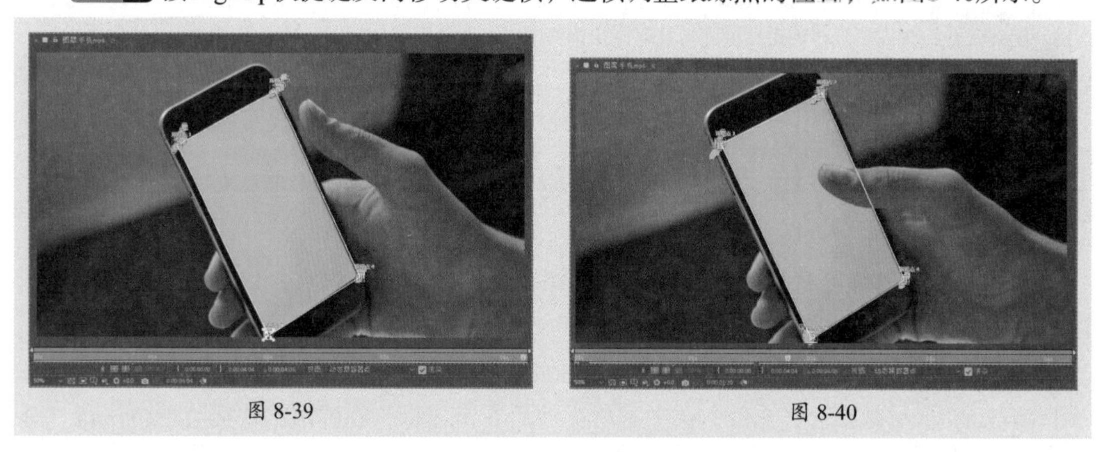

图 8-39　　　　图 8-40

步骤 06 新建一个纯色图层，在“跟踪器”面板中单击“编辑目标”按钮，打开“运动目标”对话框，选择“纯色”图层，如图8-41所示。设置完成后单击“确定”按钮。

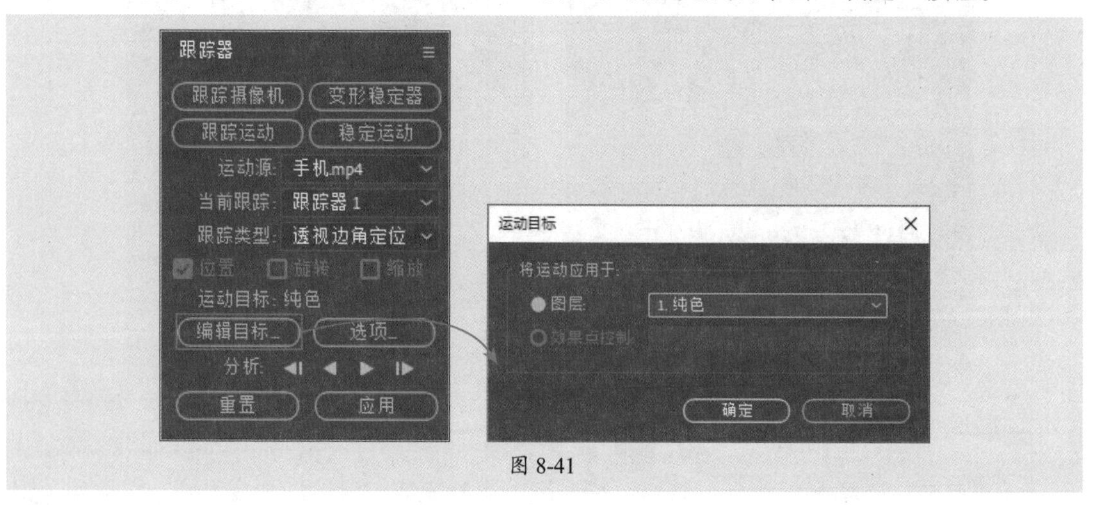

图 8-41

步骤 07 单击“跟踪器”面板中的“应用”按钮，在“合成”面板中预览效果，如图8-42所示。

图 8-42

步骤 08 选中纯色图层并右击鼠标，在弹出的快捷菜单中执行“预合成”命令创建嵌套，如图8-43所示。

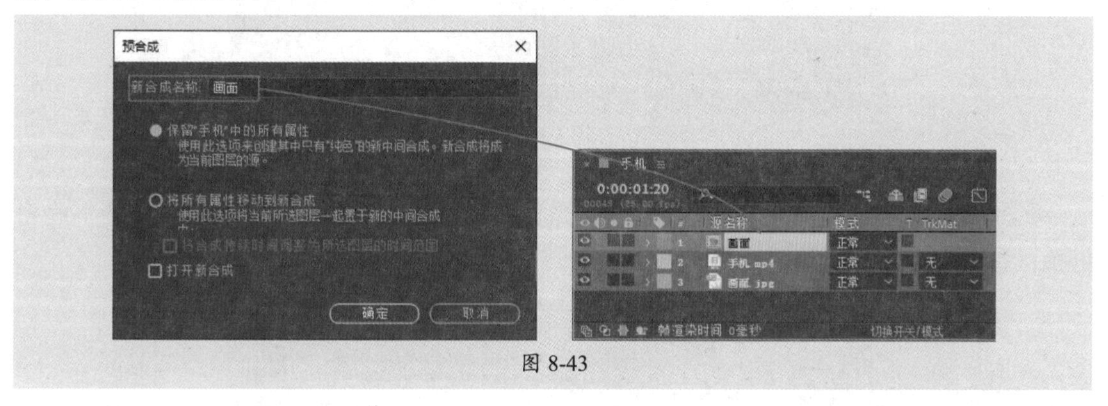

图 8-43

步骤 09 双击“画面”预合成将其打开，将“画面”素材添加至“时间轴”面板中，如图8-44所示。

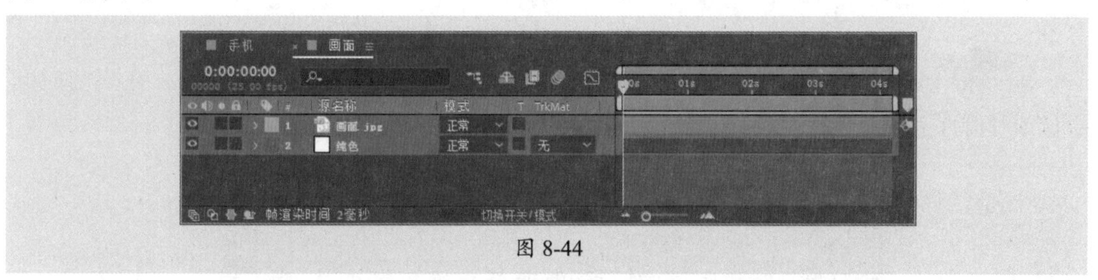

图 8-44

步骤 10 选中“画面”图层，按P键展开其“位置”属性，移动当前时间指示器至0:00:00:15处，添加“位置”关键帧，如图8-45所示。

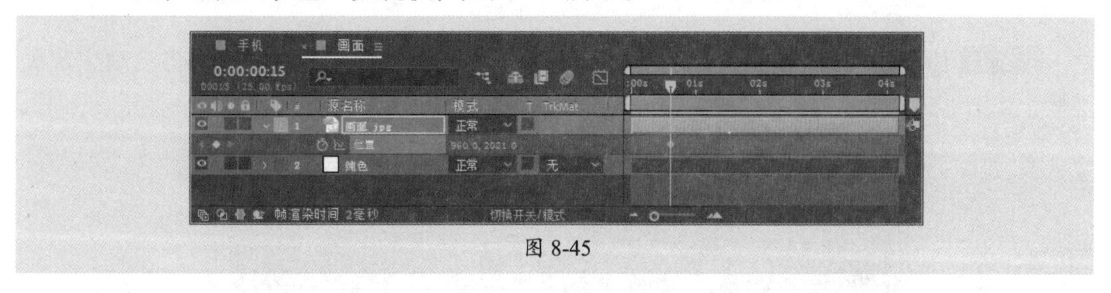

图 8-45

步骤 11 移动当前时间指示器至0:00:00:23处，设置“位置”参数，软件将自动生成关键帧，如图8-46所示。

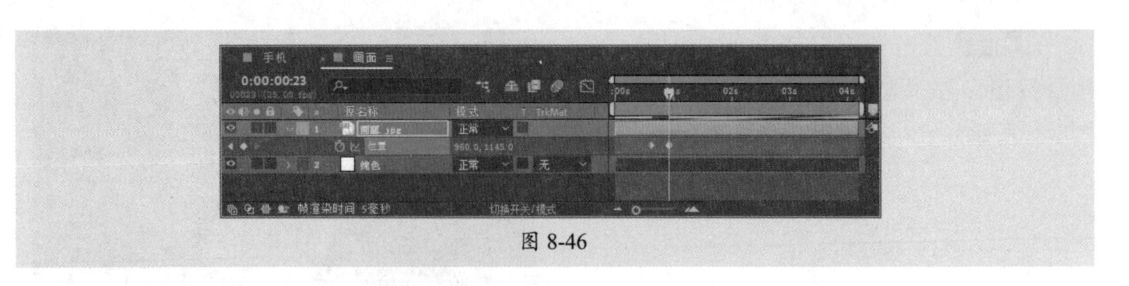

图 8-46

步骤12 移动当前时间指示器至0:00:01:07处，单击“位置”参数左侧的“在当前时间添加或移除关键帧”按钮添加关键帧，如图8-47所示。

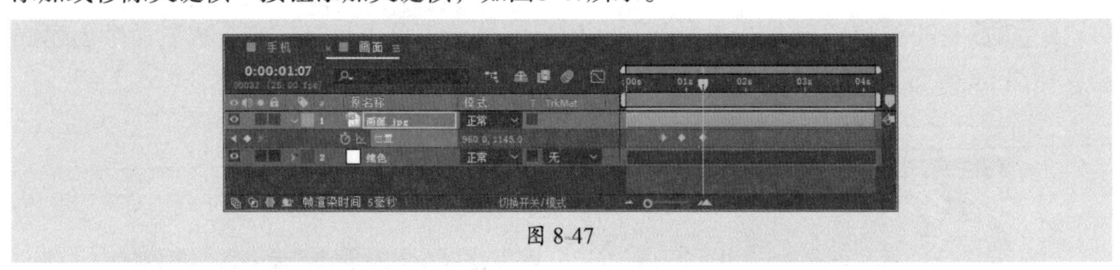

图 8-47

步骤13 移动当前时间指示器至0:00:01:22处，设置“位置”参数，软件将自动生成关键帧，如图8-48所示。

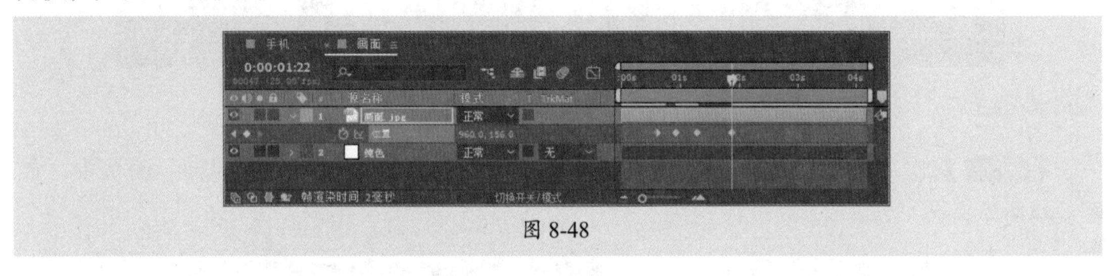

图 8-48

步骤14 移动当前时间指示器至0:00:02:06处，单击“位置”参数左侧的“在当前时间添加或移除关键帧”按钮添加关键帧，如图8-49所示。

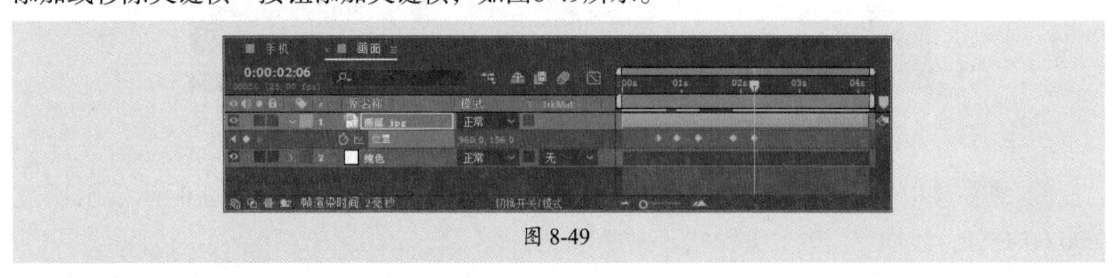

图 8-49

步骤15 移动当前时间指示器至0:00:03:09处，设置“位置”参数，软件将自动生成关键帧，如图8-50所示。

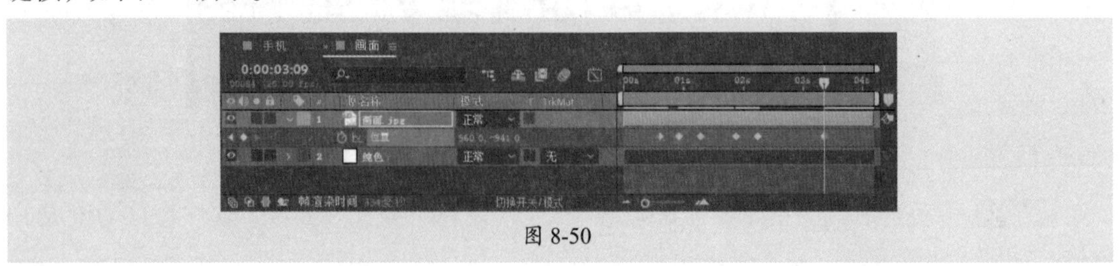

图 8-50

步骤 16 切换至“手机”合成面板，调整“画面”预合成顺序，使其位于“手机”图层下方，如图8-51所示。

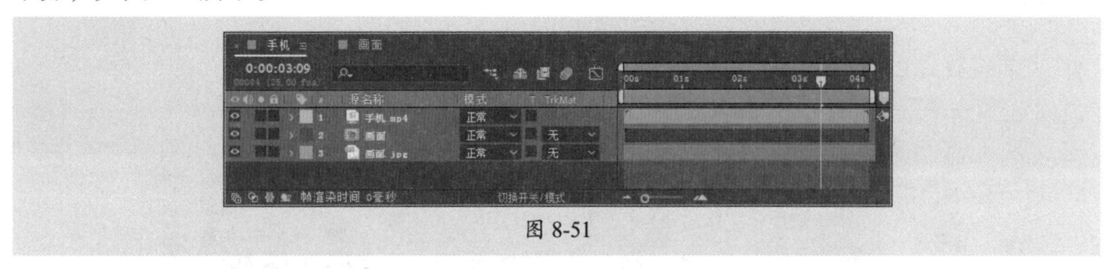

图 8-51

步骤 17 选中“手机”图层，执行“效果”|“抠像”|“颜色范围”命令添加效果，在“效果控件”面板中设置参数，如图8-52所示。

步骤 18 此时“合成”面板中的效果如图8-53所示。

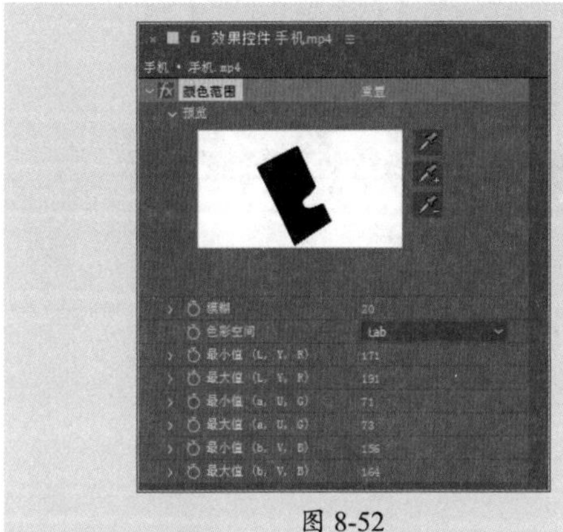

图 8-52

图 8-53

步骤 19 执行“效果”|“抠像”|Advanced Spill Suppressor命令添加效果，在“合成”面板中预览效果，如图8-54所示。

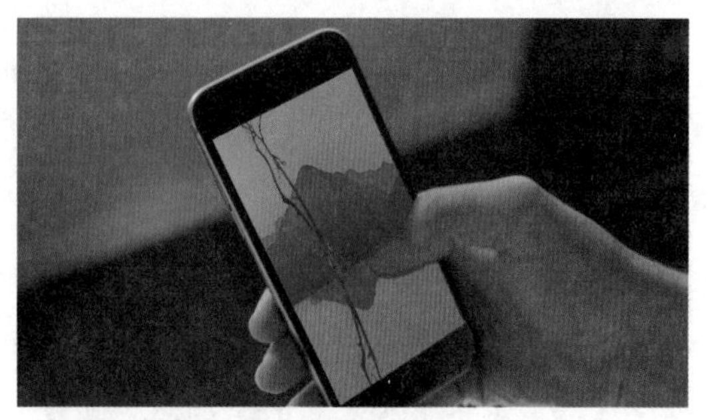

图 8-54

步骤 20 至此完成手机显示内容的替换。按空格键在“合成”面板中预览效果，如图8-55所示。

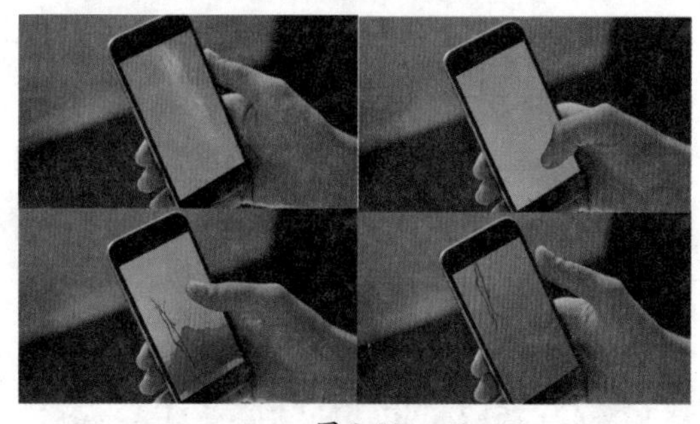

图 8-55

课后练习 制作文字跟随动画

下面将综合运用本章学习知识制作文字跟随动画，如图8-56所示。

图 8-56

1. 技术要点

①新建项目，导入素材新建合成。

②找到要跟踪的建筑创建一点跟踪。

③创建空对象作为编辑目标，输入文字，创建文字与空对象之间的父级关系。

2. 分步演示

本案例的分步演示效果如图8-57所示。

图 8-57

拓展赏析

《五朵金花》

《五朵金花》是长春电影制片厂1959年制作的音乐爱情电影，由王家乙执导，杨丽坤、莫梓江、王苏娅等主演。该片讲述了白族青年阿鹏与副社长金花在大理三月街一见钟情，次年阿鹏走遍苍山洱海寻找金花，经过一次次误会之后，有情人终成眷属的爱情故事，如图8-58所示。

这部影片的视觉效果非常出色，通过高超的摄影技术和精细的画面构图，将充满云南魅力的自然风光和独特的民族风情展现的淋漓尽致，如图8-59所示为该片剧照。

在剪辑手法上，影片采用交叉剪辑的方式，将不同人物的故事线进行交叉剪辑，使得故事更加紧凑且有张力，结合极具民族特色的音乐，给观众带来了极佳的观影享受。

图 8-58

图 8-59

素材文件

第9章 影视后期制作之Pr视频剪辑

内容导读

Premiere是影视编辑制作的常用软件之一。本章将对Premiere的基础知识进行讲解，包括Premiere的工作界面及常用面板，项目与序列的创建，素材的创建与编辑，文本的创建与编辑，渲染与输出等。

思维导图

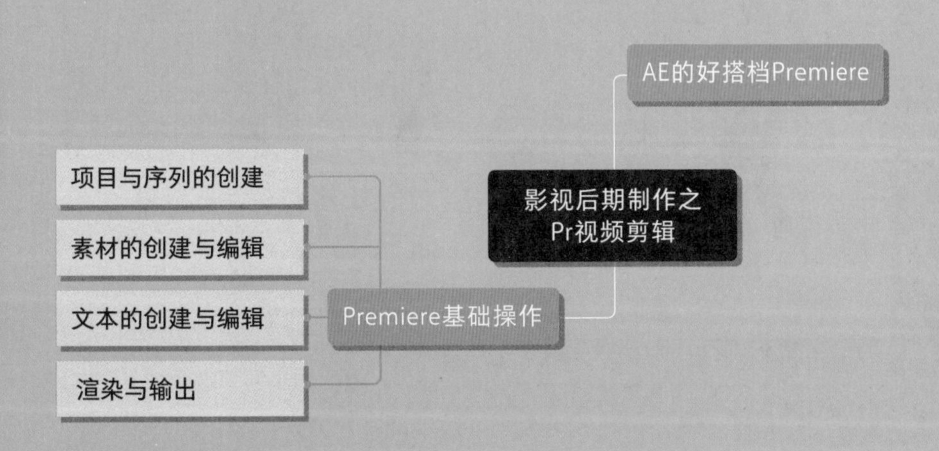

9.1 AE的好搭档Premiere

Premiere简称Pr，是影视编辑、影视制作的意思，Pr可以剪辑、组接视频素材，以及进行调色、添加转场特效、添加字幕、添加BGM等操作，使视频更加完整；而After Effects简称AE，是后期特效的意思，多用于制作特效。结合使用Pr与AE，可以更轻松地制作特效、组接视频。图9-1所示为Premiere的工作界面。

图 9-1

Premiere的工作界面包括多个面板，部分常用面板的作用如下。

1. “节目”监视器面板

“节目”监视器面板主要用于查看媒体素材编辑合成后的效果，如图9-2所示。

图 9-2

"节目"监视器面板中部分选项的作用如下。

- **选择缩放级别**：用于选择合适的缩放级别放大或缩小视图以适合监视器的可用查看区域。选择"适合"选项时，无论窗口大小、影片显示的大小都将与显示窗口匹配，从而显示完整的影片内容。
- **设置**：单击该按钮，可在弹出的下拉菜单中执行命令设置"节目"监视器面板的显示及其他参数。
- **添加标记**：单击该按钮，将在当前位置添加一个标记，以提供简单的视觉参考。用户也可以按M键快速添加标记。
- **标记入点**：用于定义编辑素材的起始位置。
- **标记出点**：用于定义编辑素材的结束位置。
- **提升**：单击该按钮，将删除目标轨道（蓝色高亮轨道）中出入点之间的素材片段，对左、右素材以及其他轨道上的素材位置都不产生影响。
- **提取**：单击该按钮，将删除时间轴中位于出入点之间的所有轨道中的片段，并将右方素材左移。
- **导出帧**：用于将当前帧导出为静态图像。单击该按钮，将打开"导出帧"对话框，在该对话框中选中"导入到项目中"复选框可将图像导入"项目"面板中。
- **按钮编辑器**：单击该按钮，打开"按钮编辑器"面板，可以自定义"节目"监视器面板中的按钮。

2. "源"监视器面板

"源"监视器面板主要用于查看和剪辑原始素材。在"项目"面板中双击素材，即可在"源"监视器面板中打开该素材，如图9-3所示。

图 9-3

“源”监视器面板中的按钮基本与“节目”监视器面板一致，部分按钮的作用如下。

- **仅拖动视频**：单击该按钮可仅拖曳视频至“时间轴”面板中。
- **仅拖动音频**：单击该按钮可仅拖曳音频至“时间轴”面板中。
- **插入**：单击该按钮，当前选中的素材将插入“时间轴”面板播放指示器后原素材的中间。
- **覆盖**：单击该按钮，插入的素材将覆盖“时间轴”面板播放指示器后原有的素材。

3. “时间轴”面板

“时间轴”面板是剪辑素材的主要工作面板，用户可以在该面板中选择素材、剪辑素材、制作帧定格等。图9-4所示为“时间轴”面板。

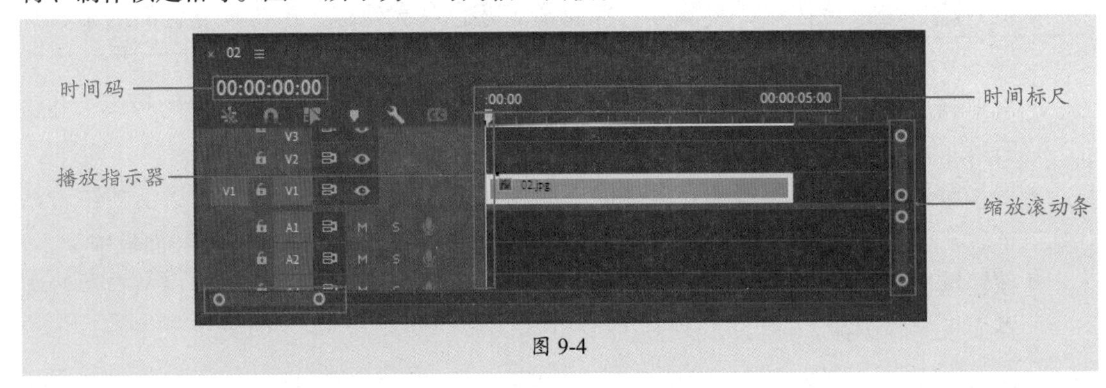

图 9-4

该面板中部分控件的作用如下。

- **时间码**：用于指示播放指示器所在帧。
- **时间标尺**：用于序列时间的水平测量。指示序列时间的数字沿标尺从左到右显示。随着用户查看序列的细节级别变化，这些数字也会随之变化。
- **播放指示器**：用于指示“节目”监视器面板中显示的当前帧，该帧内容将显示在“节目”监视器面板中。
- **缩放滚动条**：用于控制时间标尺的比例。该滚动条对应于时间轴上时间标尺的可见区域，用户可以拖动控制柄更改滚动条的宽度及时间标尺的比例。

操作提示

“时间轴”面板中的V1、V2、V3轨道为视频轨道，A1、A2、A3轨道为音频轨道。在“时间轴”面板中的素材上右击鼠标，可以在弹出的快捷菜单中选择编辑处理素材的命令。

4. “工具”面板

“工具”面板中包括用于影视编辑的多种工具，如图9-5所示。部分工具以工具组的形式呈现，长按右下角有三角形的图标按钮将打开工具组。通过这些工具可以轻松剪辑素材、调整素材速率等。

图 9-5

"工具"面板中部分常用工具的作用如下。

- **选择工具**：用于选择素材。使用该工具在要选择的素材上单击即可将其选中，按住Shift键单击可加选素材。
- **向前选择轨道工具/向后选择轨道工具**：用于选择单击处箭头方向一侧的所有素材。
- **剃刀工具**：用于分割素材片段，按C键可快速切换。选择该工具在要分割处单击即可将素材分割为两段，按住Shift键单击可在当前位置将所有轨道中的素材分割为两段。
- **外滑工具**：用于同时更改"时间轴"面板中某个素材片段的入点和出点，而不改变其持续时间，也不影响相邻素材。
- **内滑工具**：用于在保持素材入出点不变的情况下左右移动素材，同时改变其前一相邻片段的出点和后一相邻片段的入点，保持总时长不变。
- **滚动编辑工具**：用于更改两段相邻素材相接处的入出点信息，且不改变两段素材的总持续时间。
- **比率拉伸工具**：用于在保证素材出点和入点不变的前提下改变素材播放的速度和持续时间。用户也可以选中素材后右击鼠标，在弹出的快捷菜单中执行"速度/持续时间"命令，在打开的"剪辑速度/持续时间"对话框进行设置。

5. "效果"面板

"效果"面板中存放着Premiere软件中的所有效果。

6. "效果控件"面板

"效果控件"面板可以对选中对象的固有属性和添加的效果进行设置。

9.2 Premiere基础操作

Premiere作为一款视频编辑软件，在视频剪辑、组接方面的功能非常强大。本节将对该软件的基础知识进行介绍。

9.2.1 案例解析：制作文字消散动画

在学习Premiere之前，可以先看看以下案例，即导入素材后使用文字工具创建文本，添加"粗糙边缘"效果制作消散动画。

步骤01 打开Premiere软件，执行"文件" | "新建" | "项目"命令，打开"新建项目"对话框，设置项目名称及位置参数，如图9-6所示。设置完成后单击"确定"按钮新建项目。

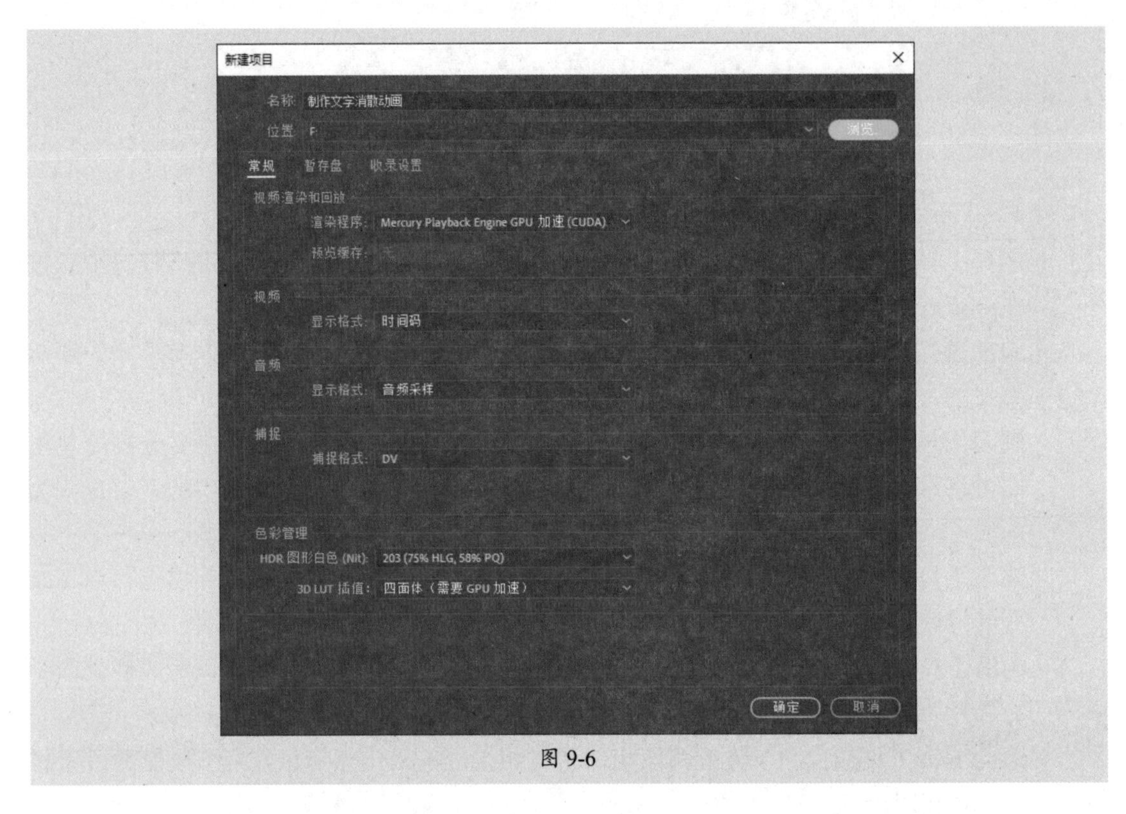

图 9-6

步骤02 执行“文件”|“新建”|“序列”命令，打开“新建序列”对话框，切换至“设置”选项卡，自定义序列，如图9-7所示。设置完成后单击“确定”按钮新建序列。

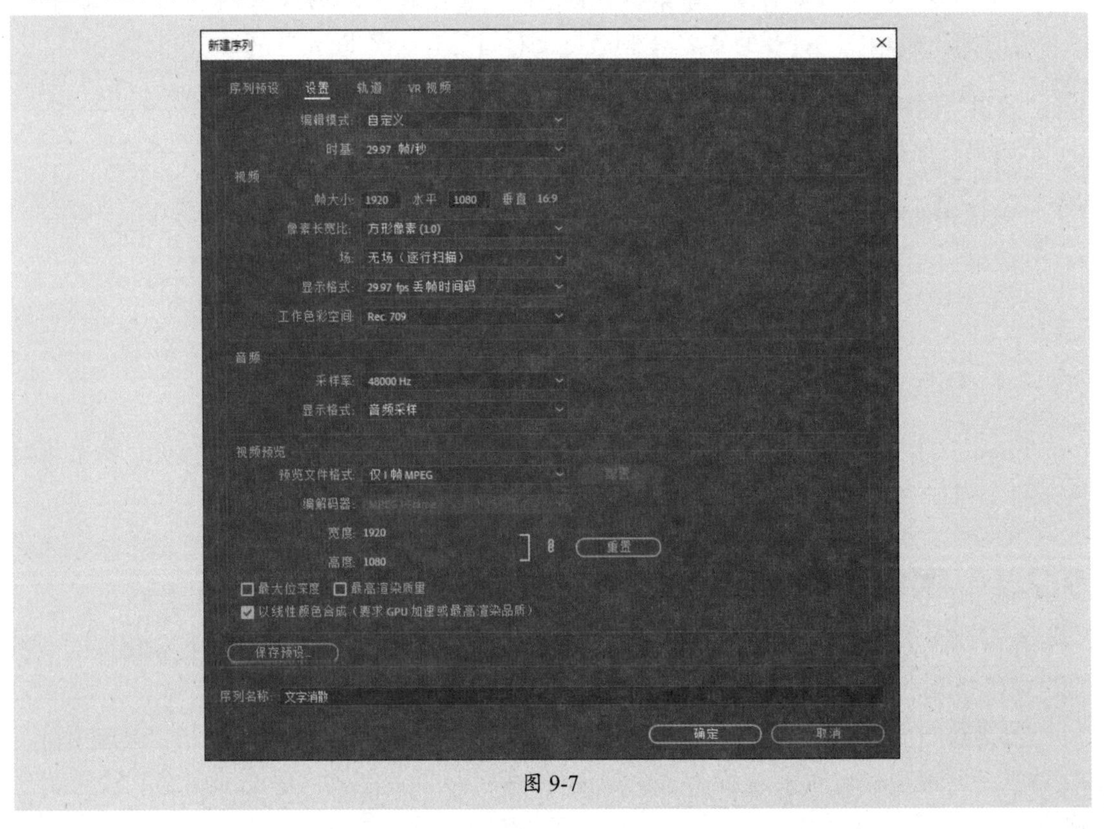

图 9-7

步骤 03 执行“文件”|“导入”命令，打开“导入”对话框，选择要导入的素材，如图9-8所示。单击“打开”按钮，将选中的素材导入“项目”面板中。

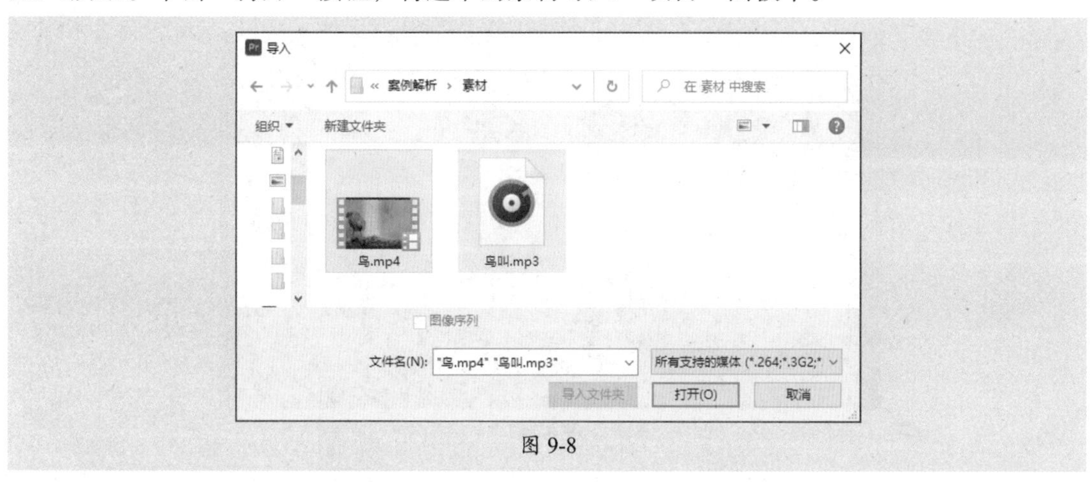

图 9-8

步骤 04 双击导入的视频素材，在“源”监视器面板中打开素材，并根据画面内容在00:00:04:15处标记入点，在00:00:14:14处标记出点，如图9-9所示。

图 9-9

步骤 05 将“源”监视器面板中的视频拖曳至“时间轴”面板V1轨道中，如图9-10所示。

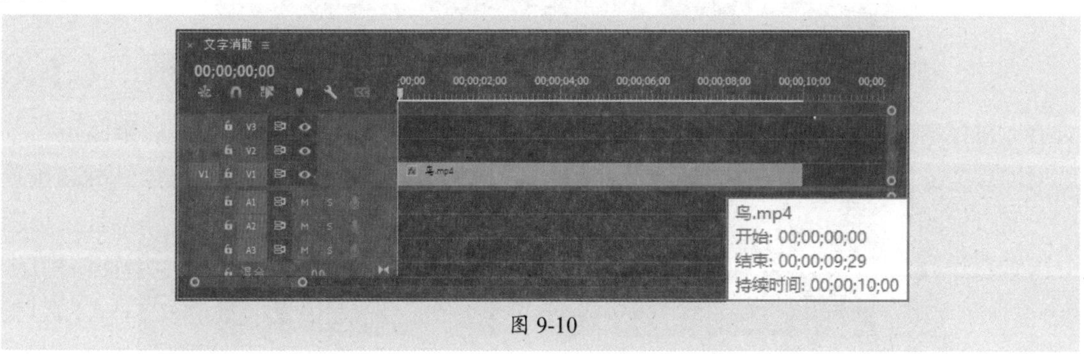

图 9-10

步骤06 使用文字工具在“节目”监视器面板中单击并输入文字，在“基本图形”面板中设置参数，效果如图9-11所示。

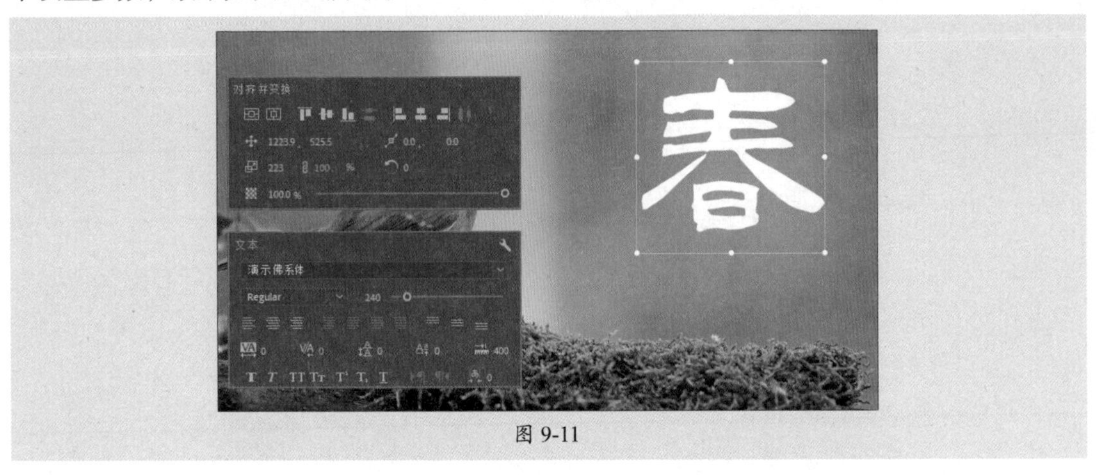

图 9-11

步骤07 在“时间轴”面板中调整文字素材的持续时间与位置，如图9-12所示。

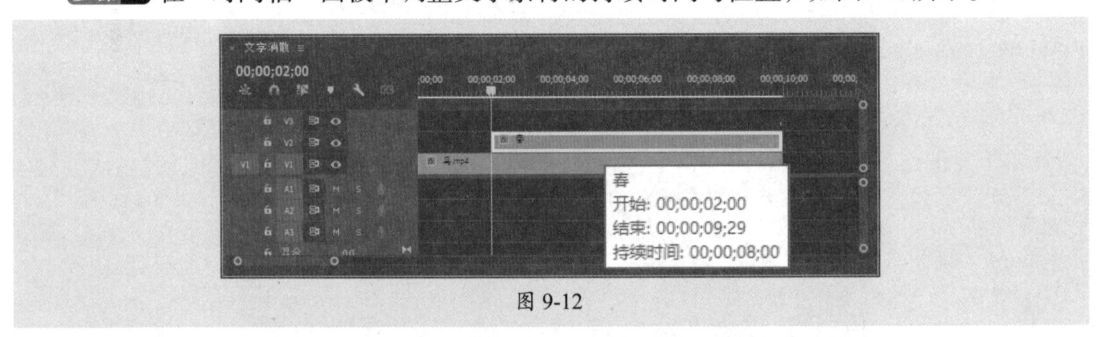

图 9-12

步骤08 在“效果”面板中搜索“粗糙边缘”视频效果并拖曳至文字素材上，移动播放指示器至00:00:06:00处，单击“效果控件”面板中“边框”参数左侧的“切换动画”按钮添加关键帧，并设置“边框”参数、“边缘锐度”参数和“复杂度”参数，如图9-13所示。

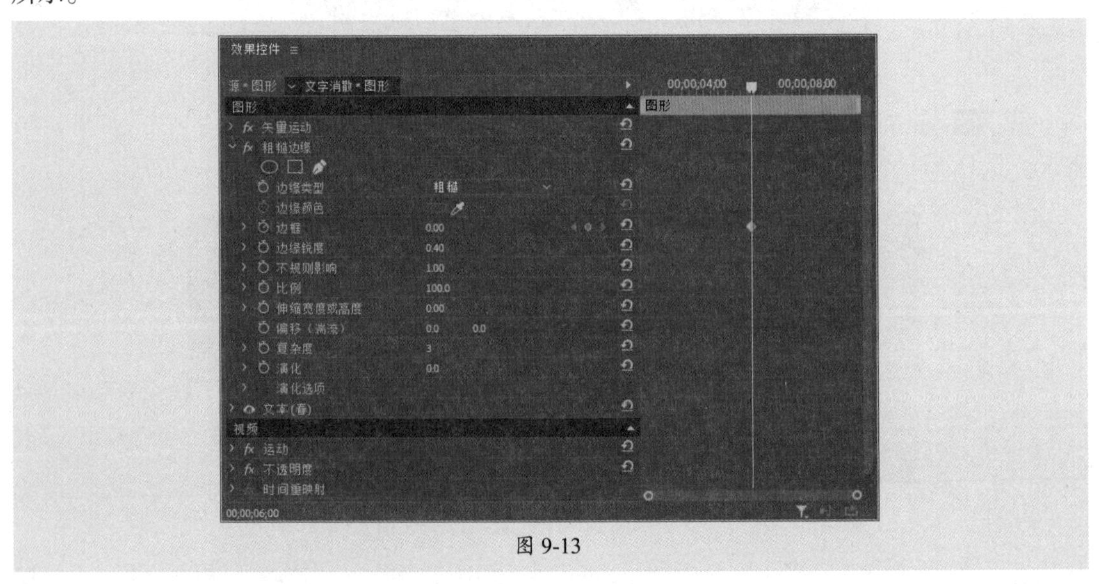

图 9-13

步骤 09 移动播放指示器至00:00:10:00处，设置“边框”参数，软件将自动生成关键帧。选中关键帧并右击鼠标，在弹出的快捷菜单中执行“缓入”和“缓出”命令，调整速率曲线，如图9-14所示。

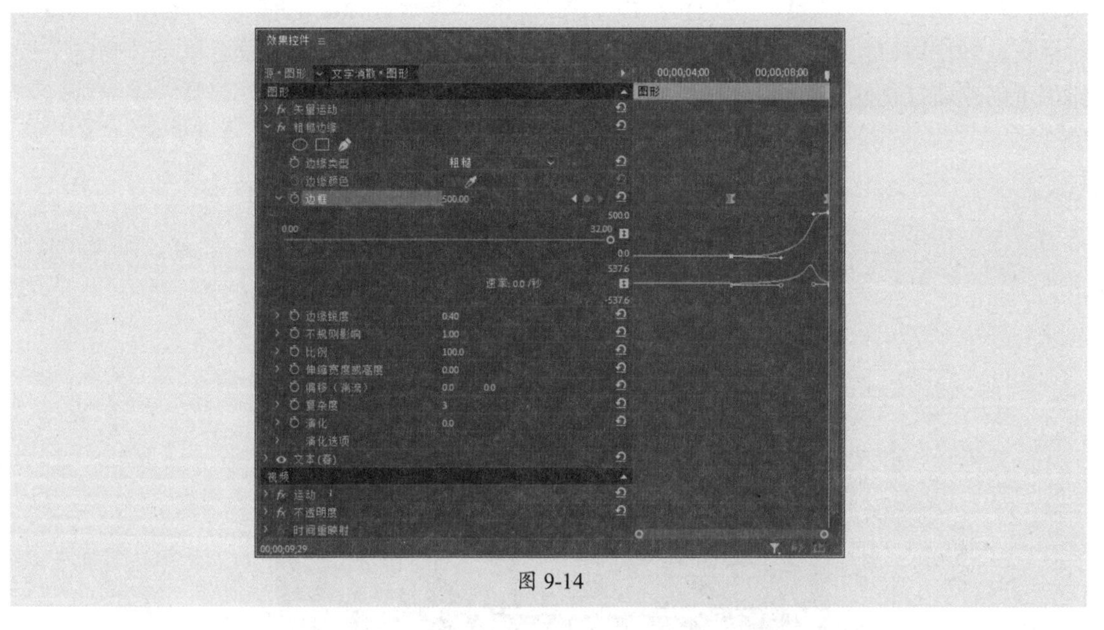

图 9-14

步骤 10 将“项目”面板中的音频素材拖曳至“时间轴”面板的A1轨道中，使用剃刀工具在00:00:10:00处分割音频素材，并删除多余部分，如图9-15所示。

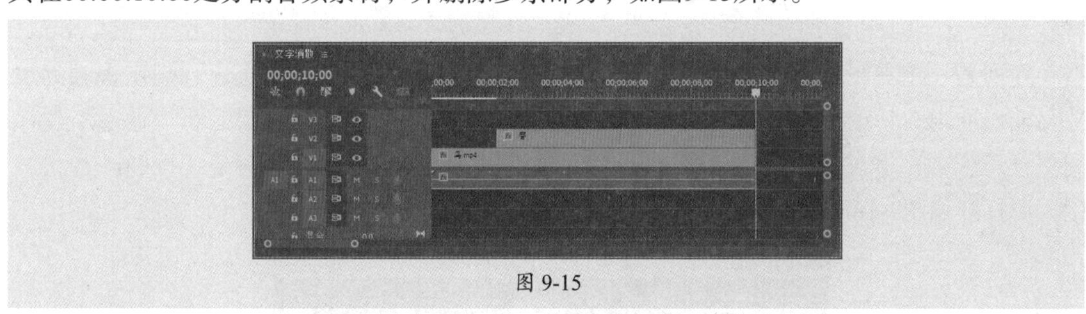

图 9-15

步骤 11 至此完成文字消散动画的制作。移动播放指示器至起始处，按Enter键渲染并预览效果，如图9-16所示。

图 9-16

9.2.2 项目与序列的创建

新建项目是Premiere编辑影视作品的第一步，项目文件中存储着与序列和资源有关的信息。执行“文件”|“新建”|“项目”命令或按Ctrl+Alt+N组合键，即可打开“新建项目”对话框，如图9-17所示。在该对话框中设置项目文件名称、位置等参数后单击“确定”按钮即可创建项目文件。

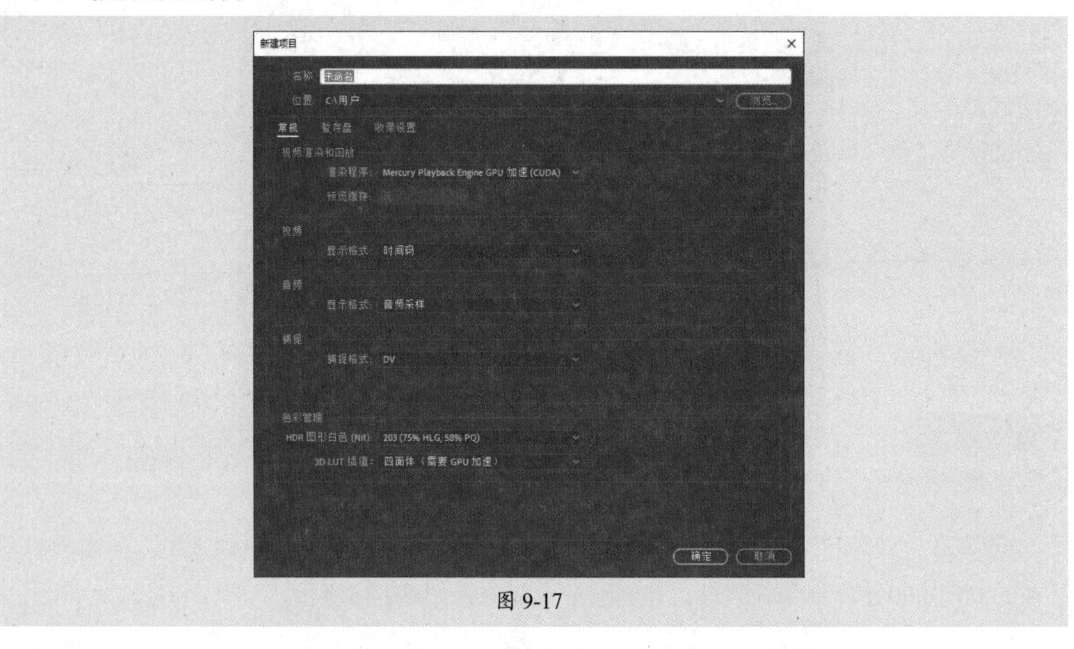

图 9-17

序列是一组剪辑，每个项目可以包含一个或多个序列。用户可通过序列规定视频的尺寸与输出质量，一般以主要素材为准。当添加不同格式和尺寸的素材时，可以通过新建序列保证工作效率和输出时的品质。执行“文件”|“新建”|“序列”命令或按Ctrl+N组合键，可打开如图9-18所示的“新建序列”对话框。

图 9-18

该对话框中部分选项卡的作用如下。

- **序列预设：** 该选项卡中提供了多种可用的序列预设，用户可以根据需要选择预设创建新的序列。
- **设置：** 用于设置序列参数。在该选项卡中设置“编辑模式”为“自定义”可自定义序列。
- **轨道：** 用于设置新建序列的轨道参数。

操作提示

在未创建序列的情况下，将素材直接拖曳至“时间轴”面板中可根据该素材新建序列。

9.2.3 素材的创建与编辑

在Premiere中编辑影视作品需要大量的素材，用户可以根据需要创建或导入素材，并对其进行编辑整理。本节将对此进行讲解。

1. 创建素材

Premiere支持创建调整图层、彩条、黑场视频等素材。单击“项目”面板底部的“新建项目”按钮，在弹出的下拉菜单中执行命令或在“项目”面板的空白处右击鼠标，在弹出的快捷菜单中执行“新建项目”命令，即可新建相应的素材，如图9-19所示。

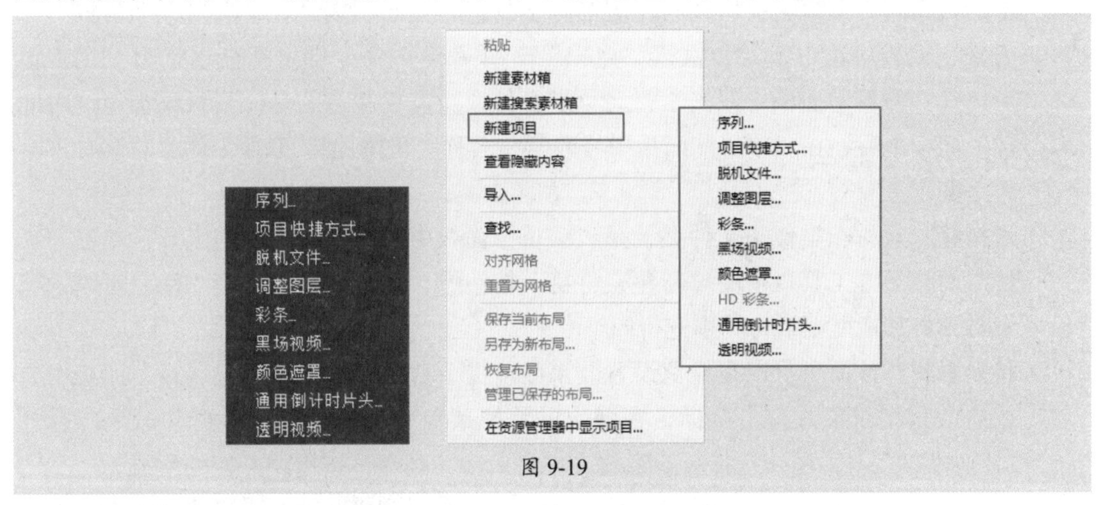

图 9-19

部分常用素材的作用如下。

- **调整图层：** 一种透明的特殊图层，在该图层上添加效果将影响“时间轴”面板中位于该素材以下轨道素材的效果。
- **彩条：** 包含色条和1-kHz色调，可以正确反映出各种彩色的亮度、色调和饱和度，主要用于帮助用户检验视频通道传输质量。
- **黑场视频：** 即不透明黑场视频剪辑。调整黑场视频素材的透明度和混合模式，可以影响“时间轴”面板中位于该素材以下素材的显示。

- **颜色遮罩：** 纯色素材。创建该类型素材后在“项目”面板中双击素材，可以在弹出的“拾色器”对话框中修改素材颜色。
- **通用倒计时片头：** 倒计时视频素材，可以帮助播放员确认音频和视频是否正常且同步工作。

2. 导入素材

导入素材为影视编辑提供了更丰富的素材资源，可以通过以下三种方式导入素材。

- **“导入”命令：** 执行“文件”|“导入”命令或按Ctrl+I组合键，打开“导入”对话框，选择要导入的素材，单击“打开”按钮，即可将选中的素材导入“项目”面板中。用户也可以在“项目”面板的空白处双击鼠标，打开“导入”对话框导入素材。
- **“媒体浏览器”面板：** 在“媒体浏览器”面板中找到素材文件并右击鼠标，在弹出的快捷菜单中执行“导入”命令即可将选中的素材导入“项目”面板中；或者直接将“媒体浏览器”面板中的素材拖曳至“时间轴”面板中应用。
- **直接拖入：** 直接将文件夹中的素材拖曳至“项目”面板或“时间轴”面板中同样可以将其导入。

3. 编辑管理素材

编辑影视作品时一般会用到大量的素材，用户可以对使用的素材进行编辑整理，以便团队协作及后续的修改应用。

- **重命名素材：** 重命名可以使素材更加整洁规范，便于识别。在“项目”面板或“时间轴”面板中选中素材，执行“剪辑”|“重命名”命令即可重命名素材。用户也可以在“项目”面板中双击素材名称进行修改。需要注意的是，素材添加至“时间轴”面板中后，在“项目”面板中修改素材名称，“时间轴”面板中的素材名称不会随之变化。
- **素材箱：** 素材箱类似于文件夹，是“项目”面板中归类素材文件的工具。单击“项目”面板下方工具栏中的“新建素材箱”按钮■，即可新建素材箱，用户可以选择素材并将其拖曳至素材箱中进行归纳。
- **替换素材：** 该命令可以在保留设置效果的前提下替换素材。选择“项目”面板中要替换的素材对象并右击鼠标，在弹出的快捷菜单中执行“替换素材”命令，打开“替换素材”对话框，选择新的素材文件后单击“确定”按钮即可替换素材。
- **失效和启用素材：** 素材编辑完成后可以暂时将其失效处理，以缓解软件运算压力、减少卡顿。在“时间轴”面板中选中素材并右击鼠标，在弹出的快捷菜单中执行“启用”命令，即可失效素材，此时失效素材在“节目”监视器面板中消失，“时间轴”面板中的素材变为深紫色；再次执行“启用”命令，可重新显示素材画面。
- **编组素材：** 编组素材可以将多个素材组合成一个整体，以便同时进行选中、移动、添加效果等操作。选中“时间轴”面板中要编组的素材并右击鼠标，在弹出的快捷菜单中执行“编组”命令，即可将素材文件编组；执行“取消编组”命令可取消素材编组，取消后不会影响已添加的效果。
- **嵌套素材：** 嵌套素材可以将选中的素材合成为一个序列进行操作，该操作不可逆。

在“时间轴”面板中选中素材并右击鼠标，在弹出的快捷菜单中执行“嵌套”命令，打开“嵌套序列名称”对话框，设置名称后单击“确定”按钮即可嵌套素材。

- **链接媒体：** 该命令可以重新链接项目文件中丢失的素材，使其恢复正常显示。在“项目”面板中选中脱机素材并右击鼠标，在弹出的快捷菜单中执行“链接媒体”命令，打开“链接媒体”对话框，单击“查找”按钮，打开“查找文件”对话框，选中要链接的素材对象，单击“确定”按钮即可重新链接媒体素材。
- **打包素材：** 项目文件中使用的素材均是以链接的形式存在，移动素材位置或删除素材后，项目文件中的素材就会缺失。而打包素材可以将当前项目中所用的素材打包存储，方便文件的传输，同时还可以避免文件移动后产生的素材缺失等问题。执行“文件”|“项目管理”命令，打开“项目管理器”对话框，设置打包内容、目标路径等内容后单击“确定”按钮即可按照设置打包素材。

9.2.4 文本的创建与编辑

文本在影视作品中具有说明、注释、美化等作用，是影视作品中必不可少的元素之一。在Premiere软件中，一般可以通过文本工具和“基本图形”面板两种方式创建文本。这两种方式的操作分别如下。

1. 文本工具

选择“文字工具”T或“垂直文字工具”IT，在“节目”监视器面板中单击输入文字即可创建文本，如图9-20所示。创建文本后“时间轴”面板中将自动出现持续时间为5秒的文字素材。

图 9-20

选中文字素材，在“效果控件”面板中可以设置文本参数，如图9-21所示。其中，“源文本”属性组中的参数可以设置文字字体、大小、间距、行距等基础属性；“外观”属性组中的参数可以设置文字颜色、描边、阴影、背景、蒙版等效果；“变换”属性组中的参数可以对文本的位置、缩放等进行调整。

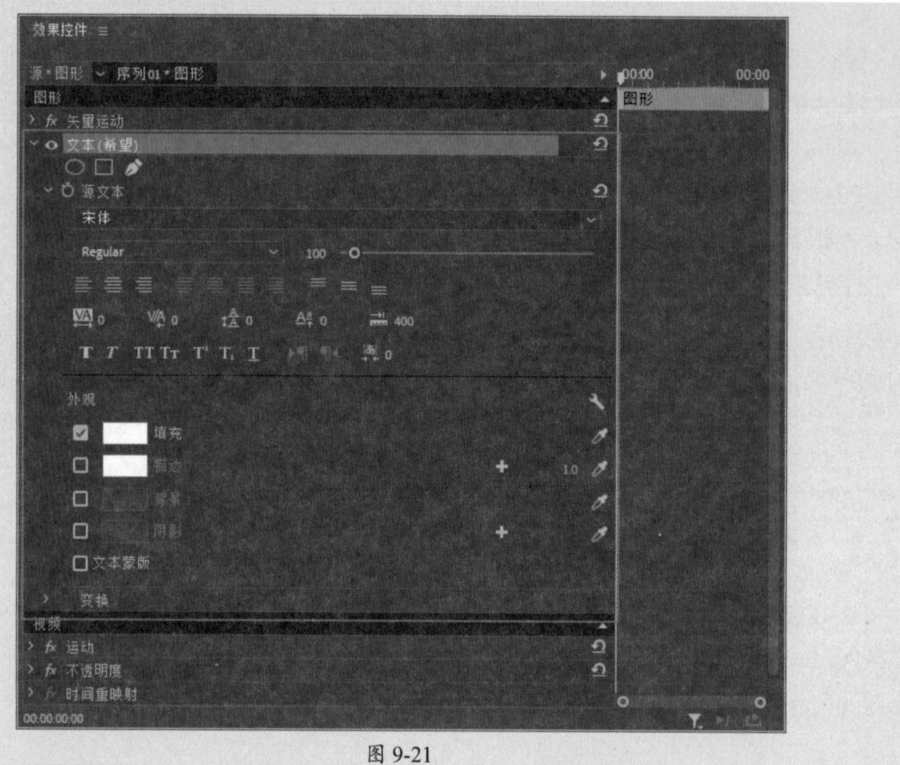

图 9-21

2. “基本图形”面板

“基本图形”面板可用于创建文本、图形等素材并进行编辑。执行“窗口”|“基本图形”命令，打开“基本图形”面板，切换至“编辑”选项卡，单击“新建图层”按钮，在弹出的下拉菜单中执行“文本”命令或按Ctrl+T组合键，“节目”监视器面板中将出现默认的文字，双击文字可进入编辑模式对其内容进行更改，如图9-22所示。

图 9-22

选中文本素材，使用文本工具在“节目”监视器面板中单击输入文字，新输入的文本将和原文本在同一素材中，此时“基本图形”面板中将新增一个文字图层。用户可以分别选中不同的文字图层进行编辑，如图9-23所示。“基本图形”面板中的选项与“效果控件”面板基本一致，用户同样可以在该面板中对输入的文字进行编辑美化。

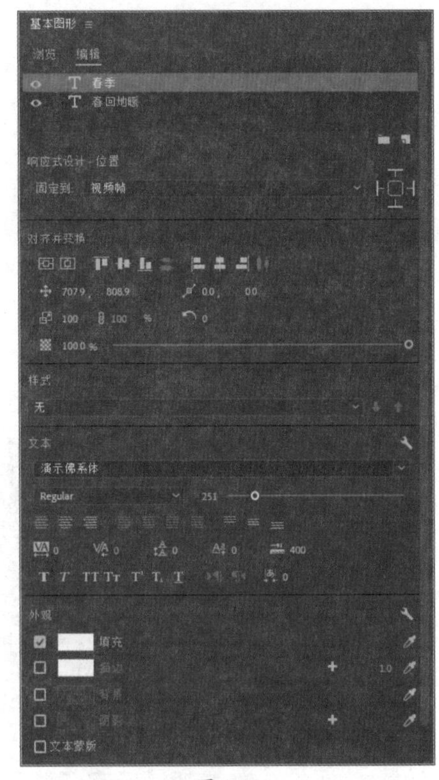

图 9-23

操作提示

“基本图形”面板中比较特殊的内容为响应式设计。其中，“响应式设计-位置”可以将当前图层响应至其他图层，随着其他图层变换而变换，即使选中图层自动适应视频帧的变化。“响应式设计-时间”只有在未选中图层的情况下才会出现，该设计可以保留开场和结尾关键帧的图形片段，以保证在改变剪辑持续时间时，不影响开场和结尾片段；在修剪图形的出点和入点时，也会保护开场和结尾时间范围内的关键帧，同时对中间区域的关键帧进行拉伸或压缩以适应改变后的持续时间。

9.2.5 渲染与输出

在Premiere中编辑完成影视作品后，可以根据用途将其输出为不同格式。下面将对此进行介绍。

1. 渲染预览

渲染是指预处理剪辑内容，通过该操作可以以全帧速率实时回放复杂的部分。选中要进行渲染的时间段，执行“序列”|“渲染入点到出点的效果”命令或按Enter键，即可进行渲染，渲染后红色渲染条变为绿色。

操作提示

渲染较大的文件时，可以通过添加入点和出点的方式减轻渲染运算量以提高效率。

2. 输出方式

输出项目内容的常用方式有以下两种。

- 执行“文件”|“导出”|“媒体”命令或按Ctrl+M组合键，打开“导出设置”对话框，设置参数导出媒体。
- 在“项目”面板中选中要导出的序列并右击鼠标，在弹出的快捷菜单中执行“导出媒体”命令，打开“导出设置”对话框，设置参数导出媒体。

操作提示

Premiere中还有一种快速导出“.mp4”格式文件的方式。在“项目”面板中选中要导出的序列或媒体文件后，单击工作界面右上角的“快速导出”按钮，在弹出的“快速导出”对话框中设置参数，导出H.264格式的文件即可。

3. 输出设置

执行“文件”|“导出”|“媒体”命令，打开“导出设置”对话框，如图9-24所示。该对话框中常用部分选项的作用如下。

图 9-24

- **源：** 该选项卡中显示未应用任何导出设置的源视频，用户可以在该选项卡中通过“裁剪输出视频”按钮裁剪源视频，从而只导出视频的一部分。
- **输出：** 该选项卡中显示源视频应用当前导出设置的预览，用户可以在该对话框中设置“源缩放”及“源范围”参数。其中，“源缩放”参数可以设置输出帧的源图像大小，“源范围”参数可以设置导出视频的持续时间。
- **导出设置：** 用于设置导出内容及其格式、路径、名称等参数。单击输出名称右侧的蓝色文字打开“另存为”对话框，即可设置输出文件的名称和路径。
- **视频：** 用于设置导出视频的相关参数，选择导出的格式不同，该选项卡中的内容也会略有不同。其中值得注意的一个参数为“比特率设置”，该参数用于设置输出文件的比特率，比特率数值越大输出文件越清晰，但超过一定数值后，清晰度就不会有明显提升，设置合适的数值即可。
- **音频：** 用于设置导出音频的相关参数。

课堂实战 制作影片片头

本章课堂实战练习制作影片片头。综合练习本章的知识点，以熟练掌握和巩固素材的操作。下面介绍操作思路。

步骤 01 打开Premiere软件，新建项目和序列。按Ctrl+I组合键，打开“导入”对话框导入本章素材文件，如图9-25所示。

图 9-25

步骤 02 双击导入的视频素材，在“源”监视器面板中打开素材，并根据画面内容在00:00:10:01处标记入点，在00:00:16:00处标记出点，如图9-26所示。

图 9-26

步骤 03 将“源”监视器面板中的视频拖曳至“时间轴”面板的V1轨道中，如图9-27所示。

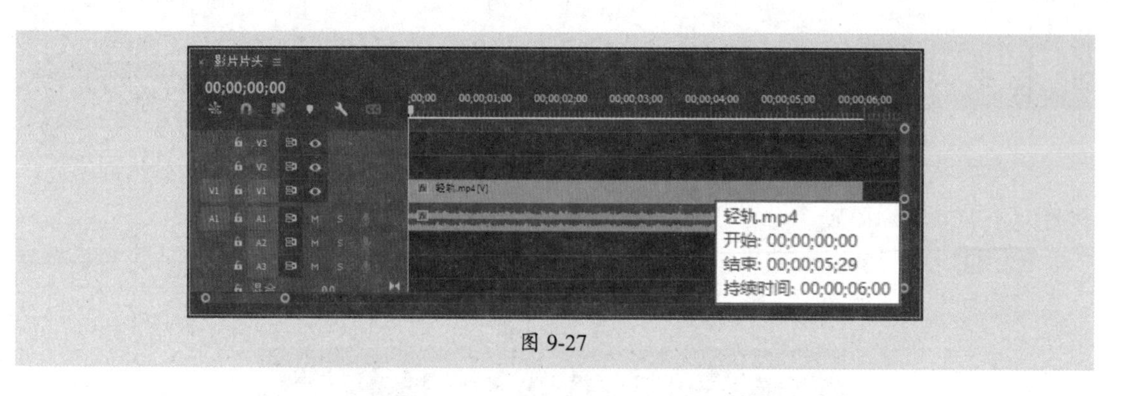

图 9-27

步骤 04 在“效果”面板中搜索“裁剪”视频效果并拖曳至V1轨道素材中，移动播放指示器至素材起始位置，在“效果控件”面板中展开“裁剪”属性，单击“顶部”和“底部”参数左侧的“切换动画”按钮，添加关键帧，如图9-28所示。

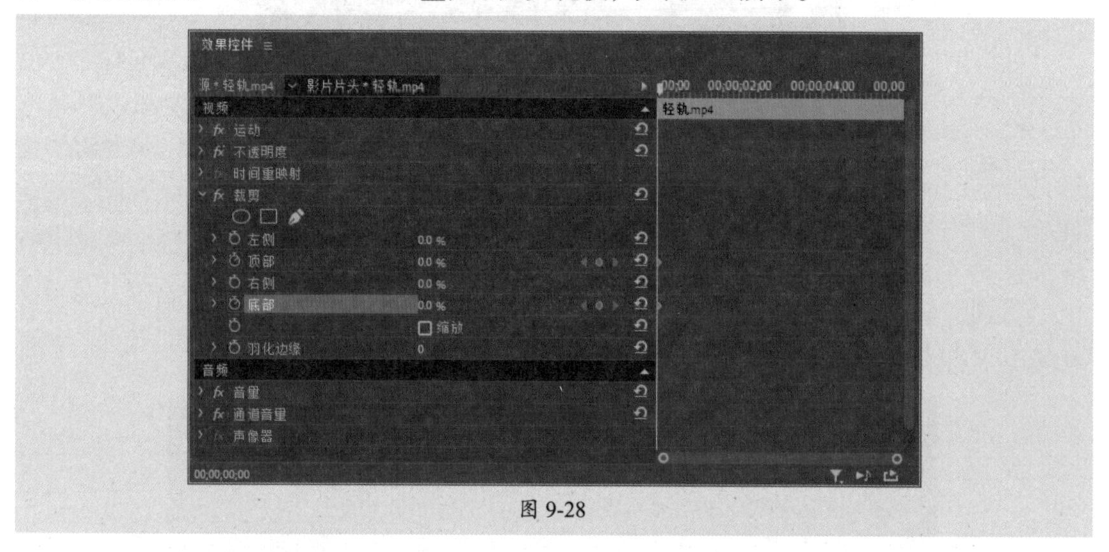

图 9-28

步骤 05 移动播放指示器至00:00:03:00处，调整“顶部”和“底部”参数，软件将自动添加关键帧，如图9-29所示。此时“节目”监视器面板中的效果如图9-30所示。

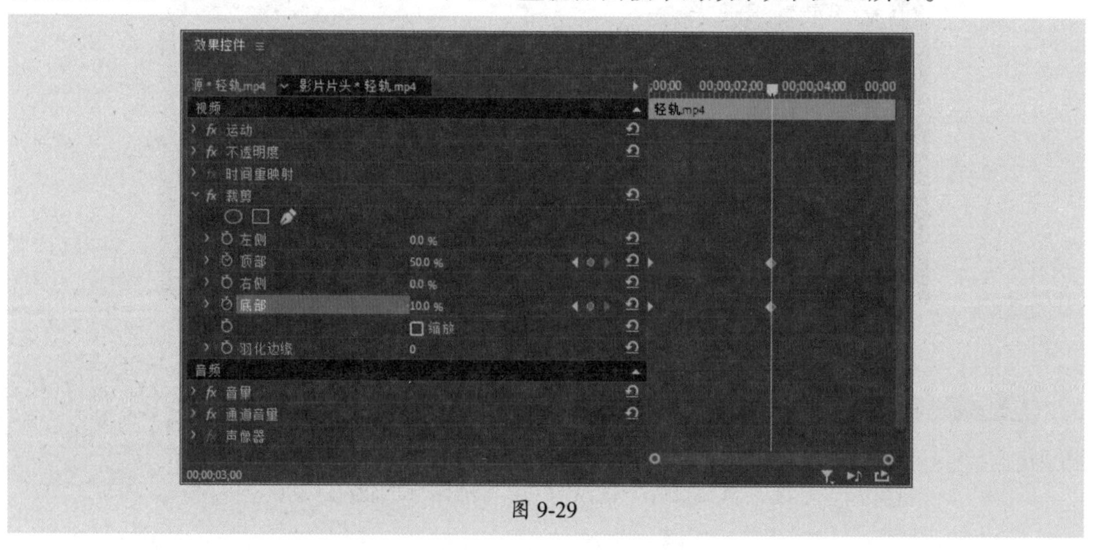

图 9-29

图 9-30

步骤 06 移动鼠标至“源”监视器面板中的“仅拖动视频”按钮▣处，按住鼠标左键拖曳视频至“时间轴”面板的V2轨道中，如图9-31所示。

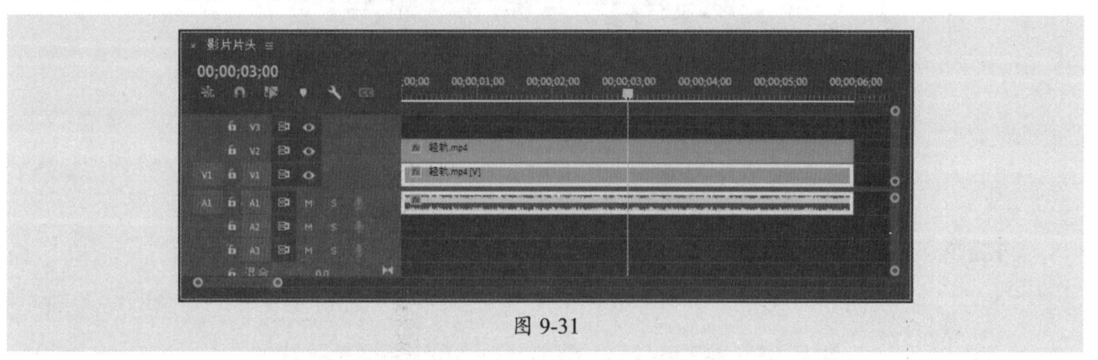

图 9-31

步骤 07 使用文字工具在“节目”监视器面板中单击并输入文字，在“基本图形”面板中设置参数，效果如图9-32所示。

图 9-32

步骤 08 调整文字素材的持续时间与V1轨道素材一致。在“效果”面板中搜索“轨道遮罩键”效果并拖曳至V2轨道素材上，在“效果控件”面板中设置参数，如图9-33所示。

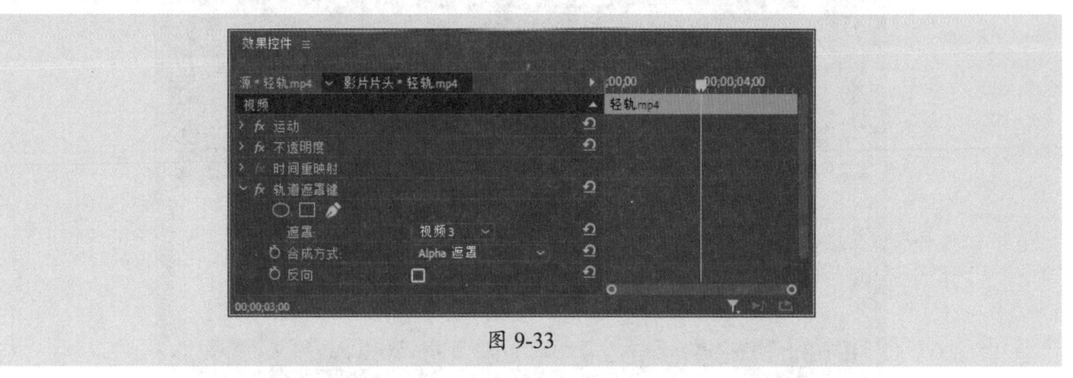

图 9-33

步骤 09 此时“节目”监视器面板中的效果如图9-34所示。

图 9-34

步骤 10 选中V2和V3轨道中的素材并右击鼠标，在弹出的快捷菜单中执行“嵌套”命令将其嵌套，并使用剃刀工具在00:00:03:00处分割嵌套素材，删除多余部分，如图9-35所示。

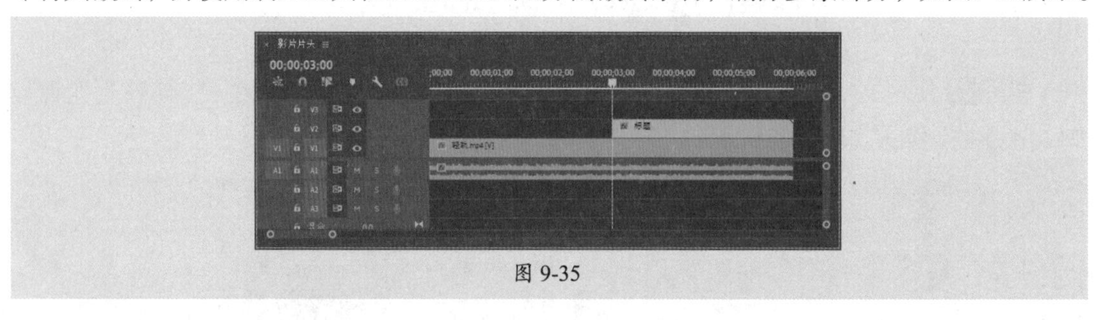

图 9-35

步骤 11 在“效果”面板中搜索“交叉溶解”视频过渡效果，并将其拖曳至嵌套素材的起始处和结尾处，在“效果控件”面板中调整其持续时间为20帧，如图9-36所示。

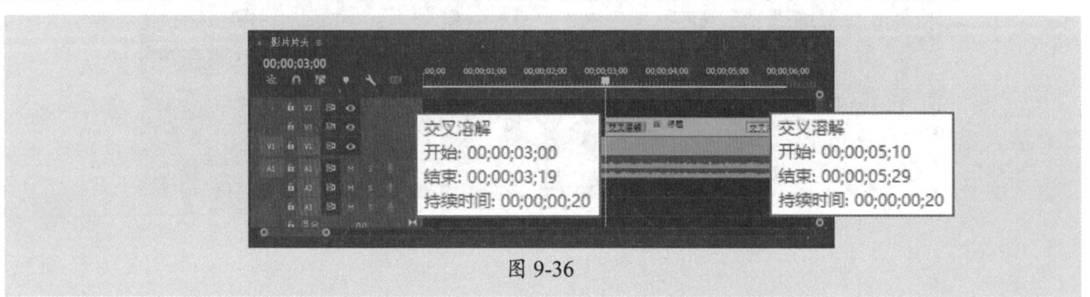

图 9-36

步骤 12 在“效果”面板中搜索“指数淡化”音频过渡效果，并将其拖曳至A1轨道素材的起始处和结尾处，如图9-37所示。

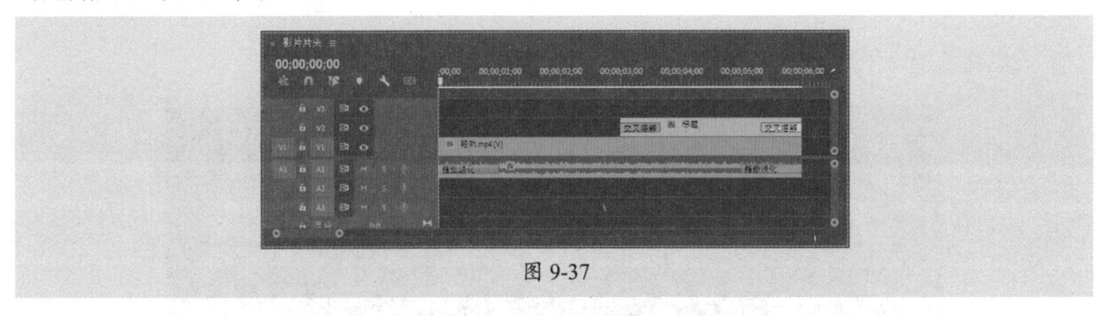

图 9-37

步骤 13 移动播放指示器至起始处，按Enter键渲染并预览效果，如图9-38所示。

图 9-38

步骤 14 按Ctrl+M组合键打开“导出设置”对话框，设置格式、名称及存储路径等参数，如图9-39所示。设置完成后单击“导出”按钮导出视频文件。

图 9-39

至此完成影片片头的制作与输出。

课后练习 文字镂空开场

下面将综合运用本章学习知识制作文字镂空开场，如图9-40所示。

图 9-40

1. 技术要点

①新建项目，导入并调整素材文件。

②输入文字，为视频素材添加“轨道遮罩键”效果。

③为文字素材添加“位置”和“缩放”关键帧，制作放大效果。

2. 分步演示

本案例的分步演示效果如图9-41所示。

图 9-41

拓展赏析

《冰山上的来客》

《冰山上的来客》是由长春电影制片厂制作发行的一部剧情片，由赵心水执导，梁音、阿依夏木、谷毓英等人主演。该片从真假古兰丹姆与战士阿米尔的爱情悬念出发，讲述了边疆战士和杨排长一起与特务假古兰丹姆斗智斗勇，最终胜利的阿米尔和真古兰丹姆也得以重逢的故事，如图9-42所示。

图 9-42

这部影片是一部充满情感和艺术性的影片，具备鲜明的民族特色和地域色彩，是浪漫主义和写实主义的结合之作。它深刻地反映了新疆各族军民团结一致反分裂的主题，展现了国家叙事的重要内容。如图9-43所示为该片剧照。

图 9-43

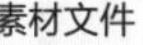

第10章 影视后期制作之视频剪辑效果

内容导读

Premiere可以帮助用户制作出更加精彩的视觉效果。本章将对Premiere中的效果进行讲解，包括“扭曲”“模糊与锐化”“颜色校正”等视频效果组，常用视频过渡效果，“延迟与回声”“降杂/恢复”等音频效果组。

思维导图

- 影视后期制作之视频剪辑效果
  - 常用视频效果
    - “效果控件”面板
    - “扭曲”效果组
    - “模糊与锐化”效果组
    - “键控”效果组
    - “颜色校正”效果组
    - “风格化”效果组
  - 视频过渡效果
    - 常用视频过渡效果
    - 编辑视频过渡效果
  - 常用音频效果
    - “延迟与回声”效果组
    - “降杂/恢复”效果组
    - 音频过渡效果

10.1 视频过渡效果

视频过渡又称转场，它可以使素材之间的衔接更加顺畅自然，可以推动情节、渲染气氛，是影视制作中常用的元素之一。本节将对视频过渡效果的相关知识进行讲解。

10.1.1 常用视频过渡效果

Premiere中有多组预设的视频过渡效果，用户可以直接应用这些预设制作转场效果。常用的视频过渡效果包括以下八组。

- **3D运动：**该组中的效果可以模拟三维空间运动制作转场效果。
- **划像（Iris）：**该组中的效果可以通过分割画面制作转场效果。
- **页面剥落（Page Peel）：**该组中的效果可以通过模拟翻页或页面剥落制作转场效果。
- **滑动（Slide）：**该组中的效果可以通过滑动画面制作转场效果。
- **擦除（Wipe）：**该组中的效果可以通过擦除图像制作转场效果。
- **缩放（Zoom）：**该组中只有“交叉缩放（Cross Zoom）”一种效果，通过缩放图像制作转场效果，即素材A被放大至无限大，素材B从无限大缩放至原始比例，在无限大时切换素材。
- **内滑：**该组中只有“急摇”一种效果，该效果是通过从左至右快速推动素材使其产生动感模糊制作转场效果。
- **溶解：**该组中的效果可以通过淡化、溶解素材的方式制作转场效果。

10.1.2 编辑视频过渡效果

在“效果”面板中选择视频过渡效果后拖曳至“时间轴”面板素材的入点或出点处，即可添加该视频过渡效果。选中添加的视频过渡效果，在“效果控件”面板中可以设置其持续时间、对齐等属性，如图10-1所示。

图 10-1

该面板中部分选项的作用如下。

- **持续时间：**用于设置视频过渡效果的持续时间，时间越长，过渡越慢。
- **对齐：**用于设置视频过渡效果与相邻素材片段的对齐方式，在其下拉列表中有中心切入、起点切入、终点切入和自定义切入四种选项。
- **缩览图■：**单击其周围的边缘选择器箭头可设置视频过渡方向。
- **开始/结束：**用于设置视频过渡开始和结束时的效果。
- **显示实际源：**选中该复选框，在“效果控件”面板的预览区中将显示素材的实际效果。
- **边框宽度：**用于设置视频过渡过程中的边框宽度。
- **边框颜色：**用于设置视频过渡过程中的边框颜色。
- **反向：**选中该复选框，将反向视频过渡的效果。

10.2 常用视频效果

视频效果可以丰富画面，增强影像的吸引力。而“效果控件”面板可以控制效果的显示，还可以通过其中的蒙版和关键帧制作出区域或动态的画面效果。

10.2.1 案例解析：制作照片切换效果

在学习视频效果之前，可以先看看以下案例，即使用After Effects制作遮罩素材，使用“轨道遮罩键”切换素材。

步骤 01 打开After Effects软件，单击主页中的“新建项目”按钮新建空白项目。执行“合成”|“新建合成”命令，打开“合成设置”对话框，设置参数，如图10-2所示。设置完成单击“确定”按钮新建合成。

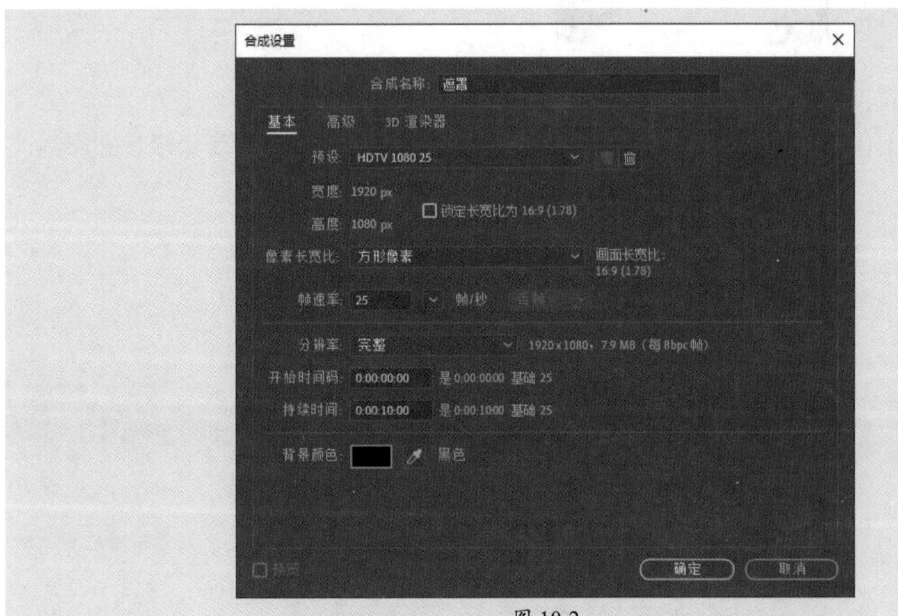

图 10-2

步骤 02 新建一个纯白色的素材，在“效果和预设”面板中搜索CC Mr. Mercury特效，并将其拖曳至该纯色素材上，在“效果控件”面板中设置参数，如图10-3所示。

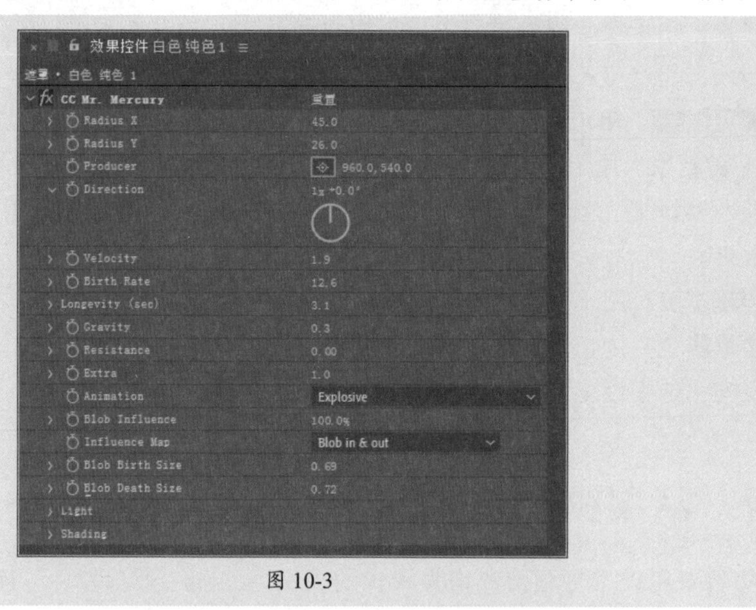

图 10-3

步骤 03 按空格键在“合成”面板中预览效果，如图10-4所示。

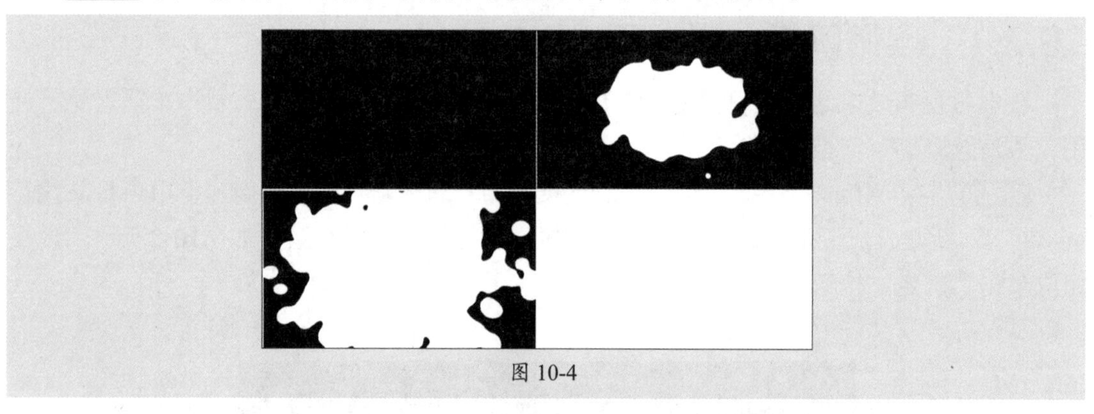

图 10-4

步骤 04 按Ctrl+S组合键保存文件为“遮罩”。打开Premiere软件，新建项目和序列。按Ctrl+I组合键，打开“导入”对话框导入本章素材文件，如图10-5所示。

图 10-5

操作提示

导入After Effects文件时，在弹出的“导入After Effects合成”对话框中选择“遮罩”后单击“确定”按钮即可将选中的合成导入。

步骤05 将导入的图像素材依次拖曳至“时间轴”面板中的V1轨道中，并调整持续时间为6s，如图10-6所示。

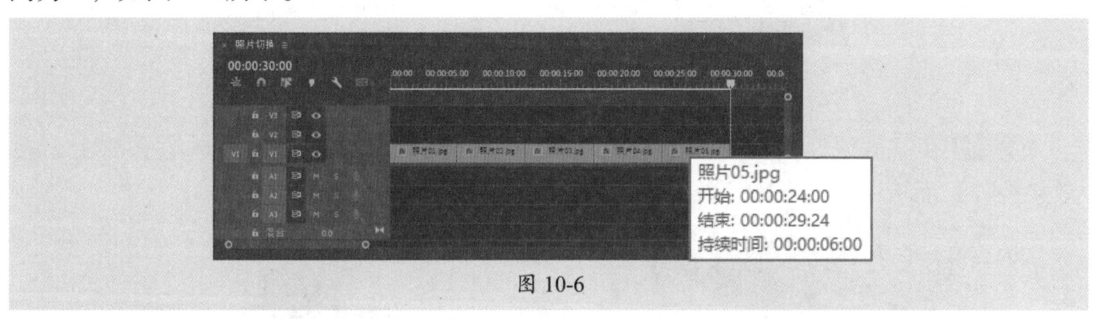

图 10-6

步骤06 双击“遮罩”视频素材，在“源”监视器面板中打开，并根据画面内容在00:00:02:16处标记出点，如图10-7所示。

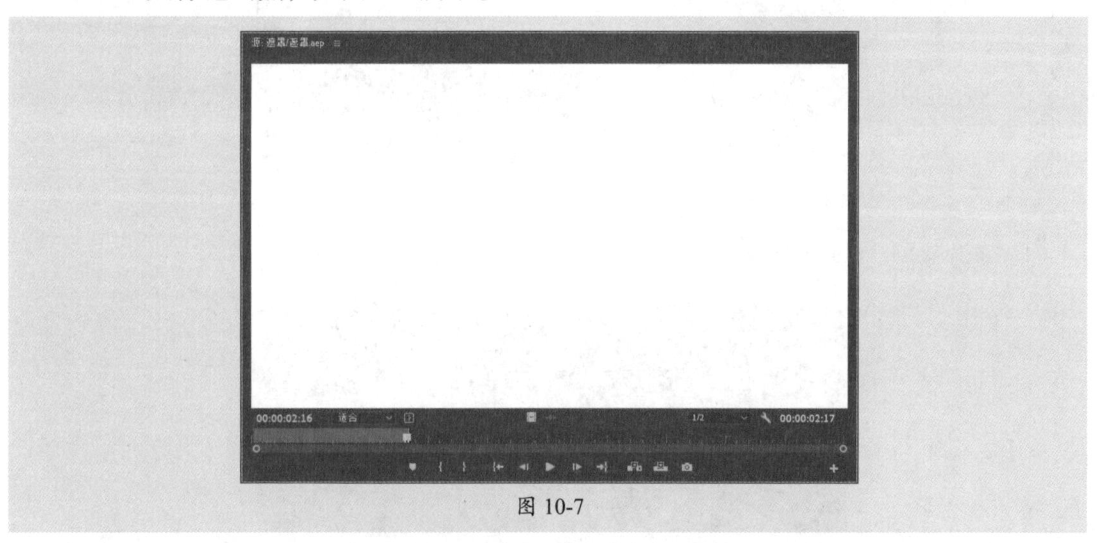

图 10-7

步骤07 将“源”监视器面板中的素材拖曳至V3轨道中的合适位置，调整其持续时间为2s，如图10-8所示。

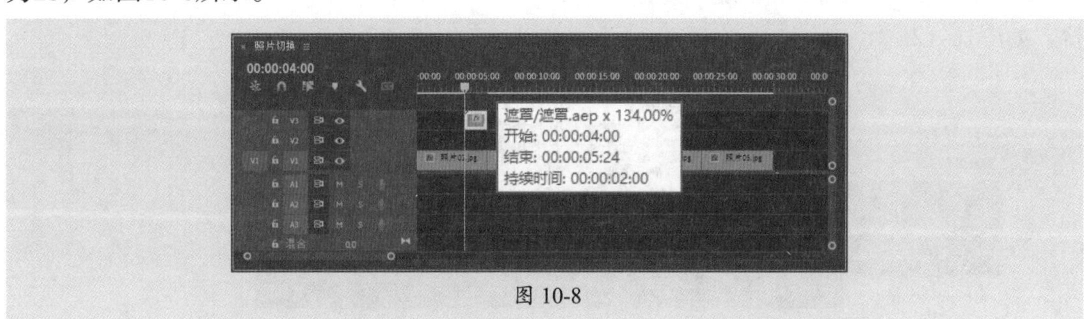

图 10-8

步骤 08 将V1轨道中的第2-4个素材分割为4s和2s的片段，4s部分素材移动至V2轨道中，并调整4s和2s素材位置，调整后如图10-9所示。

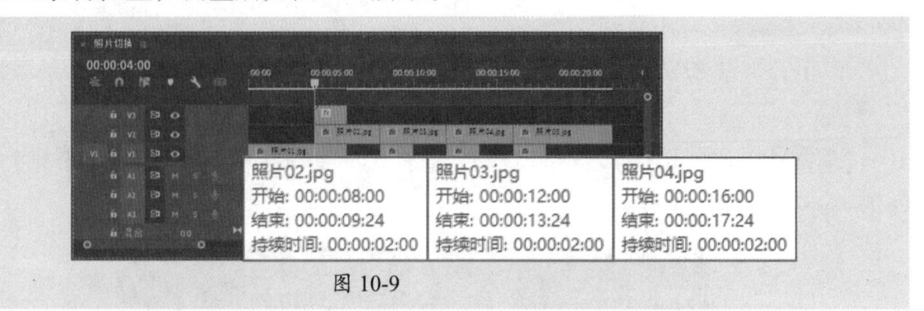

图 10-9

步骤 09 在“效果”面板中搜索“高斯模糊”视频效果并拖曳至V3轨道素材上，在“效果控件”面板中设置参数，效果如图10-10所示。

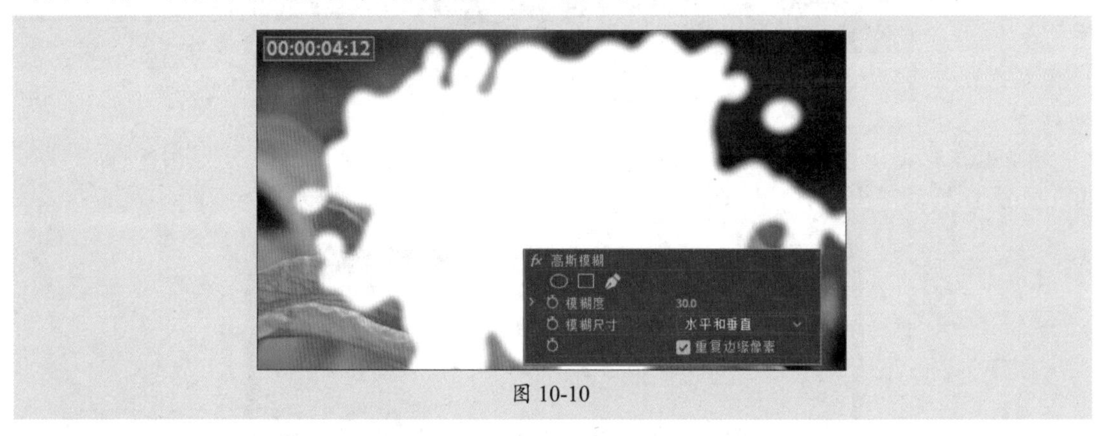

图 10-10

步骤 10 复制V3轨道素材，效果如图10-11所示。

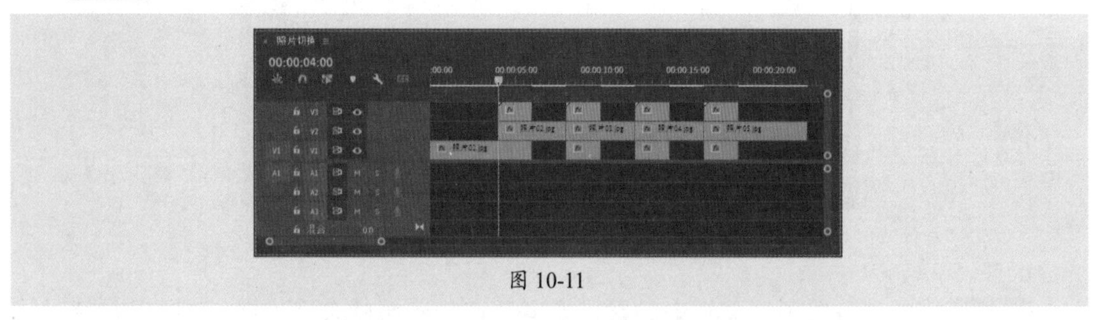

图 10-11

步骤 11 选中V2轨道素材并右击鼠标，在弹出的快捷菜单中执行“嵌套”命令嵌套素材，如图10-12所示。

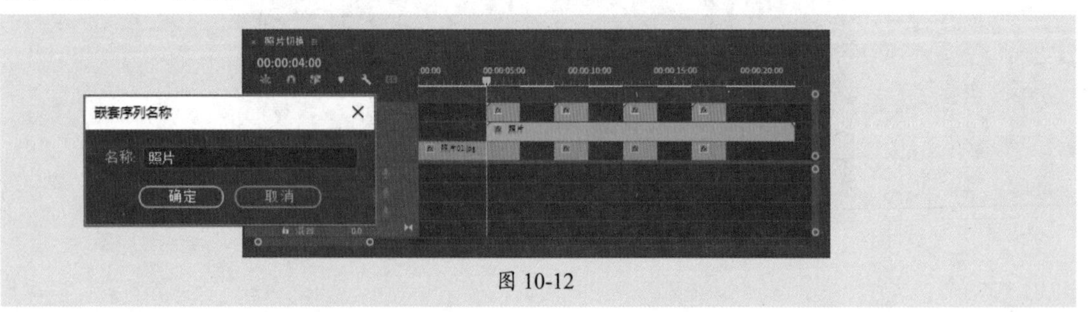

图 10-12

步骤 12 在“效果”面板中搜索“轨道遮罩键”效果，并将其拖曳至嵌套素材上，在“效果控件”面板中设置参数，效果如图10-13所示。

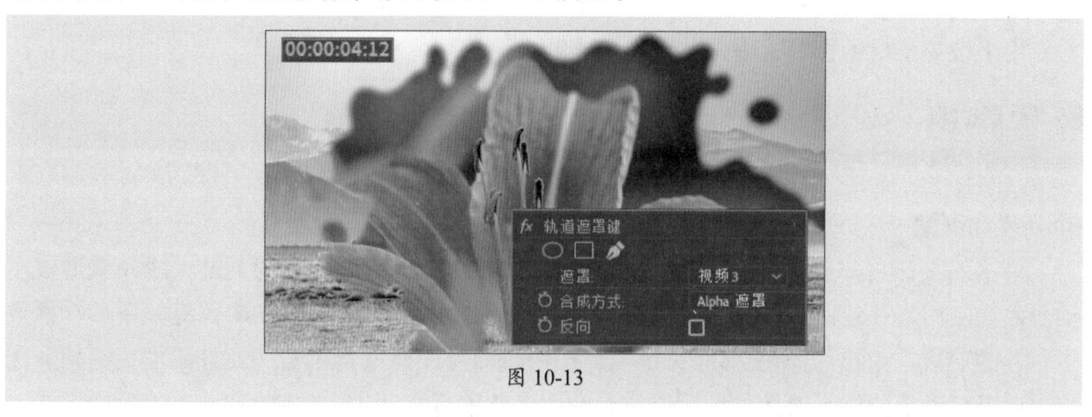

图 10-13

步骤 13 至此完成照片切换效果的制作。移动播放指示器至起始处，按Enter键渲染并预览效果，如图10-14所示。

图 10-14

10.2.2 “效果控件”面板

在“效果控件”面板中，可以查看“时间轴”面板中选中素材的固定属性和添加的视频效果，如图10-15所示。用户可以在该面板中对其固定属性和视频效果参数进行调整，使画面呈现需要的效果。

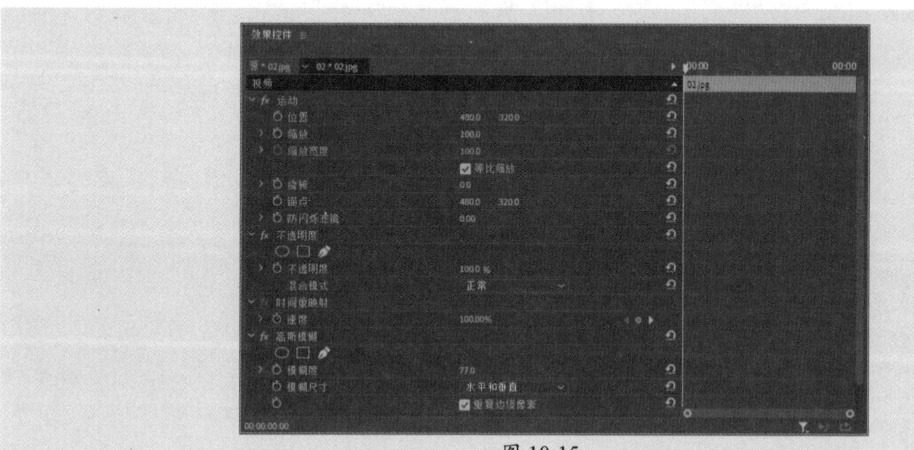

图 10-15

该面板中部分选项的作用如下。

1. “运动”效果组

用于设置素材的位置、缩放、旋转等参数。

2. “不透明度”效果组

用于设置素材的不透明度和混合模式，制作叠加、淡化等效果。

3. 切换动画

单击该按钮可添加关键帧开启动画，同一属性的两个不同状态的关键帧之间就形成了动画效果。图10-16所示为添加“缩放”参数关键帧的效果。添加第一个关键帧后移动播放指示器的位置，单击“添加/移除关键帧”按钮即可在播放指示器所在处添加关键帧。用户也可以移动播放指示器的位置后修改参数值，软件将自动生成关键帧。

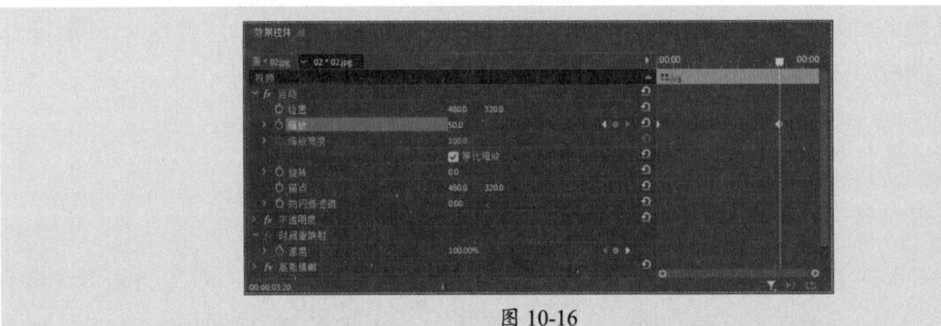

图 10-16

操作提示

选中添加的关键帧后右击鼠标，在弹出的快捷菜单中执行命令设置关键帧插值可以调整关键帧之间的变化速率。用户也可以设置关键帧插值后展开相应属性调整速率曲线设置。

4. 蒙版

用于创建蒙版。单击“创建椭圆形蒙版”按钮和“创建4点多边形蒙版”按钮，可在“节目”监视器面板中出现相应形状的蒙版，使用选择工具可对蒙版进行调整；单击“自由绘制贝塞尔曲线”按钮，可在“节目”监视器面板中绘制蒙版。添加蒙版后，对应参数下方将出现蒙版选项，如图10-17所示。

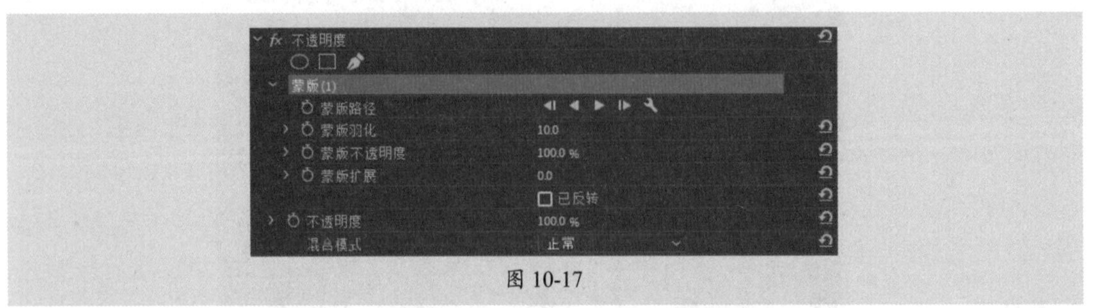

图 10-17

蒙版各参数的作用如下。

- **蒙版路径**：用于添加关键帧设置跟踪效果。单击该参数中的不同按钮，可以设置向前或向后跟踪的效果。
- **蒙版羽化：**用于柔化蒙版边缘。
- **蒙版不透明度：**用于调整蒙版的不透明度。当值为100%时，蒙版完全不透明并且会遮挡图层中位于其下方的区域。不透明度越小，蒙版下方的区域就越清晰可见。
- **蒙版扩展：**用于扩展蒙版范围。正值将外移边界，负值将内移边界。
- **已反转：**选中该复选框，将反转蒙版范围。

操作提示

创建蒙版后，“节目”监视器面板中将出现相应的控制手柄，用户可以通过这些手柄控制蒙版范围、羽化值等参数。

10.2.3 “扭曲”效果组

“扭曲”效果组可以扭曲变形素材。该效果组中有12个视频效果，本节将对常用的效果进行介绍。

1. 偏移

“偏移”效果可以使素材在水平或垂直方向产生位移。选中“时间轴”面板中的素材，在“效果”面板中双击“偏移”效果或直接将“偏移”效果拖曳至素材上即可添加该效果。添加效果后可在“效果控件”面板中调整参数，如图10-18所示。

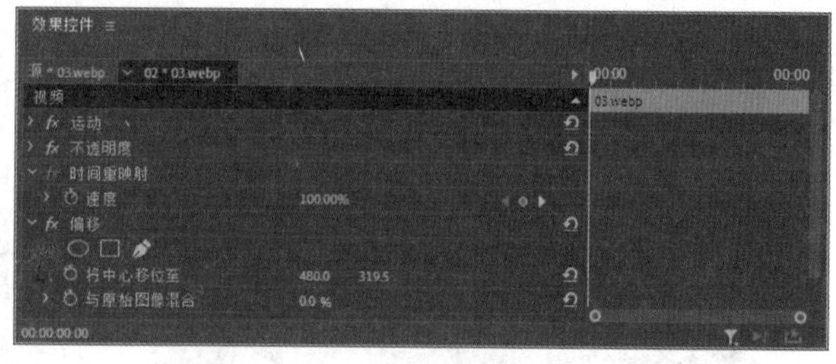

图 10-18

“偏移”效果常用属性的作用如下。
- **将中心移位至：**用于设置偏移中心。
- **与原始图像混合：**用于设置与原始图像混合，数值越高偏移效果越透明。

添加该效果并设置参数，前后效果对比如图10-19、图10-20所示。

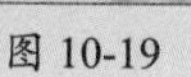

图 10-19

图 10-20

2. 变换

“变换”效果类似于素材的固有属性，可以设置素材的位置、大小、角度、不透明度等参数。选中“时间轴”面板中的素材，在“效果”面板中双击“变换”效果即可添加该效果。添加效果后可在“效果控件”面板中调整参数，如图10-21所示。

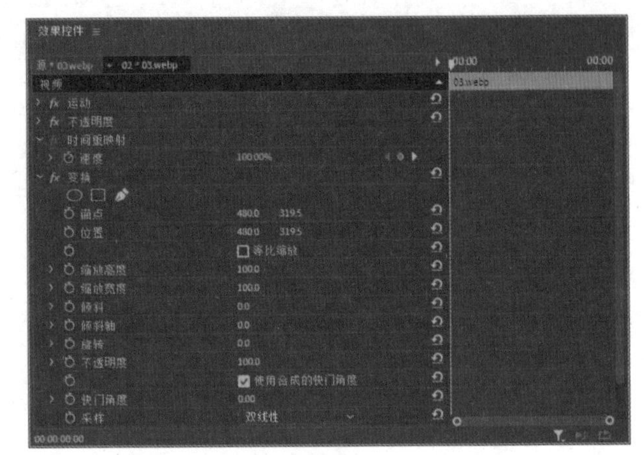

图 10-21

3. 波形变形

“波形变形”效果可以模拟出波纹扭曲的动态效果。选中“时间轴”面板中的素材，在“效果”面板中双击“波形变形”效果即可添加该效果。添加“波形变形”效果并设置参数，前后效果对比如图10-22、图10-23所示。

图 10-22

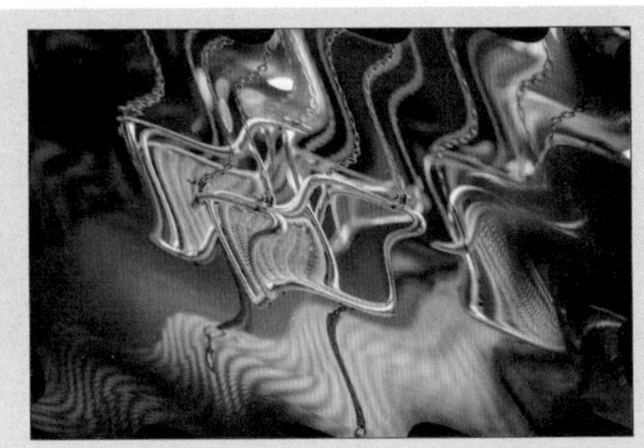
图 10-23

4. 湍流置换

“湍流置换”效果可以使素材在多个方向发生扭曲变形。选中“时间轴”面板中的素材，在“效果”面板中双击“湍流置换”效果即可添加该效果。添加“湍流置换”效果并设置参数，前后效果对比如图10-24、图10-25所示。

图 10-24

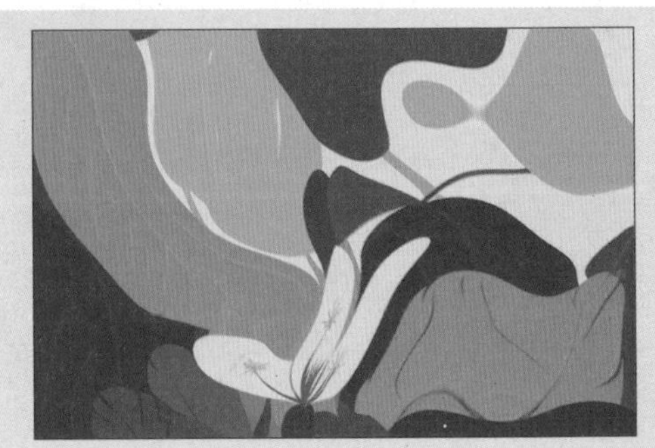
图 10-25

10.2.4 “模糊与锐化”效果组

“模糊与锐化”效果组可以通过调节素材图像间的差异，模糊图像使其更加柔化或锐化，使图像纹理更加清晰。该效果组中有6个视频效果，本节将对常用的效果进行介绍。

1. 方向模糊

“方向模糊”效果可以在指定方向制作模糊的效果。选中“时间轴”面板中的素材，在“效果”面板中双击“方向模糊”效果即可添加该效果。添加效果后可在“效果控件”面板中设置参数，如图10-26所示。

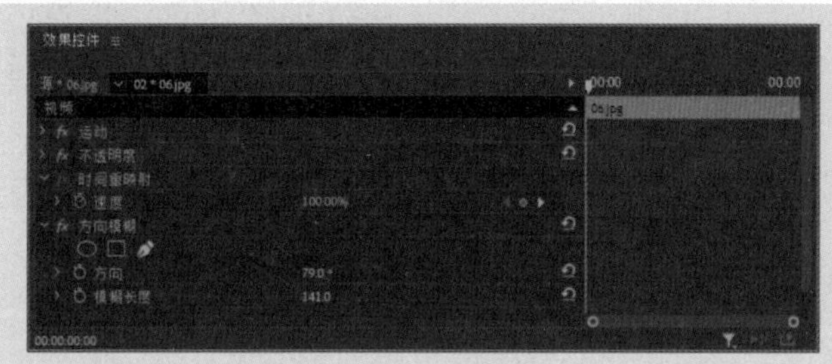

图 10-26

“方向模糊”效果常用属性的作用如下。

- **方向：** 设置模糊方向。
- **模糊长度：** 设置模糊强度。

添加该效果并设置参数，前后效果对比如图10-27、图10-28所示。

图 10-27

图 10-28

2. 钝化蒙版

“钝化蒙版”效果可以通过提高素材画面中相邻像素的对比程度，清晰锐化素材图像。选中“时间轴”面板中的素材，在“效果”面板中双击“钝化蒙版”效果即可添加该效果。添加“钝化蒙版”效果后可在“效果控件”面板中设置参数，前后效果对比如图10-29、图10-30所示。

图 10-29

图 10-30

3. 锐化

“锐化”效果可以增加图像颜色间的对比度使图像更清晰。选中“时间轴”面板中的素材，在“效果”面板中双击“锐化”效果即可添加该效果。添加效果后可在“效果控件”面板中调整参数，如图10-31所示。用户可以设置锐化量调整锐化强度。

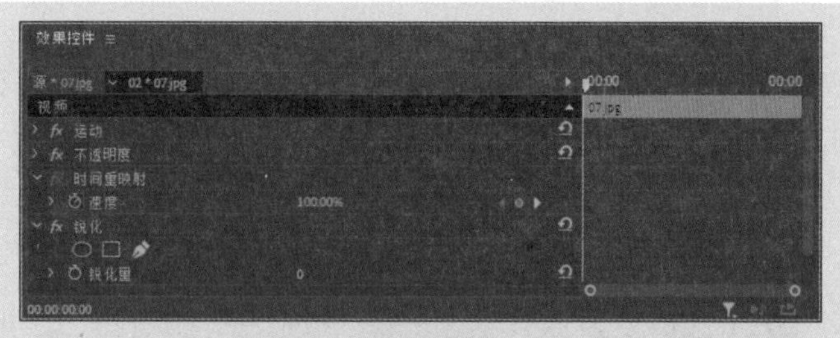

图 10-31

4. 高斯模糊

“高斯模糊”效果可以降低图像细节，柔化素材对象。选中“时间轴”面板中的素材，在“效果”面板中双击“高斯模糊”效果即可添加该效果。添加效果后可在“效果控件”面板中调整参数，如图10-32所示。

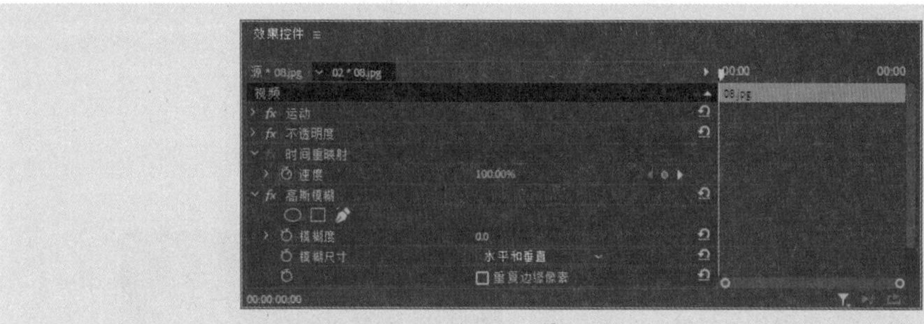

图 10-32

“高斯模糊”效果常用属性的作用如下。

- **模糊度：** 用于设置模糊强度。
- **模糊尺寸：** 用于设置模糊方向，有水平和垂直、水平、垂直3个选项。
- **重复边缘像素：** 选中该复选框，可避免素材边缘缺失。

添加该效果并设置参数，前后效果对比如图10-33、图10-34所示。

图 10-33

图 10-34

10.2.5 “键控”效果组

“键控”效果组可以制作抠像效果。该效果组中有5个视频效果，本小节将对常用的效果进行介绍。

1. 超级键

“超级键”效果可以指定图像中的颜色范围生成遮罩。选中“时间轴”面板中的素材，在“效果”面板中双击“超级键”效果即可添加该效果。添加效果后可在“效果控件”面板中调整参数，如图10-35所示。

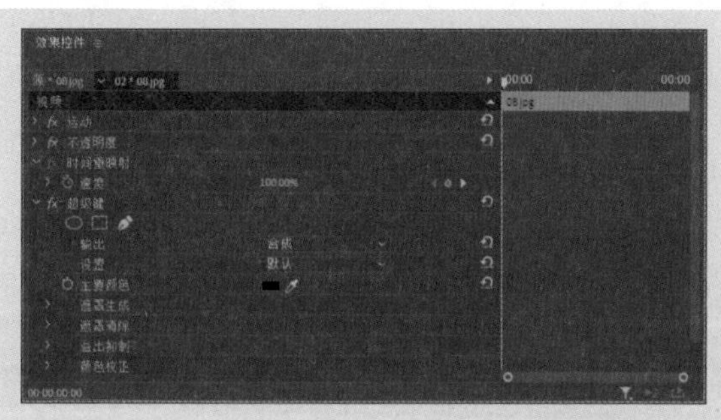

图 10-35

2. 轨道遮罩键

“轨道遮罩键”效果可以使用上层轨道中的图像遮罩当前轨道中的素材。选中“时间轴”面板中的素材，在“效果”面板中双击“轨道遮罩键”效果即可添加该效果。添加效果后可在“效果控件”面板中设置参数，如图10-36所示。

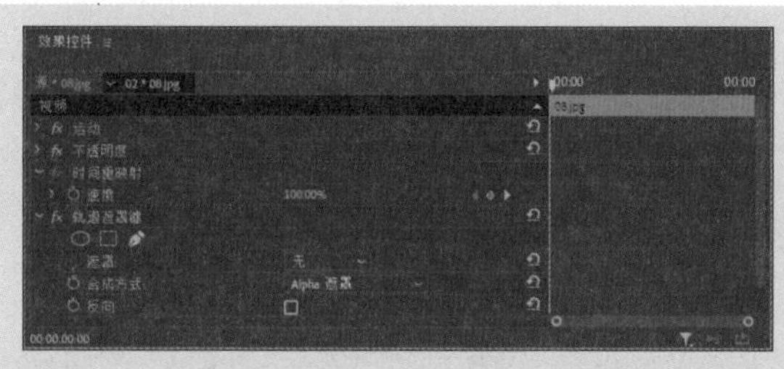

图 10-36

3. 颜色键

“颜色键”效果可以去除图像中指定的颜色。选中“时间轴”面板中的素材，在“效果”面板中双击“颜色键”效果即可添加该效果。添加效果后可在“效果控件”面板中设置主要颜色及颜色容差、边缘细化等参数，如图10-37所示。

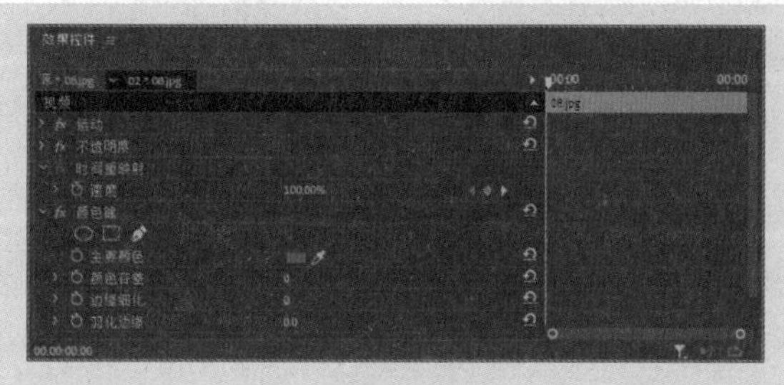

图 10-37

10.2.6 “颜色校正”效果组

“颜色校正”效果组可以校正素材颜色，实现调色功能。该效果组中有7个视频效果，本节将对常用的效果进行介绍。

1. 亮度与对比度

“亮度与对比度”效果可以通过调整亮度和对比度参数调整素材图像显示效果。选中“时间轴”面板中的素材，在“效果”面板中双击“亮度与对比度”效果即可添加该效果。添加“亮度与对比度”效果并设置参数，前后效果对比如图10-38、图10-39所示。

图 10-38

图 10-39

2. Lumetri 颜色

“Lumetri颜色”效果的功能较为强大，可提供专业质量的颜色分级和颜色校正，是一个综合性的颜色校正效果。该效果功能与After Effects中的“Lumetri颜色”效果类似。

3. 色彩

“色彩”效果可以将相同图像灰度范围映射到指定的颜色，即在图像中将阴影映射到一个颜色，高光映射到另一个颜色，而中间调映射到两个颜色之间。选中“时间轴”面板中的素材，在“效果”面板中双击“色彩”效果即可添加该效果。添加“色彩”效果并设置参数，前后效果对比如图10-40、图10-41所示。

图 10-40

图 10-41

4. 视频限制器

“视频限制器”效果可以限制素材图像的RGB值以满足HDTV数字广播规范的要求。选中“时间轴”面板中的素材，在“效果”面板中双击“视频限制器”效果即可添加该效果。添加效果后可在“效果控件”面板中调整参数，如图10-42所示。

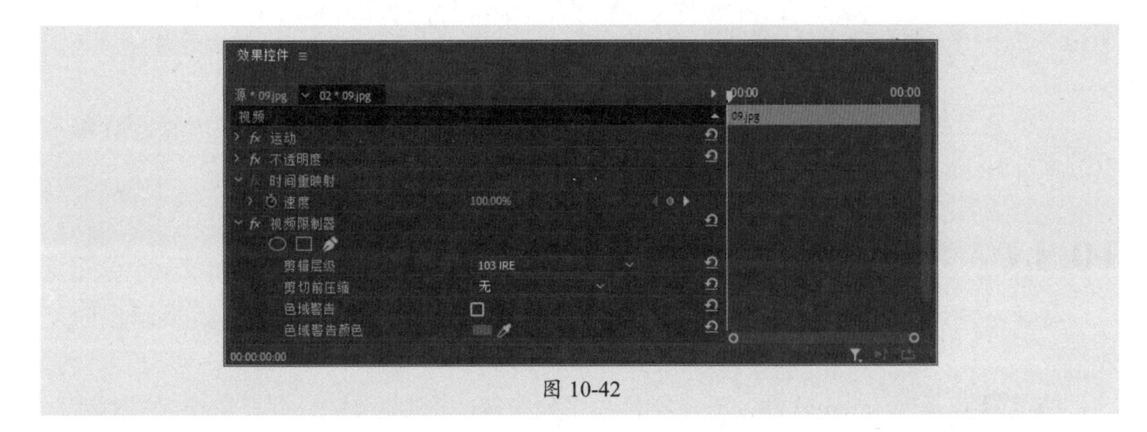

图 10-42

“视频限制器”效果常用属性的作用如下。

- **剪辑层级：**指定输出范围。
- **剪切前压缩：**在硬剪辑之前将颜色移入规定范围。
- **色域警告颜色：**指定色域警告颜色。

5. 颜色平衡

“颜色平衡”效果可以通过更改图像阴影、中间调和高光中的红、绿、蓝色所占的分量调整画面效果。选中“时间轴”面板中的素材，在“效果”面板中双击“颜色平衡”效果即可添加该效果。

10.2.7 “风格化”效果组

“风格化”效果组可以扭曲变形素材。该效果组中包括9个视频效果，本节将对常用的效果进行介绍。

1. 查找边缘

“查找边缘”效果可以识别素材图像中有明显过渡的图像区域并突出边缘，制作线条图效果。选中“时间轴”面板中的素材，在“效果”面板中双击“查找边缘”效果即可添加该效果。添加“查找边缘”效果前后对比如图10-43、图10-44所示。

图 10-43

图 10-44

2. 粗糙边缘

“粗糙边缘”效果可以使素材图像的边缘粗糙化。

10.3 常用音频效果

音频是影响影视质量的重要因素，作为视听艺术的结合体，影视制作离不开音频。本节将对Premiere中常用的音频效果及音频过渡效果进行说明。

10.3.1 案例解析：制作回声效果

在学习常用音频效果之前，可以先看看以下案例，即使用“延迟”效果制作回声效果。

步骤 01 打开Premiere软件，新建项目和序列。按Ctrl+I组合键，打开“导入”对话框导入本章素材文件，如图10-45所示。

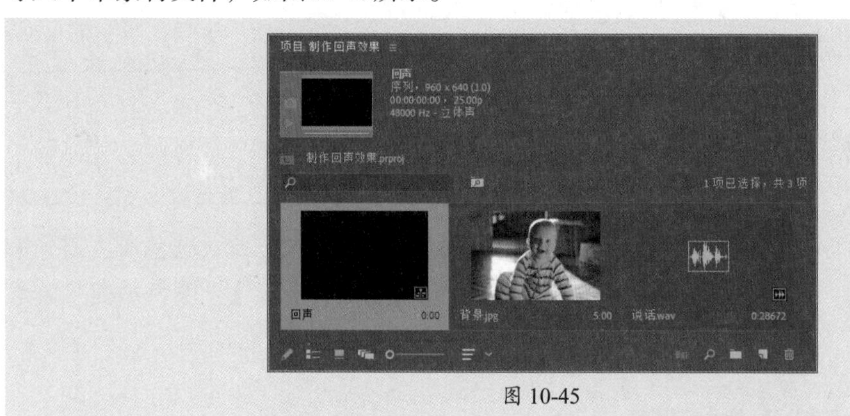

图 10-45

步骤 02 将音频素材拖曳至A1轨道中，在“效果”面板中搜索“延迟”音频效果并拖曳至A1轨道素材上，在“效果控件”面板中设置参数，如图10-46所示。

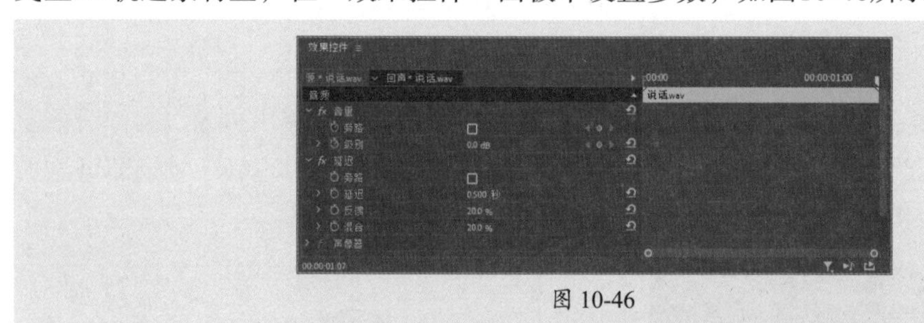

图 10-46

步骤 03 将图像拖曳至V1轨道中，调整其持续时间与A1轨道素材一致，如图10-47所示。

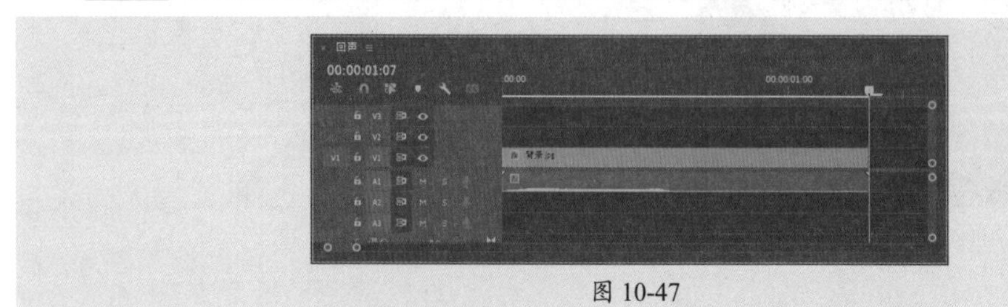

图 10-47

至此完成回声效果的制作。

10.3.2 “延迟与回声”效果组

“延迟与回声”效果组中的效果可以通过延迟、反馈声音制作出回声的效果。该效果组中有3个音频效果，本节将对常用的效果进行介绍。

1. 多功能延迟

“多功能延迟”效果可以创建最多四个回声效果。将“效果”面板中的“多功能延迟”效果拖曳至音频素材上即可添加该效果。添加效果后可在“效果控件”面板中调整参数，如图10-48所示。

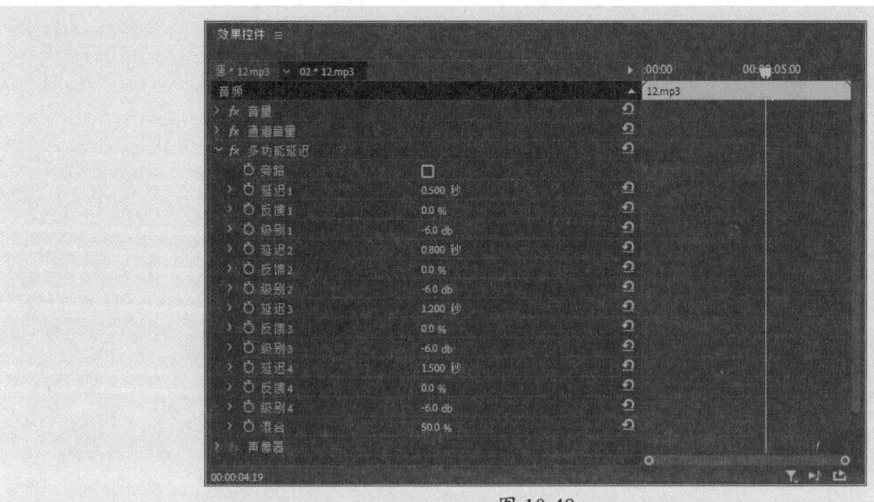

图 10-48

“多功能延迟”效果常用属性的作用如下。

- **延迟：**用于设置延迟的长度。
- **反馈：**通过延迟线重新发送延迟的音频来创建重复回声。数值越高，回声强度增长越快。

2. 延迟

“延迟”效果可以生成指定时间后播放的单一回声效果和各种其他效果。将“效果”面板中的“延迟”效果拖曳至音频素材上即可添加该效果。添加效果后可在“效果控件”面板中调整参数，如图10-49所示。

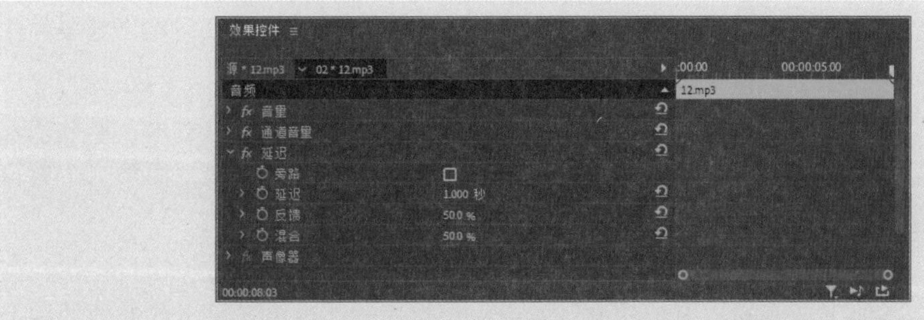

图 10-49

10.3.3 “降杂/恢复”效果组

“降杂/恢复”效果组中的效果可以去除音频杂音。该效果组中有4个音频效果，本节将对常用的效果进行介绍。

1. 减少混响

“减少混响”效果可以消除混响曲线且可辅助调整混响量。添加该效果后，在“效果控件”面板中单击“编辑”按钮，将打开“剪辑效果编辑器”面板，如图10-50所示。用户可以在该面板中选择预设或自行设置减少混响的效果。

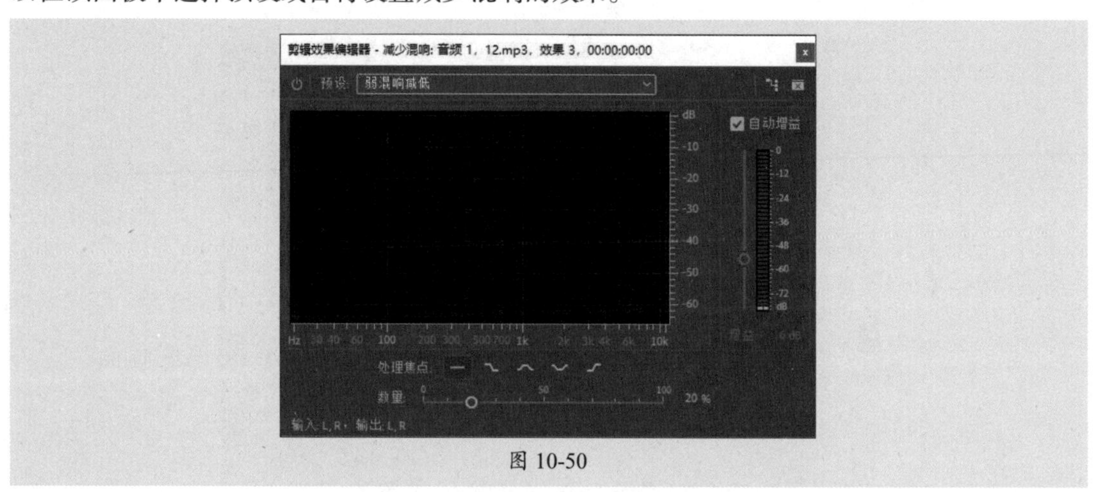

图 10-50

2. 消除嗡嗡声

“消除嗡嗡声”效果可以去除窄频段及其谐波，多用于处理照明设备及电子设备线路发出的嗡嗡声。

3. 自动咔嗒声移除

“自动咔嗒声移除”效果可以去除音频中的噼啪声、爆音和静电噪音。

4. 降噪

“降噪”效果可以去除音频中的噪音。

10.3.4 音频过渡效果

Premiere中提供了3个音频过渡效果：恒定功率、恒定增益和指数淡化，这3个效果的作用分别如下。

- **恒定功率**：创建平滑渐变的过渡，类似于视频剪辑之间的溶解过渡效果。该音频过渡效果会先缓慢降低第一个剪辑的音频，然后快速接近过渡的末端；而第二个剪辑会先快速增加音频，然后缓慢地接近过渡的末端。
- **恒定增益**：通过恒定速率更改音频淡入淡出，但效果有时比较生硬。
- **指数淡化**：类似于渐变的“恒定功率”效果，它是通过淡出位于平滑的对数曲线上方的第一个剪辑，同时自下而上淡入同样位于平滑对数曲线上方的第二个剪辑来淡入淡出音频。

课堂实战 制作短视频

本章课堂实战练习制作短视频。综合练习本章的知识点，以熟练掌握和巩固素材的操作。下面介绍操作思路。

步骤 01 打开Premiere软件，新建项目和序列。按Ctrl+I组合键，打开“导入”对话框导入本章素材文件，如图10-51所示。

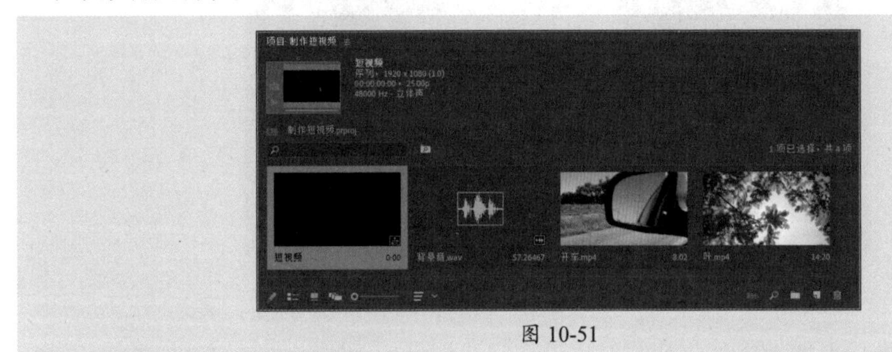

图 10-51

步骤 02 双击“叶”视频素材，在“源”监视器面板中打开，并根据画面内容在00:01:13:06处标记出点，如图10-52所示。

图 10-52

步骤 03 将“源”监视器面板中的视频拖曳至“时间轴”面板的V1轨道中，如图10-53所示。

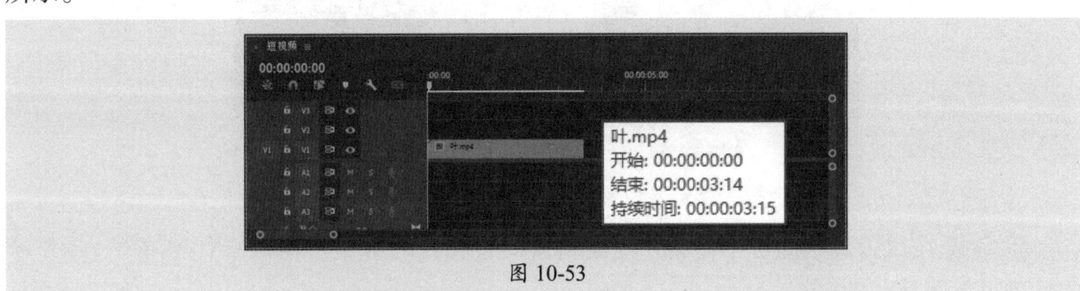

图 10-53

步骤 04 双击“开车”视频素材，在“源”监视器面板中打开，并根据画面内容在00:00:04:12处标记出点，如图10-54所示。

图 10-54

步骤 05 将“源”监视器面板中的视频拖曳至“时间轴”面板V1轨道第1段素材的右侧，如图10-55所示。

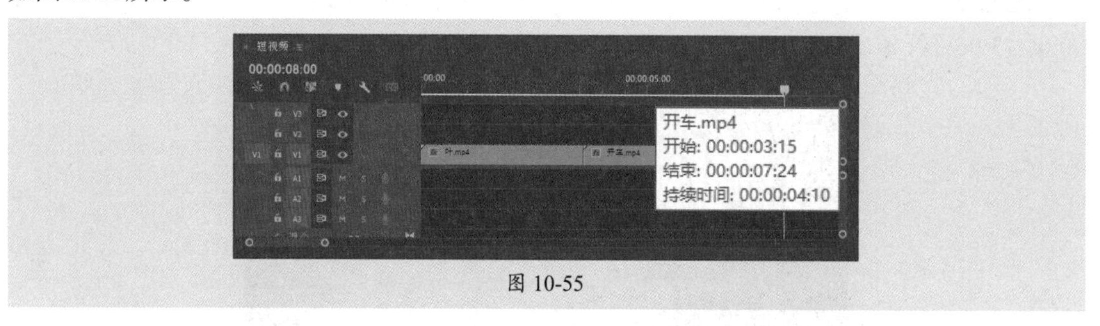

图 10-55

步骤 06 在“效果”面板中搜索“亮度与对比度”效果并拖曳至V1轨道第2段素材上，在“效果控件”面板中设置参数，效果如图10-56所示。

图 10-56

步骤 07 在“效果”面板中搜索“交叉溶解”视频过渡效果并拖曳至V1轨道第2段素材起始处，如图10-57所示。

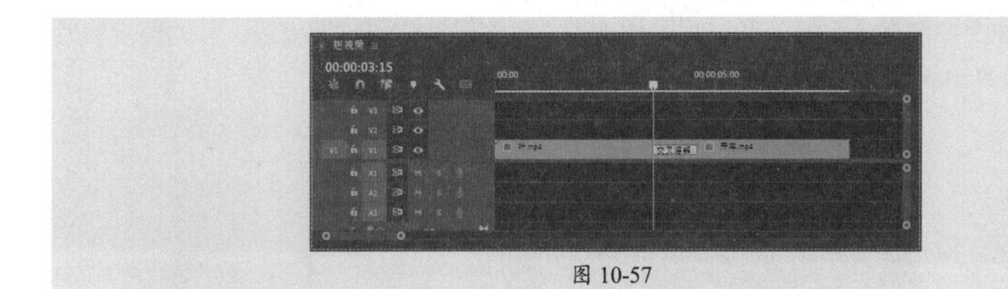
图 10-57

步骤08 移动播放指示器至00:00:00:00处，使用文字工具输入文字，在“基本图形”面板中设置参数，效果如图10-58所示。

图 10-58

步骤09 在“时间轴”面板中调整素材持续时间，并移动至合适位置，如图10-59所示。

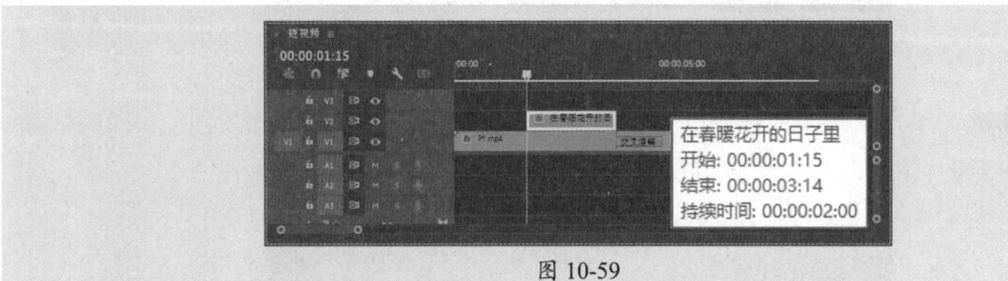

图 10-59

步骤10 选中文字素材，按住Alt键向右拖动复制，在“节目”监视器面板中更改文字内容，如图10-60所示。

图 10-60

步骤 11 在文字素材的起始处和结尾处添加“交叉溶解”视频过渡效果，并调整持续时间为15帧，如图10-61所示。

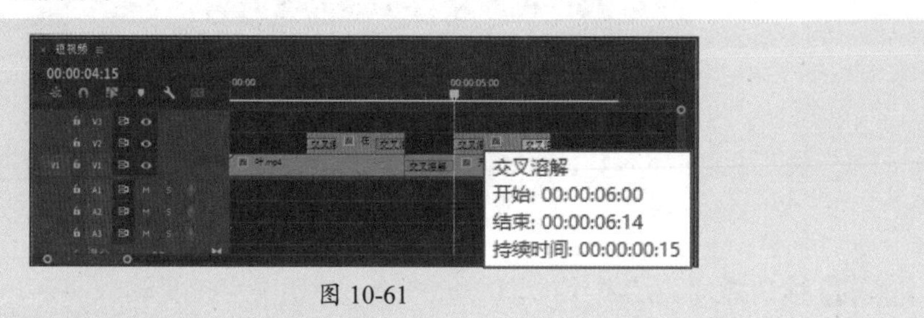

图 10-61

步骤 12 双击音频素材，在“源”监视器面板中打开，并根据音频内容在00:00:07:24处标记出点，如图10-62所示。

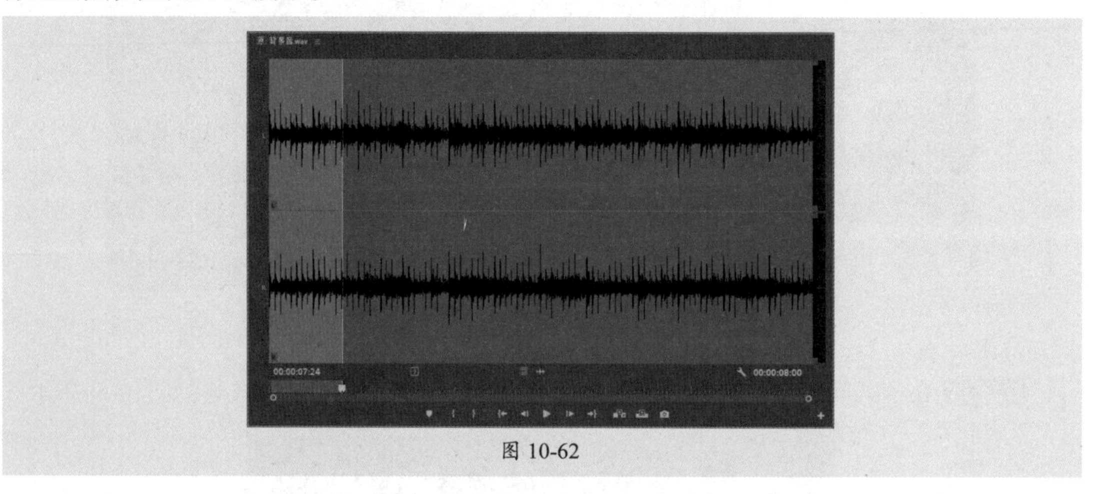

图 10-62

步骤 13 将“源”监视器面板中的音频拖曳至“时间轴”面板的A1轨道中，并在其起始处和结尾处添加“指数淡化”音频过渡效果，如图10-63所示。

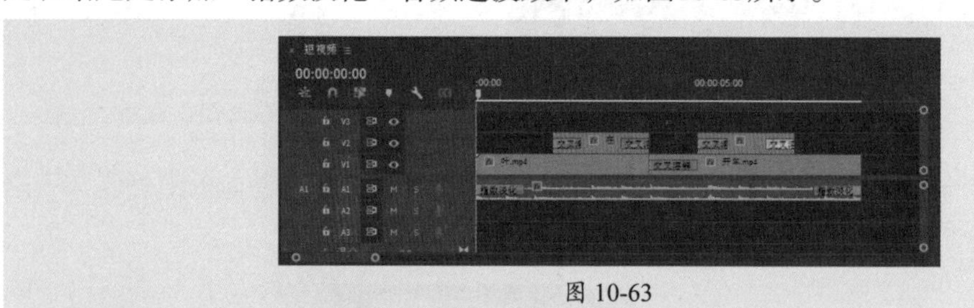

图 10-63

步骤 14 至此完成短视频的制作。移动播放指示器至起始处，按Enter键渲染并预览效果，如图10-64所示。

图 10-64

课后练习 制作重点显示效果

下面将综合运用本章学习知识制作重点显示效果，如图10-65所示。

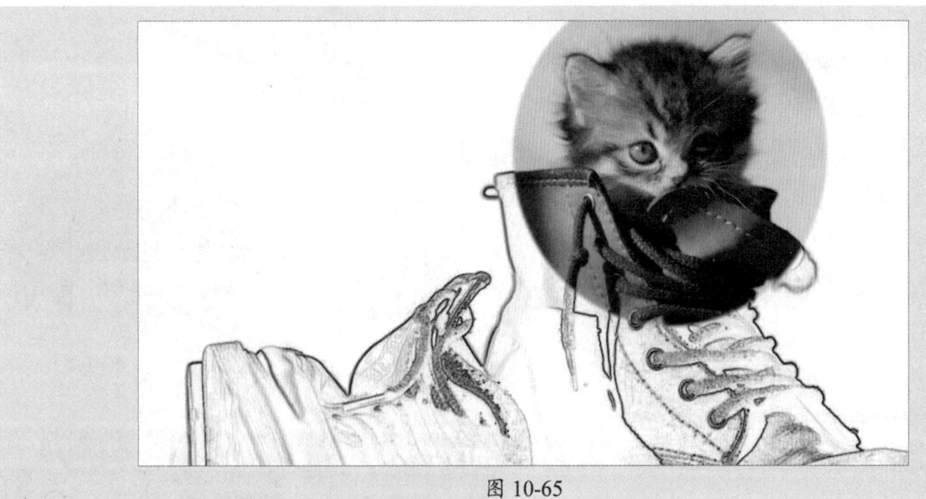

图 10-65

1. 技术要点

①新建项目和序列，导入素材文件。

②添加“查找边缘”效果，设置参数。

③添加椭圆形蒙版。

2. 分步演示

本案例的分步演示效果如图10-66所示。

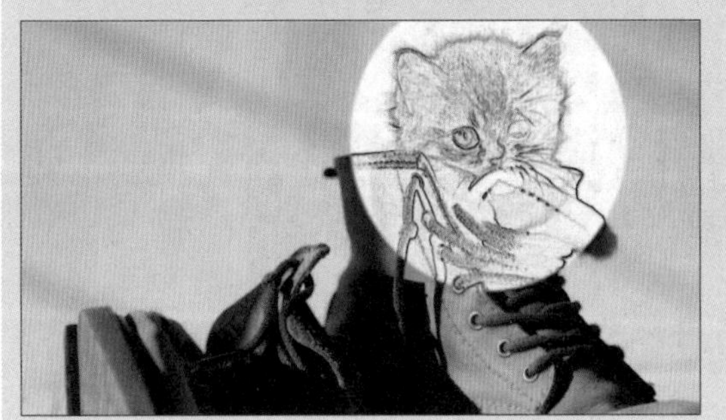
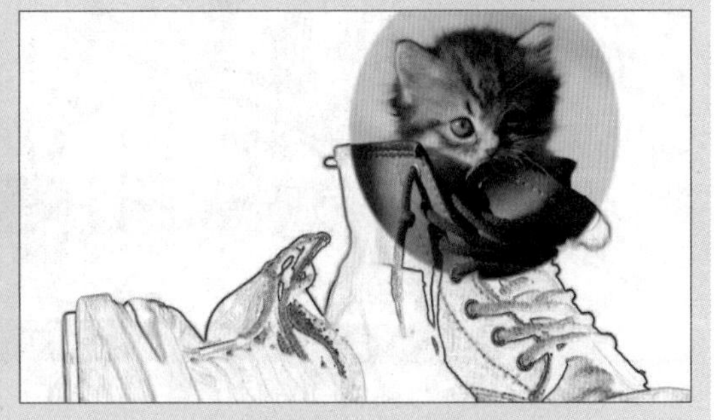

图 10-66

拓展赏析

《英雄儿女》

《英雄儿女》是1964年由长春电影制片厂制作并出品的一部战争片，由武兆堤执导，刘世龙、刘尚娴、田方等主演。影片改编自巴金小说《团圆》，讲述了抗美援朝时期，志愿军战士王成阵亡后，他的妹妹王芳在政委王文清的帮助下坚持战斗，最终和养父王复标、亲生父亲王文清在朝鲜战场上团圆的故事，如图10-67所示。

图 10-67

这部影片是国产战争片的巅峰之作，通过展现战争的残酷和英雄的壮举，表达了中国人民志愿军的英勇和牺牲精神，如图10-68所示为该片剧照。

在表现战斗场面时，影片通过运用特效和音效等手法，营造出了真实的战争氛围，结合交响乐和民族音乐等音乐的使用，使观众更加深入地沉浸在影片庄重感人的氛围中。

图 10-68

参考文献

[1] 吉家进，樊宁宁．After Effects CS6技术大全[M]．北京：人民邮电出版社，2013．

[2] Adobe公司．Adobe After Effects CS4经典教程[M]．许伟民，袁鹏飞，译．北京：人民邮电出版社，2009．

[3] 程明才．After Effects CS4影视特效实例教程[M]．北京：电子工业出版社，2013．

[4] 沿铭洋，聂清彬．Illustrator CC平面设计标准教程[M]．北京：人民邮电出版社，2016．

[5] Adobe公司．Adobe Indesign CC经典教程[M]．李静，王颖，译．北京：人民邮电出版社，2014．